自然科学の基礎としての 物理学

筑波大学名誉教授 原 康夫 著

学術図書出版社

まえがき

　大学で理系の幅広い分野で学ぶ際の基礎になる物理学の教科書として執筆したのが，この『自然科学の基礎としての物理学』です．

　本書には，力と運動，エネルギーと熱，波動，電磁気，原子，原子核，宇宙などの幅広い対象の物理学を基礎から平易に記述しました．

　本書の執筆に際しては，高校で物理をあまり学習しなかった読者や，学習したが十分に理解できなかった読者も念頭において，物理学では自然現象をこういう見方で把握して，まず定性的に理解し，その上でこのように定量的に取り扱うのだということが理解できるよう工夫し，努力しました．高校物理を十分に学んだと考えている読者も，新しい見方で物理学を理解できると期待しています．

　物理学が難しいといわれる大きな理由の1つは，いろいろな記号で表された多くの変数の出てくる式に出会うことです．これは自然現象を数量的に取り扱う物理学では，数式を使うと自然法則を簡単明瞭に表せるためです（**0.3**節参照）．本書では記号で表された数式の横に日本語の式も記載して，数式は日本語で表した文章の簡潔な表記であることを体験できるようにしました．

　また，数式の使用を最小限にして，グラフ，図，日常体験する例などを多く使用して，物理学を直観的に理解できるよう最大限の努力を払い，物理学を理解するとともに，日常体験する身のまわりの現象を科学的に考え理解する能力と数理的処理能力を養えるよう配慮しました．

　物理学がなじめないといわれるもう1つの理由は，数式を解くことになじめないことのようです．そこで本書では，

(1) 数式の物理的な意味を説明するとともに，数式を解く際には，計算の途中を省略しないことにする．

(2) 微分計算と積分計算は原則として行わないが，導関数の記号と定積分の記号は文章で説明された計算手順を表す記号として使用する．

(3) 微分と積分の平易で簡潔な解説および導関数（微分）を含む方程式である微分方程式としての放物運動と単振動の運動方程式の丁寧な解き方を付録に示す．

(4) ラジアンと三角関数と指数関数は本文では使用せず，ラジアンと三角関数の簡潔な解説を付録Cで行う．

などの方針で執筆しました．

　上記以外の本書の特徴は，

(1) 各節の最初にその節の学習目標を具体的に示した．

(2) 物理現象を特徴づける概念である物理量および物理量の関係を表す法則を丁寧に説明した．

(3) 例と例題を適切に使って，物理量の理解および物理法則の適用法の理解を助けるようにした．

(4) 各章の最後に多くの演習問題を出し，巻末にその詳しい解答を付して，各章の理解が深まるようにした．

(5) 紙面が，親しみやすく，取り付きやすいように，フルカラー印刷にした．

(6) 内容をわかり易くするために，次のように色を使用した．

1. 別表に示すように，位置，力，速度，加速度などをそれぞれ別の色の矢印で表す．

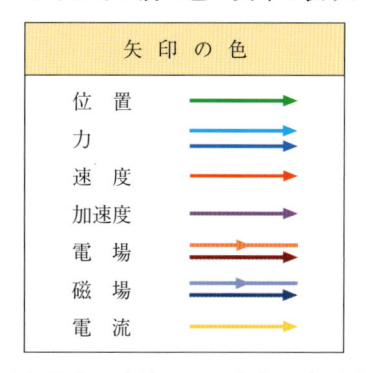

矢印の色	
位　　置	→
力	→
速　　度	→
加速度	→
電　　場	→
磁　　場	→
電　　流	→

2. 重要な結論や定義などは青色で印刷する．
3. 重要な式は黄色で印刷する．

　このような色の利用で，めりはりの効いた，学びやすい紙面になったとすれば幸いである．

(7) 読者が親しみをもてるよう多くのカラー写真を掲載した．

ことなどです．

物理学は自然科学の基礎的な学問なので，高度の科学技術に基づく現代社会で活躍するには，物理学の基礎知識および物理学的なものの見方と考え方を身につけることが不可欠です．そのために本書がお役に立てれば幸いです．

なお，本書を学習した上で，本書よりも高いレベルの物理学をさらに学びたい諸君には，拙著『物理学基礎（第 5 版）』（学術図書出版社）を読むことをお勧めします．

掲載したカラー写真などの出典は Photo Credits に記しました．写真などを提供してくださった大学，研究所，財団，企業，研究者その他の方々に感謝します．

なお，本書の執筆に際しては，特にお名前は記しませんが，多くの方々と学術図書出版社編集部の方々にお世話になりました．ありがとうございました．

なお，本書に関するご意見，ご要望を学術図書出版社編集部または

info@gakujutsu.co.jp

宛に頂けると幸いです．

2014 年 9 月

著 者

もくじ

第0章　物理学とは
- 0.1　物理学とは　3
- 0.2　空間と時間　4
- 0.3　物理量と物理法則　6
- 0.4　単位　7
- 0.5　次元　9

第1章　力
- 1.1　力とその性質　11
- 1.2　万有引力と重力　13
- 1.3　摩擦力と抵抗　16
- 1.4　力のつり合い　17
- 1.5　水圧，気圧　19
- 演習問題1　22

第2章　力と運動
- 2.1　速度と加速度　25
- 2.2　運動の第1法則（慣性の法則）　31
- 2.3　運動の第2法則（運動の法則）　32
- 2.4　重力と放物運動　34
- 2.5　等速円運動　37
- 2.6　単振動―単振り子　39
- 2.7　運動量と力積　42
- 2.8　中心力と角運動量保存則　43
- 演習問題2　45

第3章　仕事とエネルギー
- 3.1　仕事　51
- 3.2　仕事率（パワー）　53
- 3.3　仕事と運動エネルギーの関係　55
- 3.4　重力による位置エネルギーと重力のする仕事　56
- 3.5　力学的エネルギー保存則　57
- 3.6　流体の力学的エネルギー保存則―ベルヌーイの法則　61
- 演習問題3　63

第4章　熱と温度
- 4.1　温度と内部エネルギー　65
- 4.2　熱力学の第1法則―熱と仕事が関与する場合のエネルギー保存則　70
- 4.3　エネルギーの変換と保存　73
- 4.4　熱力学の第2法則　74
- 4.5　熱機関とその効率　77
- 4.6　熱放射　81
- 演習問題4　82

第5章　波
- 5.1　波の性質　85
- 5.2　音波　91
- 5.3　光波　95
- 演習問題5　100

第6章　電荷と電流
- 6.1　物質の構造と電荷の保存則　103
- 6.2　クーロンの法則　105
- 6.3　電場　107
- 6.4　電流　110
- 6.5　電位　111
- 6.6　導体と電場　113
- 6.7　回路と起電力　115
- 6.8　オームの法則　116
- 6.9　電源のパワーと電流の仕事率　118
- 演習問題6　121

第7章　電磁気学
- 7.1　磁石と磁場　123
- 7.2　電流のつくる磁場　125
- 7.3　電流に働く磁気力　127
- 7.4　電磁誘導　130
- 7.5　マクスウェルの法則　135
- 7.6　電磁波　136
- 演習問題7　138

第 8 章　原子物理学

- 8.1　原子と原子模型　141
- 8.2　光は波か粒子か　143
- 8.3　原子の放射する線スペクトルと原子の定常状態　145
- 8.4　電子は粒子か波か　147
- 8.5　不確定性関係　150
- 8.6　元素の周期律　152
- 演習問題 8　153

第 9 章　原子核と素粒子

- 9.1　原子核の構造　155
- 9.2　原子核の崩壊と放射線　158
- 9.3　核エネルギー　162
- 9.4　素粒子　165
- 演習問題 9　169

第 10 章　宇宙

- 10.1　恒星と銀河　171
- 10.2　ビッグバン宇宙論　172
- 演習問題 10　179

付録

- 付録 A　ベクトルの公式　180
- 付録 B　微分と積分　181
- 付録 C　単振動の運動方程式の解　184

問，演習問題の答　187

Photo Credits　195

索引　197

コラム

- アルキメデス　23
- 遠心力　49
- カオス　49

自然科学の基礎としての 物理学

0 物理学とは

　物理学とは何だろうか？
　物理学は自然現象を実証的かつ論証的に理解しようとする人間の試みである．物理学は人間の眼に見える現象を理解しようとする努力から始まり，その結果，人間の眼では直接に見ることのできない原子や電磁場（電磁界）などの存在を明らかにした．物理学の研究を通じて自然の理解が深まったばかりでなく，物理学の研究成果は人類に新しい動力源，エネルギー源，情報通信手段などを提供してきた．
　この序章では，自然現象が生起する空間と時間についての簡単な説明，実証的でかつ数理的な科学としての物理学における物理量と物理法則の役割の説明，物理学で使用される国際単位系の紹介なども行う．

0.1 物理学とは

物理学は実証科学で，論証科学　物理学とはどのような学問なのだろうか．物理学は時代とともに変化してきたが，近代的な物理学の特徴は，実証科学であり，論証科学であることである．つまり，われわれをとりかこむ自然界に生起する現象を支配する法則を，観測事実と実験事実に基づいて追究し，見出した法則を数学的に表現し，もっとも基本的な法則から他の法則が導き出されるような体系をつくる．これが物理学の目標である．

　物理学は論証的であり，体系的であることを目指すといっても，幾何学のように，常識的にもっともだと考えられるいくつかの公理を仮定し，それから論証によって定理を導きだすタイプの学問ではない．実験技術の進歩などによって，絶えず新しい現象や物質が発見され，幾何学の公理に相当する物理学の基本法則には一般に適用限界があることがわかった．そして，適用限界が発見されると，それまでの法則体系を超える新しい法則体系が探究される．これが物理学の実態である．

物理学の発展のあらまし　観測事実に拠りどころを求めながら自然法則を追究する近代的な物理学は，目で見たり，手で触ったりできる現象の探究から始まった．目で見ることのできる物体の落下運動，天体の運行，手に感じる熱，目に見える光，耳に聞こえる音，ピリッと感じる摩擦電気，そういう現象が物理学者の興味の対象であった．

　しかし，物理学の研究の進展によって，日常生活で経験する光，熱現象，電磁気現象，物質の物理的・化学的性質などの，目に見え，手で触れられる世界の性質を本当に理解するには，電気力線と磁力線で満たされた空間や原子の世界という直接は目にも見えず手にも触れられない世界を知らなければならないことが明らかになった．

　19世紀に完成した電磁気学によって，目に見える光は電場と磁場（工学では電界と磁界）の振動が絡み合って光速で波として空間を伝わる電磁波の1種類であることがわかった．また，電磁気学の法則を応用してモーター（電動機），発電機，変圧器などが発明され，電磁気学の成果は，人類に新しい動力源，エネルギー源，夜間の照明，情報通信手段などを提供し，社会生活に大きな影響を及ぼしてきた．

　20世紀になって，固体の構造，原子核と電子からなる原子の構造，陽子と中性子からなる原子核の構造，クォークからなる陽子や中性子の構造などが明らかにされた．

　物質の構成要素である電子，陽子，中性子，原子核，原子などは，光と同じように，常識では両立しない粒子の性質と波の性質の両方を示し，ニュートン力学ではなく，量子力学にしたがうことがわかった．

　原子核の内部構造が明らかになり，原子核を構成する素粒子の研究が進むと，太陽からの放射や火山活動，地殻変動，地震などのエネルギー源が判明した．

図 0.1　屋根の上のアンテナを見れば，テレビ電波の波長と，送信塔の方向が推測できる．

図 0.2　ハッブル宇宙望遠鏡

最近の情報化社会では，半導体とレーザーなどが重要な役割を演じている．これらは量子力学の応用であり，これらの技術の研究には量子力学の知識は不可欠である．

ミクロな世界の研究ばかりでなく，宇宙論とよばれる宇宙の構造と発展の歴史の研究が進み，人工衛星に搭載されたハッブル望遠鏡や地上のすばる望遠鏡などによる観測データから，宇宙は今から約138億年前に誕生し，それ以来膨張し続けてきたことが明らかにされた．

物理学の進展によって自然現象の基礎に存在する法則や物質の構造が明らかになってきた．しかし，それと同時に，宇宙を構成する物質のうちわれわれの知っている原子（陽子，中性子，電子など）は約2割で，物質の残りの8割はダークマターとよばれる未知の物質であることがわかった．また，宇宙のエネルギーの約7割はダークエネルギーとよばれる未知のエネルギーで，これが宇宙を膨張させていることもわかった．

このように自然界には未知の部分が多い．これからも物理学の研究が進み，新しい研究成果が生み出されつづけ，自然界の理解が進むと同時に，新しい未知の世界が発見されると期待されている．

0.2　空間と時間

「われわれをとりかこむ自然界に生起する現象」という表現は，われわれをとりかこむ「空間」と現象が生起する「時間」が存在することを意味する．空間とは何だろうか．時間とは何だろうか．

中国の前漢時代の『淮南子(えなんじ)』という本に，「宇宙」の語源になった文章「往古来今これを宙といい，天地四方上下これを宇という」が出ている．「宇」で表される空間は「天地四方上下」であり，「宙」で表される時間は「往古来今」，つまり過去から現在までだというのである．

空間には四方上下の3方向への広がりがある事実を，空間は3次元であるという．上下方向は鉛のおもりを糸につけてぶら下げたときの糸の方向なので鉛直方向という．前後左右の四方は静止した水面の方向なので水平方向という（図0.3）．

図 0.3　水平方向を示す水準器

空間の数学は幾何学　　地球上で生起する現象に関して，鉛直方向と水平方向は異質な方向である．これに対して，地表付近ばかりでなく太陽系を含む宇宙にも適用される物理学として建設されたのがニュートン力学であり，ニュートン力学では宇宙には特別な方向はないと考える．

空間についての常識的な理解を数学にしたものが中学や高校で学んだユークリッド幾何学である．ニュートンは空間をユークリッド幾何学にしたがうと考えて力学を建設した．

幾何学では，2点を通る直線は，2点間の最短距離を通る線として定義されている．日常生活では，2点を通る光線の経路が2点を通る直線だと考え，土地の測量では，2点を光が往復する時間を測定して，「往復時間」×「光の速さ」÷2として，2点の距離を求める*．

* 空気中の光の速さは温度と気圧によってわずかではあるが変化することに注意する必要がある．

座標軸と座標　空間の中の物体の位置を指定するには，座標軸を導入する．図 0.4 のばねに吊るされたおもりの上下方向の振動のように，物体が直線に沿って運動する場合には，この直線を座標軸（x 軸）に選び，原点 O と x 軸の正の向きと負の向きを定め，長さの単位を決めると，物体の位置は $x = 2.0$ m のように，座標の値によって表される．

　3 次元の運動の場合には，図 0.5 のように，空間にたがいに直交する 3 本の座標軸を導入すると，空間の中の点の位置を $x = 1$ m, $y = 2$ m, $z = 2$ m のように 3 つの座標の値で指定できる．おのおのの座標の値は $-\infty$（無限大）から $+\infty$ までのすべての実数に対応していると考えるので，ニュートン力学での空間は，すべての方向に無限に広がる果てのない連続な空間である．

長さの単位のメートル [m]　長さの国際単位はメートル [m] である．歴史的には，1 m は地球の北極から赤道までの子午線の長さの 1 千万分の 1 の長さと規定され*（図 0.6），これに基づいた国際メートル原器がつくられ，原器によって 1 m の長さが定義された．

　ところが，科学技術の精密化に伴って，この定義は不適当になった．多くの精密な実験の結果，真空中の光速の測定値は一定なことがわかったので，1983 年から真空中の光速は測定で決めるものではなく，299 792 458 m/s と定義している．そして，この定義値と原子時計で精密に測定できる時間を使って，長さの単位の 1 m を「光が真空中で 1 秒間に進む距離の 299 792 458 分の 1 の長さ」と定義している．

時間　時間を測定する装置を時計とよぶ．現在われわれが使っている時計はある決まった時間（周期）ごとに同じ運動が繰り返す周期運動を利用して，周期運動の周期を単位にして時間を測定する．時間を正確に測るためには，周期が正確に一定で，しかも短い必要がある．われわれが日常生活で使うクォーツ時計では電圧をかけた人工水晶の振動を利用している．この振動の周期はきわめて正確に一定であり，しかも温度の変化ではほとんど変わらない．しかし，原子から放射される光の振動の周期はさらに正確に一定なので，現在では時間の基準として原子時計を使っている．

　時は周期的に経過するという印象を受けるかもしれないが，ニュートン力学では，時は一様に流れ，はじめも終わりもないと考える．物体が x 軸上の 2 点 A と B の間を移動する場合（図 0.7），物体は A と B の間の道筋のすべての点を連続的に通過すると考えられる．そこで，横軸として時刻，縦軸として物体の位置（x 座標の値）を選んだ位置-時刻図とよばれる図 0.8 の線によって，この運動を表す．物体の運動はなめらかな線で表されると考えられるので，時は出発時刻と到着時刻の間の無数の時刻のすべてを連続的に経過していくと考えられる．これがニュートン力学での時の流れである．

　しかし，運動する物体の位置の測定と記録はとびとびの時刻にしか行

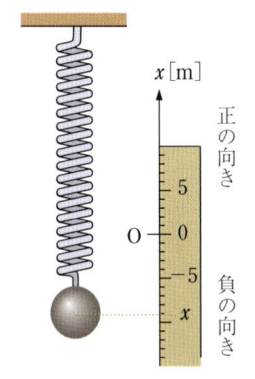

図 0.4　鉛直方向の座標軸．x [m] は m を単位として表した x の数値部分．おもりの位置の x [m] $= -9$ は $x = -9$ m を意味する．x [m] $= x/$m である．

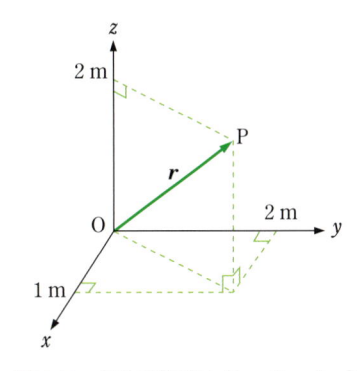

図 0.5　点 P の位置は $(1 \text{ m}, 2 \text{ m}, 2 \text{ m})$

* 地球を 1 周すると約 4 千万 m $=$ 4 万 km である．

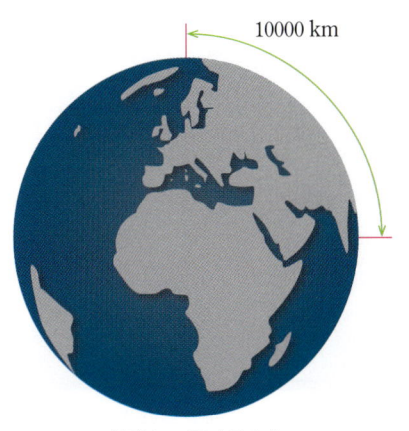

図 0.6　地球を 1 周すると約 40000 km

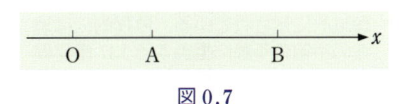

図 0.7

図 0.8 位置-時刻図

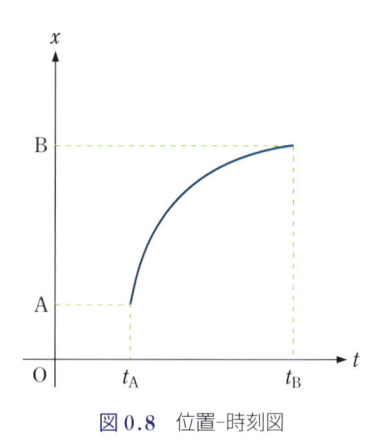

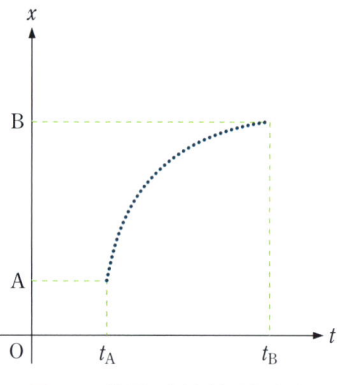

図 0.9 位置の測定結果を表す位置-時刻図

＊ 地球の公転軌道は円ではなく楕円なので，1日の長さは変化する．そこで，1日の長さとして平均値の平均太陽日を使う．

図 0.10 イッテルビウム光格子時計の超高真空装置．イッテルビウム原子を用いた光格子時計は，ストロンチウム光格子時計の性能をしのぐ可能性が理論的に示されている．原理的には現在の宇宙の年齢に相当する137億年間動かし続けても1秒も誤差のない時計が実現できると見られている．

えない．たとえば，映画撮影は1秒間に24回の割合で撮影した時間的に不連続な測定結果の記録である．技術の進歩によって，測定の時間間隔を短くはできてもゼロにはできない．したがって，測定結果を位置-時刻図に記入すると，図 0.8 のような実線ではなく，図 0.9 のような点線になる．

時間の矢 時の流れは止められず，戻すことはできないように思われる．この印象は，自然現象の時間的経過には向きがあることに基づいている．たとえば，熱は高温の物体から低温の物体に伝わるが，低温の物体から高温の物体には伝わらない．また，容器から地面にこぼれた水は，地面から容器には戻らない．このような事実から時間の矢という言葉が生まれた．

時の流れに始まりはあるのだろうか．無限の過去から無限の未来に流れているのだろうか．現在では，宇宙，つまり，時間も空間も約138億年前に始まったと考えられている．この事実は，宇宙の観測結果と時間と空間と重力の物理学であるアインシュタインの一般相対性理論に基づく研究で発見された．

時間の単位の秒 [s] 時間の国際単位は秒 [s] である．もともとは，1秒は太陽が南中してから翌日に南中するまでの1日の長さ*の $\frac{1}{24} \times \frac{1}{60} \times \frac{1}{60} = \frac{1}{86400}$ と定義されていたが，地球の自転の速さは一定ではなく，きわめてわずかであるが徐々に遅くなっているので，現在ではセシウム133原子(^{133}Cs)の放射する特定の電磁波が9 192 631 770回振動する時間を1秒と定めている．

0.3 物理量と物理法則

自然現象を理解する鍵になる物理量 観測事実と実験事実に基づいて物理法則を追究するときに，まず観測事実と実験事実を理解する鍵になる概念を探す．その結果，質量，速度，加速度，力，仕事，エネルギー，…などが見出された．「概念」とは，個々の物質や現象などの特殊性を問題にしないで，共通性だけを取り出したものである．

物理学の概念は，個々の物質や現象においては，基準の大きさである単位と比較して，1 kg [キログラム]，5 m [メートル]，3 s [秒] のように，「数値」×「単位」という形で数量的に表されるので，**物理量**とよばれる．つまり，自然界を理解する鍵は物理量である．

物理法則は物理量のしたがう数学的な関係式 物理学の法則は物理量のしたがう数学的な関係式である．ガリレオが，「自然という書物は数学という言葉で書かれている」と表現したように，自然現象がしたがう物理学の法則は，物理量やその時間変化率のしたがう比例関係，反比例

関係などの数式として表される.

たとえば，ニュートンは，すべての運動では質量と加速度と力が重要であると見抜き，3つの物理量の数学的関係（数式）である

$$質量 \times 加速度 = 力 \tag{0.1}$$

という運動の法則を発見した（2.3節参照）．この式は，質量が一定ならば加速度は力に比例し，力が一定ならば加速度は質量に反比例することを表す*．そこで運動の法則は，言葉では「力が物体に作用するとき，物体の加速度は力に比例し，物体の質量に反比例する」と表される.

観測事実や実験事実に基づいて発見された物理法則が理論的に予測する現象がその後で得られた観測事実や実験事実によって確かめられると，理論の信頼性は高まる.

物理学では，物理量の呼び名として，力や仕事のような日常用語を使うことがある．日常用語としての力や仕事は定性的な言葉であるが，物理量の呼び名としての力や仕事は，物理法則にしたがい，単位を使って大きさが表される定量的な言葉である．したがって，物理量を理解するときには，その物理量を含む物理法則が成り立つ具体的な現象と物理量の定義を結び付けて理解することをお勧めする.

図 0.11 チータの運動は，運動の法則に従う.

* 加速度 = $\dfrac{力}{質量}$

物理法則の表し方と式の読み方　物理学では数量である物理量を，質量は m，加速度は a，力は F などの記号で表し，物理法則を

$$ma = F \tag{0.2}$$

のように記号の式で表す．しかし，(0.2)式のような記号の式を見たら，まず，(0.1)式のような日本語の式として読み，さらに「力が作用するとき，加速度は力に比例し，質量に反比例する」という日本語の文章で表された法則に翻訳してほしい．なお，m は mass（質量），a は accerelation（加速度），F は force（力）の頭文字である.

0.4　単　位

前節で説明したように，物理学の法則は物理量の数学的な関係式として表される．物理量とは，たとえば，長さ，時間，速さ，力のような量で，基準の大きさである単位と比較して表される．塔の高さは，長さの基準である 1 m の物指しの長さと比べて，50 倍であれば 50 m と表す．つまり，物理学で対象にする物理量にはその量を測る基準の単位がついていて，物理量は「数値」×「単位」という形をしている．したがって，物理学の問題を定量的に考えるときに理解しておかなければならないのが単位である.

国際単位系　産業・交易の発展に伴い，国際的に広く用いられる合理的な度量衡の確立が望まれるようになった（度はものさし，量はます，衡ははかりを意味する）．現在の国際単位系の基礎になったメートル法は，フランス革命の際に，度量衡の単位を世界的に統一することが国民

憲法議会に提案されたことに始まり，フランス科学アカデミーを中心とする作業に基づいて制定された．

日本の計量法は国際単位系（略称SI）を基礎にしているので，本書では原則として国際単位系を使う．**国際単位系**は，メートル [m]，キログラム [kg]，秒 [s] に，電流の単位のアンペア [A]，温度の単位のケルビン [K]，光度の単位のカンデラ [cd]，および物質量の単位のモル [mol] を加えた7つの単位を基本単位として構成されている*．

基本単位以外の物理量の単位は，定義や物理法則を使って，基本単位から組み立てられるので，組立単位とよばれる．たとえば，長さの単位は m，時間の単位は s なので，

$$速さ = 移動距離 \div 移動時間$$

の国際単位は，長さの単位 m を時間の単位 s で割った m/s，

$$加速度 = 速度の変化 \div 変化時間$$

の国際単位は，速度の単位 m/s を時間の単位 s で割った m/s^2，である．A/B は $A \div B$ を表す．第2章で学ぶように，

$$力 = 質量 \times 加速度$$

なので，力の国際単位は，質量の単位 kg に加速度の単位 m/s^2 を掛けた kg·m/s^2 である．力学の創始者ニュートンに敬意を払い，この kg·m/s^2 をニュートンとよび，N という記号を使う．固有の名前がついていても，力の国際単位ニュートンは基本単位だというわけではない．表0.1に固有の名称をもつSI組立単位の例を示す．

* 質量の国際単位の 1 kg は，歴史的には 1 気圧，水の密度が最大になる温度（約 4 ℃）における水 1000 cm^3（1 L）の質量と定義され，フランスの国際度量衡局に保管されている白金－イリジウム合金製の国際キログラム原器の質量が 1 kg と規定された．しかし原器という人工物を単位の値とすることに限界が訪れ，2019年から「1 kg は，プランク定数 h を正確に 6.626 070 15×10^{-34} J·s と定めることによって設定される」ことになった．

表0.1 本書で使用する固有の名称をもつSI組立単位

物理量	単位	単位記号	他のSI単位による表し方	SI基本単位による表し方	本書に出てくるページ
周波数	ヘルツ	Hz		s^{-1}	86
力	ニュートン	N		m·kg·s^{-2}	33
エネルギー，仕事	ジュール	J	N·m, C·V	m^2·kg·s^{-2}	51, 67, 120
仕事率，電力，パワー	ワット	W	J/s, A·V	m^2·kg·s^{-3}	54, 119
圧力，応力	パスカル	Pa	N/m^2	m^{-1}·kg·s^{-2}	19
電気量，電荷	クーロン	C	A·s	s·A	103
電位，電圧	ボルト	V	J/C	m^2·kg·s^{-3}·A^{-1}	112
静電容量	ファラド	F	C/V	m^{-2}·kg^{-1}·s^4·A^2	114
電気抵抗	オーム	Ω	V/A	m^2·kg·s^{-3}·A^{-2}	117
磁束	ウェーバ	Wb	T·m^2, V·s	m^2·kg·s^{-2}·A^{-1}	124
磁場（磁束密度）	テスラ	T	Wb/m^2	kg·s^{-2}·A^{-1}	123, 127
インダクタンス	ヘンリー	H	Wb/A, V·s/A	m^2·kg·s^{-2}·A^{-2}	134
放射能	ベクレル	Bq		s^{-1}	160
吸収線量	グレイ	Gy	J/kg	m^2·s^{-2}	160
実効線量	シーベルト	Sv	J/kg	m^2·s^{-2}	161

本書では，教育的に重要だと考えられる場合には，実用単位とよばれる国際単位ではない単位もいくつか使用する．

大きな量と小さな量の表し方（指数，接頭語）　取り扱っている現象に現れる物理量の大きさが，基本単位や組立単位の大きさに比べて，とても大きかったり，小さかったりする場合の表し方には，2 通りある．

1 つは，1 000 000 を 10^6，0.000 001 を 10^{-6} などのように 10 のべき乗を使って表す方法である．つまり，大きな数を $a \times 10^n$（n は正の整数），小さな数を $a \times 10^{-n}$（n は正の整数）と表す方法である．10^n の n や 10^{-n} の $-n$ を指数という．たとえば，地球の赤道半径 6 378 000 m は 6.378×10^6 m と表される．

もう 1 つの方法は，表紙の裏見返しに示す，国際単位系で指定された接頭語をつけた単位を使う方法である．たとえば，

$$10^6 \text{ Hz} = 1 \text{ MHz}, \quad 1000 \text{ m} = 1 \text{ km}, \quad 100 \text{ Pa} = 1 \text{ hPa}$$
$$10^{-3} \text{ m} = 1 \text{ mm}, \quad 10^{-3} \text{ kg} = 1 \text{ g}, \quad 10^{-15} \text{ m} = 1 \text{ fm}$$

などである．振動数の単位 MHz はメガヘルツ，圧力の単位 hPa はヘクトパスカル，長さの単位 fm はフェムトメートルと読む．

0.5　次　元

単位と密接な関係がある概念に次元（ディメンション）がある．力学に現れるすべての物理量の単位は，長さの単位 m，質量の単位 kg，時間の単位 s の 3 つの基本単位で表せる．速度や力などの組立単位が基本単位のどのような組み合わせからできているのかを示すのが次元である．たとえば，物理量 Y の単位が $\text{m}^a \text{kg}^b \text{s}^c$ だとすると，$\text{L}^a \text{M}^b \text{T}^c$ を物理量 Y の**次元**という．L は length（長さ），M は mass（質量），T は time（時間）の頭文字である．たとえば，速度の次元は LT^{-1}，力の次元は LMT^{-2} である．

参考　異なる次元の物理量の割り算

長さと質量のように異なる種類の物理量を異なる次元の物理量という．「速さ」＝「距離」÷「時間」，「密度」＝「質量」÷「体積」のように，物理学でも社会生活でもいろいろな場面で単位のついた数値の割り算が出てくる．異なる次元の量 A, B の割り算 $A \div B$ の意味を理解するには，

「分数（割り算）$\dfrac{A}{B}$ とは $\dfrac{A}{B} \times B = B \times \dfrac{A}{B} = A$ であるような数である（$B \neq 0$）$\left(\text{例 } \dfrac{2}{3} \times 3 = 3 \times \dfrac{2}{3} = 2\right)$」

という分数の定義を思い出すと助けになる．たとえば，1 m/s は 1 s を掛けると 1 m になる量 $[(1 \text{ m/s}) \times (1 \text{ s}) = 1 \text{ m}]$ なので，「1 m/s とは，この速さで 1 s 走れば移動距離が 1 m になる速さである」．

1

力

日常用語としての力は，手で物を押したり引いたりするときの筋肉の感覚からでた言葉であるが，物理学での力は，物体の運動状態を変化させたり，物体を変形させたり，物体を支えたりする作用である．

力学は，物体にはどのような力が作用し，力が作用した物体はどのような運動をするのかを研究する学問である．

この章では，身近な現象で作用する力とその性質を理解するとともに，力を表すのに必要なベクトルに慣れる*.

* 日本語では，力が働く，力を及ぼす，力を加える，力を受けるなどの言葉が多く使われるが，英語では act（作用する）という単語が多用されるので，本書では「力は物体に作用する」という表現を多用する．

1.1 力とその性質

学習目標 ベクトル量としての力の表し方を理解し，ベクトルに慣れる．合力，力のつり合い，作用反作用の法則などの力の基本的な性質を理解する．

身近な力として，手や足の筋力，重力，ばねの弾力（弾性力），ひもの張力，床や地面の作用する垂直抗力，静止摩擦力，動摩擦力，水や空気の作用する抵抗力などが思い浮かぶ．

力には大きさと向きがある．物体に力が作用すると運動状態（速度）が変化して，加速度が生じる．加速度と質量を測定して，ニュートンの運動の法則

$$力 = 質量 \times 加速度$$

の右辺に入れると，質量の単位 kg と加速度の単位 m/s² の積である力の単位ニュートン N = kg・m/s² のついた力の測定値が求められる．1.2 節ではこのようにして地表付近の物体に作用する重力を求める．

力の大きさを測る装置に秤(はかり)がある．ばねに力を作用して変形させると，作用する力につり合うばねの復元力（弾力）は変形量（伸び縮み）に比例する事実を利用しているのがばね秤である（図 1.1）．図 1.2 は中学理科の授業で使われているばね秤で，目盛はニュートンである．授業で 1 N は約 100 g の物体の重さと同じ強さだという説明を聞いたことがあっただろう．この話題には 1.2 節で触れる．

力の表し方 力を表すには，力の**大きさ**と**向き**と力が物体に作用する点（**作用点**）を示す必要がある*．力を図示する場合，作用点を始点とし，力の方向を向き，長さが力の大きさに比例する矢印を描く（図 1.3）．本書では力を記号で表すときは，（高校物理のような $\vec{F}$ ではなく）F のように太文字を使い，力 F の大きさを F あるいは $|F|$ と記す．力の作用点を通り力の方向を向いている直線を**力の作用線**という．なお F は force（力）の頭文字である．

合力 いくつかの力が1つの物体に作用しているとき，これらの力と同じ効果を与える1つの力をこれらの力の**合力**という．実験によると，作用線が交わる2つの力 F_1 と F_2 の合力 F は，F_1 と F_2 を相隣る2辺とする平行四辺形の対角線に対応する力である（図 1.4）．これを**平行四**

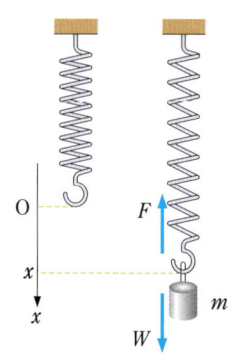

図 1.1 ばねを伸ばすと，伸び x に比例する復元力（弾性力）F が作用する．物体をばね秤に吊るして伸びをはかると，「ばねの弾性力の大きさ」＝「重力の大きさ」という性質を使って，物体に作用する重力の大きさを測ることができる．

図 1.2 ばね秤（ニュートン目盛）

* 多くの場合，力が作用する場所には広がりがあるが，代表点を作用点とみなす．

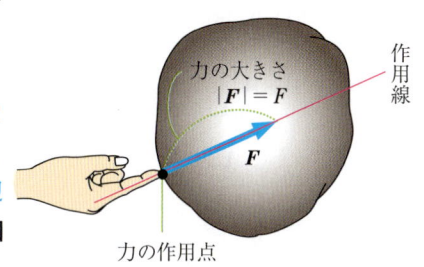

図 1.3 力の作用点と作用線

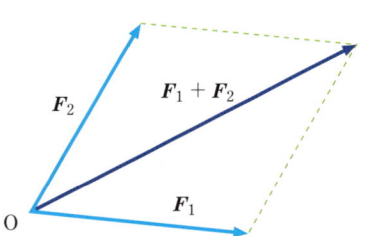

図 1.4 2つの力 F_1, F_2 の合力
$F = F_1 + F_2$（平行四辺形の規則）

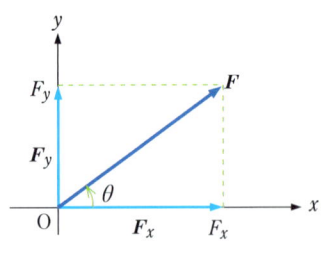

図 1.5 $F = F_x + F_y$
$F_x = F\cos\theta,\ F_y = F\sin\theta$

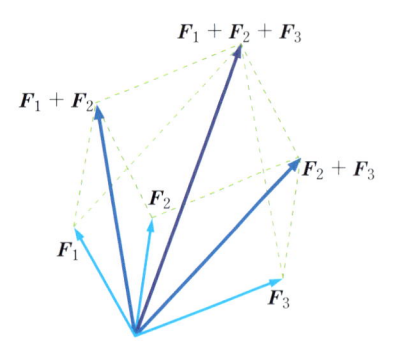

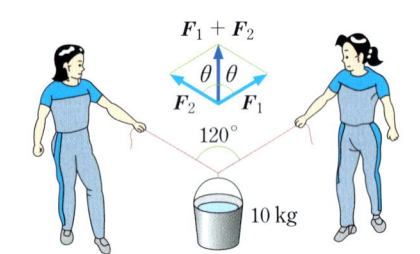

図 1.7 2人の手の力 F_1, F_2 の合力 $F_1 + F_2$

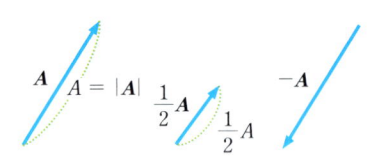

図 1.8 ベクトル A のスカラー倍 kA

図 1.9 零ベクトル 0

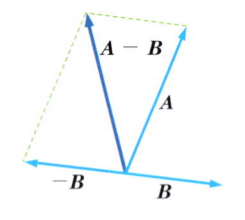

図 1.10 $A - B = A + (-B)$

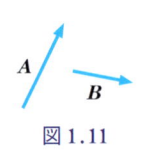

図 1.11

図 1.6 3つの力 F_1, F_2, F_3 の合力 $F_1 + F_2 + F_3$

3つの力 F_1, F_2, F_3 の合力を求めるには，まず2力 F_1, F_2 の合力を平行四辺形の規則を使って求め，つぎに，合力 $F_1 + F_2$ と力 F_3 の合力を，平行四辺形の規則を使って，$(F_1 + F_2) + F_3$ として求めればよい．2力 F_2, F_3 の合力の $F_2 + F_3$ をまず求め，つぎに力 F_1 と合力 $F_2 + F_3$ の合力を $F_1 + (F_2 + F_3)$ として求めても同じ結果が得られる．このようにして求めた3つの力 F_1, F_2, F_3 の合力を $F_1 + F_2 + F_3$ と記す．

辺形の規則といい，

$$F = F_1 + F_2 \tag{1.1}$$

と表す．逆に，力 F を x 方向成分 F_x と y 方向成分 F_y の和に分解することもできる（図1.5）．

$$F = F_x + F_y \tag{1.2}$$

1つの物体に作用する3つの力 F_1, F_2, F_3 の作用線が1点で交わるときには，図1.6に示すように平行四辺形の規則をくり返し使えば，これらの力と同じ作用をする合力

$$F = F_1 + F_2 + F_3 \tag{1.3}$$

が求められる．

問1 大きさが等しい2つの力 F_1 と F_2 がある（$|F_1| = |F_2| = F$）．F_1 と F_2 のなす角が (1) 60°，(2) 90°，(3) 120° の場合，合力の大きさ $|F_1 + F_2|$ を求めよ（図1.7）．$\cos 30° = \dfrac{\sqrt{3}}{2} = 0.866$，$\cos 45° = \dfrac{1}{\sqrt{2}} = 0.707$，$\cos 60° = \dfrac{1}{2} = 0.500$ を使え．

ベクトル 力のように大きさと向きをもち，平行四辺形の規則にしたがう和（足し算）が定義されている量を**ベクトル**という（付録 A も参照）．本書ではベクトルを，F のように，太文字で表す．これに対して，長さ，質量，温度のように，大きさはもつが向きをもたない量を**スカラー**という．物理量にはスカラー量とベクトル量がある．

ベクトル A にスカラー k を掛けた kA は，大きさが A の大きさ $|A| = A$ の k 倍で，$k > 0$ なら A と同じ向き，$k < 0$ なら A と逆向きのベクトルである（図1.8）．したがって，$2A$ は A と同じ向きで大きさが2倍のベクトルであり，$-2A$ は A とは逆向きで大きさが2倍のベクトルである．$-A = (-1)A$ は A と同じ大きさをもち A と逆向きのベクトルである．大きさが0のベクトルを**零ベクトル**とよび，0 と記す（図1.9）．ベクトル A からベクトル B を引き算するには，A に $-B$ を加えればよい $[A - B = A + (-B)]$（図1.10）．

問2 図1.11のベクトル A, B に対する，$2A$，$3B$，$2A + 3B$，$2A - 3B$ を図示せよ．

物体の1点に作用する力のつり合い　力は，大きさと向きが等しくても，物体のどの点に作用するかによって効果が違う．しかし，2つの力 F_1, F_2 や3つの力 F_1, F_2, F_3 などが静止している物体の1点に作用するとき，あるいはそれらの力の作用線が1点で交わるとき，その和が0，

$$F_1+F_2=0, \quad F_1+F_2+F_3=0 \quad \text{あるいは} \quad F_1+F_2+F_3+\cdots = 0 \tag{1.4}$$

ならば，物体は静止しつづける（図1.12）．このとき，これらの力は**つり合っている**という．

いくつかの力が，1点ではなく，広がった物体の異なる点に作用する場合にも，静止している物体が静止し続けるために (1.4) 式は満たされなければならない．しかし，この場合には，(1.4) 式が満たされていても，物体が回転し始める場合があるので，(1.4) 式は力のつり合いの必要条件であるが十分条件ではない．一般の場合のつり合い条件は 1.4 節で示す．

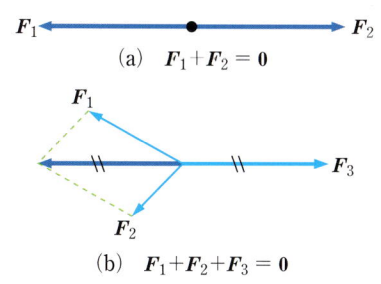

(a) $F_1+F_2=0$

(b) $F_1+F_2+F_3=0$

図 1.12 力のつり合い

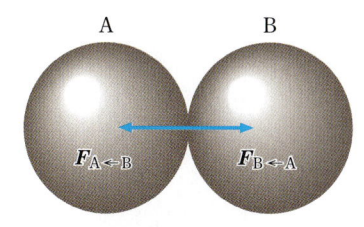

作用反作用の法則（ニュートンの運動の第3法則）

> **ニュートンの運動の第3法則**　力は2つの物体の間に働く．物体Aが物体Bに力 $F_{B \leftarrow A}$ を作用していれば，物体Bも物体Aに力 $F_{A \leftarrow B}$ を作用している．2つの力は同じ作用線上にあり，たがいに逆向きで，大きさは等しい（図 1.13）．

$$F_{B \leftarrow A} = -F_{A \leftarrow B} \quad \text{（作用反作用の法則）} \tag{1.5}$$

物体Aが物体Bに及ぼす力を作用とよべば，物体Bが物体Aに及ぼす力を反作用とよぶので，この法則は**作用反作用の法則**ともよばれる．ニュートンは著書に，「指で石を押すと，指も石に押し返される」と書いている．

われわれが道路で前に歩きはじめられるのは，足が路面を後ろに押すと（作用），路面が足を前に押し返すからである（反作用）．この場合には足が路面を押さないと，路面は足を押し返さないが，反作用は作用のしばらく後に生じるのではなく，接触している2物体間では，作用と反作用は時間的に同時に起こる．路面が滑りやすいと，路面による反作用が生じないので，足は路面に作用を及ぼせない．

(a) 力 $F_{B \leftarrow A}$ と力 $F_{A \leftarrow B}$，$F_{B \leftarrow A} = -F_{A \leftarrow B}$

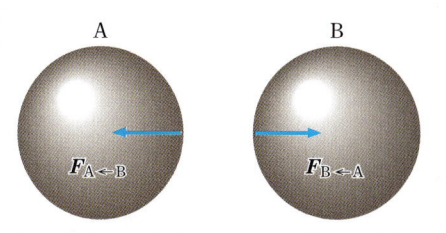

(b) 物体Bが物体Aに作用する力 $F_{A \leftarrow B}$

(c) 物体Aが物体Bに作用する力 $F_{B \leftarrow A}$

図 1.13

1.2　万有引力と重力

学習目標　万有引力は自然界の基本的な力である．地球の各部分が地上の物体に作用する万有引力の合力が重力であることを理解し，重力の性質を理解する．

図1.14 の円運動しているおもりについているひもが切れると，おもりは遠くへ飛んで行く．おもりが円運動をつづけるには，ひもの張力が必要である*．地球が太陽のまわりを回るのは，太陽が地球に引力を作

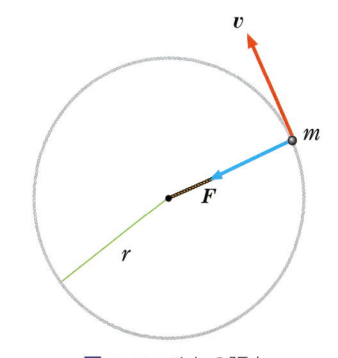

図 1.14　ひもの張力

* 惑星が公転し続けるには運動方向を向いた力が必要だと思うかもしれないが，公転している惑星は 2.2 節で学ぶ慣性によって，太陽のまわりを回り続ける．

*　単に重力ともいう.

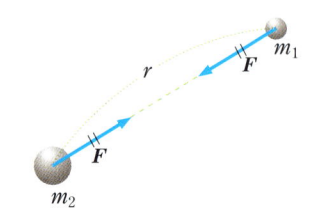

図 1.15　万有引力 $F = G\dfrac{m_1 m_2}{r^2}$

図 1.16　ニュートン（ルワンダの切手）

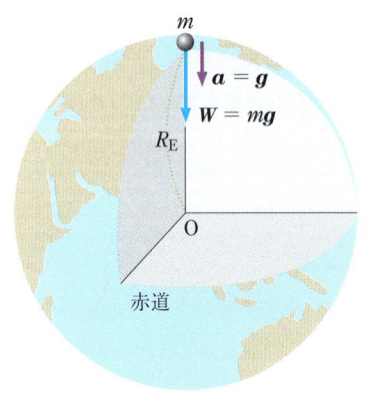

図 1.17　地球の作用する重力

図 1.18　質量 m の物体に働く地球の重力 $W = mg$

用しているからである．おもりに作用するひもの張力に対応するのが，ニュートンが発見した万有引力*である．

万有引力の法則　すべての2物体の間には，2物体の質量の積に比例し，距離の2乗に反比例する引力が作用する（図 1.15）．

$$F = G\frac{m_1 m_2}{r^2} \tag{1.6}$$

$$万有引力 = 万有引力定数 \times \frac{物体1の質量 \times 物体2の質量}{(距離)^2}$$

ニュートンは，万有引力は天体の間にだけ作用するのではなく，われわれの身のまわりのすべての2つの物体の間にも作用する引力だと考えたので，万有引力と名づけた．

実際の物体には大きさがある．ニュートンは，質量の分布が球対称な物体の間に働く万有引力は，各物体の質量がそれぞれの中心に集まっている場合に働く万有引力と同じであることを証明した（図 1.15）．

万有引力はすべての物体の間に働くが，身のまわりにある物体の間に働く万有引力は，きわめて弱い．たとえば，中心の距離が 5 cm の2つの 1 kg の金の球の間に働く万有引力の強さは，質量が 0.0000027 g の物体に作用する地球の万有引力の強さである．そこで地球上の物体の間に作用する万有引力の存在にだれも気付かなかった．

地上の2物体の間に働く万有引力の測定に最初に成功したのはキャベンディッシュで 1798 年のことであった．キャベンディッシュの実験から万有引力定数を決めることができる．最近の測定値は

$$G = 6.674 \times 10^{-11}\ \text{N·m}^2/\text{kg}^2$$

である．

重力 $W = mg$　地球の質量分布はほぼ球対称だと見なせるので，地球の各部分が地球の表面付近の物体に作用する万有引力の合力は，地球の全質量 M_E が半径 R_E の地球の中心に集まっている場合の万有引力

$$m\frac{GM_E}{R_E^2} \quad 物体の質量 \times \frac{万有引力定数 \times 地球の質量}{(地球の半径)^2} \tag{1.7}$$

とほぼ同じである．この地球の中心を向いている合力 W を**重力**とよぶ（図 1.17）．

鉛直下方を向き，大きさが

$$g = \frac{GM_E}{R_E^2} \quad \frac{万有引力定数 \times 地球の質量}{(地球の半径)^2} \tag{1.8}$$

のベクトル g を重力加速度とよぶと，**重力の法則**が得られる．

重力の法則　地球の表面付近のすべての物体には，地球の中心を向いた，質量に比例する重力

$$W = mg \quad 重力 = 質量 \times 重力加速度 \tag{1.9}$$

が作用する（図 1.18）．

重力 $W = mg$ だけの作用を受けて運動する物体の運動の法則 [(0.2) 式] は

$$ma = W = mg \quad 質量 \times 加速度 = 重力$$

なので，図 1.19 に示した空中を落下する金属球のように，重力だけの作用を受けて運動する物体の加速度は

$$a = g \quad (重力の作用だけを受ける物体の加速度) \quad (1.10)$$

となる．したがって，g は重力だけの作用をうけて運動する物体の加速度に等しいので，g を**重力加速度**とよぶのである．

地球の質量分布は完全な球対称ではないので，真空中の落下実験で測定した重力加速度は，地域によって 2% 程度のばらつきがあるが，

$$g \approx 9.8 \, \text{m/s}^2 \quad (1.11)$$

である[*1]．したがって，重力の強さ mg にも地域によって 2% 程度のばらつきがある．なお，g は重力 gravity の頭文字である．

> **問3** 地球の表面から高さ h の上空にある質量 m の物体に作用する地球の重力は，地球の中心からの距離 R_E+h の 2 乗に反比例するので，
>
> $$F = \frac{mGM_E}{(R_E+h)^2} = \frac{mgR_E^2}{(R_E+h)^2} \quad (1.12)$$
>
> であることを示せ．ジェット機が飛行する高さが 10 km の上空での重力の強さは地上での強さの約何パーセントか．

重力の強さを測定すれば，質量が測定できる　物体に作用する重力の強さをその物体の重さとよんでいる．重力の記号 W は weight (重さ，重量) に由来している．重力の強さは質量に比例する．そこで，物体に作用する重力の強さを，質量が 1 kg のおもりに作用する重力の強さと比べると，物体の質量が測定できる (図 1.21)．万有引力の法則に現れる物体の質量は，物体が万有引力を受ける度合いを表す物理量であり，物体が地球の重力を受ける度合いを表す物理量である．

なお，同じ物体に対する重力の強さは地球上の場所によって 2% 程度の違いがあるので，質量と重さは区別しなければならない．

> **参考　力の実用単位のキログラム重 kgw**
>
> 質量が 1 kg の物体に働く重力の大きさを力の実用単位として使い，**1 キログラム重** (記号 kgw) という．たとえば質量 50 kg の物体に働く重力の大きさは 50 kgw である．逆に物体に働く重力の大きさが 40 kgw であれば，その物体の質量は 40 kg である[*2]．
>
> 1 kg の物体に作用する重力の大きさである 1 キログラム重 kgw は，(1.9) 式の質量 m を 1 kg とおけば
>
> $$1 \, \text{kgw} \approx 9.8 \, \text{kg·m/s}^2 = 9.8 \, \text{N} \approx 10 \, \text{N} \quad (1.13)$$
>
> であり，1 N は 100 グラム重，
>
> $$1 \, \text{N} \approx 0.1 \, \text{kgw} = 100 \, \text{gw}$$
>
> つまり，1 N は約 100 g の地球上の物体に作用する重力の強さに等しい ($0.1 \, \text{kg} = 100 \, \text{g}$)．

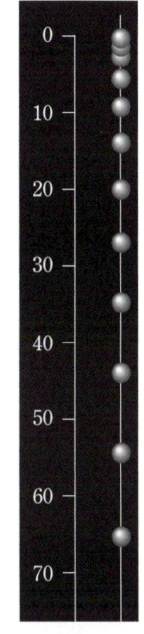

図 1.19　落下する金属球のストロボ写真

[*1]　$a \approx b$ は a と b はほぼ等しいことを表す．

重力加速度　$g \approx 9.8 \, \text{m/s}^2$

図 1.20　ホンダが開発した小型ビジネスジェット機

図 1.21　質量の測定

[*2]　工学では，質量 1 kg の物体が標準重力加速度 $9.80665 \, \text{m/s}^2$ の所で受ける重力の大きさを重力キログラム (記号 kgf) とよび，力の実用単位としている．

$$1 \, \text{kgf} = 9.80665 \, \text{N}$$

16 第 1 章 力

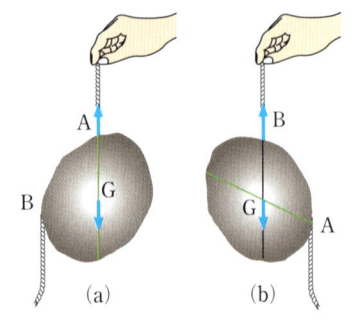

図 1.22 重心 G は糸の支点の真下にある.

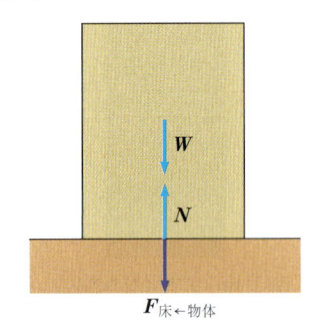

図 1.23 床の上の物体には,地球の重力 W と床からの垂直抗力 N ($= F_{物体 \leftarrow 床}$) が働く.

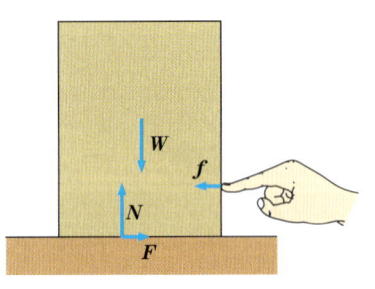

図 1.24 静止摩擦力 $F \leqq \mu N$
物体は静止しているので,手の押す力の大きさ f と静止摩擦力の大きさ F は等しい.$f = F$.床は物体との接触面全体に垂直抗力を作用するが,つり合い条件のため左側の方の垂直抗力は右側の方の垂直抗力より大きいので,垂直抗力 N の矢印を中央より左側に描いた.

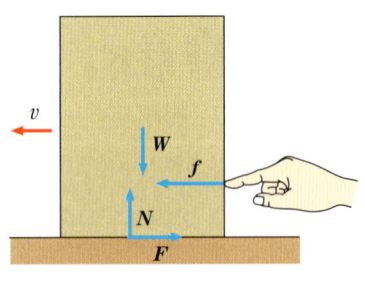

図 1.25 動摩擦力 $F = \mu' N$

重心 力を加えても変形しない硬い物体を**剛体**という.剛体の各部分に作用する重力の合力の作用点を剛体の重心という.剛体をひもで吊るすと,重心に作用する重力とひもの張力がつり合うので,重心 G はひもの真下にある.そこで,図 1.22 に示す方法で広がった硬い物体の重心の位置 G を求めることができる.

1.3 摩擦力と抵抗

学習目標 垂直抗力,静止摩擦力,運動摩擦力,水や空気の抵抗などの身近な力の性質を理解する.

垂直抗力 床の上に物体を置くと,物体は床に下向きの力 $F_{床 \leftarrow 物体}$ を作用し,その反作用として床は物体に上向きの力 $F_{物体 \leftarrow 床} = -F_{床 \leftarrow 物体}$ を作用する(図 1.23).$F_{床 \leftarrow 物体}$ や $F_{物体 \leftarrow 床}$ のように接触している 2 物体が接触面に垂直に作用し合う力を**垂直抗力**という.物体を支える垂直抗力を N という記号で表すことが多いので,図 1.23 でも $F_{物体 \leftarrow 床}$ を N と記した.N は面に垂直であることを意味する normal の頭文字である.

問 4 床の上に静止している物体に作用する下向きの重力 W と上向きの垂直抗力 $N = F_{物体 \leftarrow 床}$ はつり合っている ($W + N = W + F_{物体 \leftarrow 床} = 0$).物体が机を下向きに圧す力 $F_{床 \leftarrow 物体}$ は物体に作用する重力 W と同じである ($F_{床 \leftarrow 物体} = W$) ことを示せ.

摩擦力 接触している 2 つの物体が互いに動きはじめたり,速度の差が増加するのを妨げる向きに働く力を**摩擦力**という.

接触面で両側の物体が滑っていない場合の摩擦力を**静止摩擦力**という(図 1.24).静止摩擦力の大きさには限度があり,図 1.24 で力の大きさ f が限度を超えると,物体が動き始め,静止摩擦力ではなく動摩擦力が働く.限度での静止摩擦力の大きさ $F_{最大}$ を最大摩擦力という.**最大摩擦力 $F_{最大}$ は垂直抗力の大きさ N にほぼ比例する**.

$$F_{最大} = \mu N \tag{1.14}$$

比例定数の μ を静止摩擦係数という.μ は接触する 2 物体の材質,粗さ,乾湿,塗油の有無などの状態によって決まる定数で,接触面の面積が変わってもほとんど変化しない.

床の上を動いている物体と床の間のように,速度に差がある 2 つの物体の間には,速度の差を減らすような摩擦力が接触面に沿って働く.この摩擦力を**動摩擦力**という(図 1.25).動摩擦力の大きさ F も垂直抗力の大きさ N にほぼ比例する.

$$F = \mu' N \tag{1.15}$$

比例定数 μ' を動摩擦係数という.μ' は接触している 2 物体の種類と接触面の材質,粗さ,乾湿,塗油の有無などの状態によって決まり,接触面の面積や滑る速さにはほとんど無関係な定数である.

摩擦力や垂直抗力は日常生活にとって重要な力である．これらの力がないと，物体は一定の位置に留まれないし，人間は歩けなくなる．

問 5 そりを引くとき，綱を前方に引くより，図 1.26 のように斜め前方に引く理由を説明せよ．

図 1.26

粘性抵抗と慣性抵抗　液体や気体は自由に変形して流れるので流体とよばれる．流体中を運動する物体は，運動を妨げる向きに働く抵抗力を受ける．水中で動いたとき，抵抗を受けた経験があるだろう．

物体の速さが小さなときには，強さが物体の速さ v に比例する抵抗力を受ける．

$$F = bv \quad (b は定数) \tag{1.16}$$

この速さに比例する抵抗は**粘性抵抗**とよばれる．流体の粘性が原因だからである．半径 R の球状の物体に対する粘性抵抗は，ストークスの法則とよばれ，

$$F = 6\pi\eta Rv \tag{1.17}$$

である．定数 η は流体の粘性を表す定数の粘度である．

物体の速さが大きくなり，運動物体の後方に渦ができるようになると，抵抗力の大きさ F は速さ v の 2 乗に比例するようになり，

$$F = \frac{1}{2} C\rho A v^2 \tag{1.18}$$

と表される．これを**慣性抵抗**という．ρ は流体の密度，A は運動物体の断面積，抵抗係数 C は球の場合は約 0.5，流線形ではもっと小さくなる．

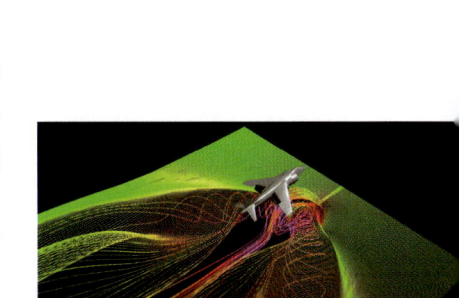

図 1.27　飛行するジェット機のまわりの気流のスーパーコンピュータ・シミュレーション．

1.4　力のつり合い

学習目標　力が物体をある点のまわりに回転させる能力を表す力のモーメントを理解する．力のつり合いの条件を理解し，簡単な問題に適用できるようになる．

力のモーメント（トルク）　シーソーで遊んだり，てこで重い物を持ち上げたりした経験から，物体に作用する力が物体を支点（回転軸）Oのまわりに回転させようとする能力は，

「力の大きさ F」×「支点から力の作用線までの距離 L」

であることはよく知られている（図 1.28）．この

$$N = FL \tag{1.19}$$

を点 O のまわりの力 F の**モーメント**あるいは**トルク**とよぶ．ここでは，回転軸の方向と力 F は垂直だとしている．

力が物体を回転させようとする向きを，力のモーメントに正負の符号をつけて区別する．物体を左回り（時計の針の逆向き）に回転させようとする場合には正（$N = FL$），右回り（時計の針の向き）に回転させようとする場合には負（$N = -FL$）と定義する．図 1.29 の例では，$N = F_2 L_2 - F_1 L_1 < 0$ なら，$F_1 L_1 > F_2 L_2$ なので，荷物は持ち上げら

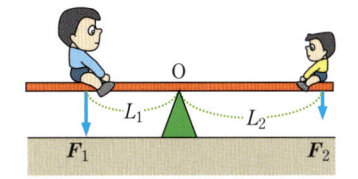

図 1.28　$F_1 L_1 = F_2 L_2$ ならシーソーはつり合う．

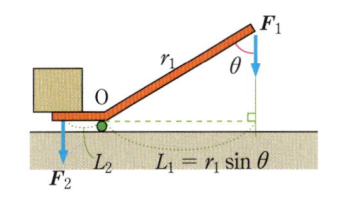

図 1.29　$F_1 L_1 (= F_1 r_1 \sin\theta) > F_2 L_2$ なら荷物を持ち上げられる．

れる.

剛体に働く力のつり合い　いくつかの力が，剛体の異なる点に作用している場合に，静止している剛体が静止し続ける場合，これらの力はつり合っているという．剛体に働く力のつり合いの条件は2つある．第1の条件は，剛体に働く力のベクトル和が 0 だという条件

$$F_1+F_2 = 0, \ F_1+F_2+F_3 = 0 \quad あるいは \quad F_1+F_2+F_3+\cdots = 0 \tag{1.20}$$

である．この条件が満たされていれば，剛体が全体として移動していくことはない．

剛体のつり合いの第 2 の条件は，1 つの点 P のまわりの力のモーメントの和が 0 だという条件である．この条件が満たされていれば，静止していた剛体が点 P のまわりに回転し始めることはない．

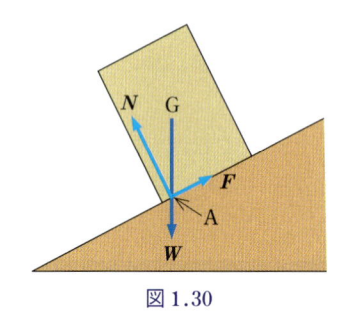

図 1.30

例題 1　図 1.30 のように，斜面の上に角柱が静止している．この角柱が倒れない条件は，重力の作用線と斜面の交点 A が斜面と角柱の接触面の中にあることである．このことを示せ．

解　点 A のまわりの力のモーメントの和が 0 という条件から，垂直抗力 N の作用線は点 A を通らなければならない．垂直抗力は接触面に作用するのだから，点 A は接触面の中になければならない．

例 1　太鼓腹のお相撲さんのようにお腹の出っ張った人が立っているときには，そっくりかえっている．前かがみになると不安定で，前に倒れるからである．理由を考えよう．地面の上に立っている人には，地球が下向きの重力 W を重心 G に作用し，地面が足の裏に上向きの垂直抗力 N を作用する（図 1.32）．足は 2 本あるので，地面は両足に上向きの垂直抗力を作用する．左足に作用する垂直抗力 $N_左$ と右足に作用する垂直抗力 $N_右$ の合力 N の作用点 P は，図 1.33 の青い線で囲まれた部分にある*．そこで，重力と垂直抗力の合力がつり合うためには，重心がこの部分の上になければならない．お腹の出っ張った人はそっくりかえって立たなければ，重心が足の先端より前に出てしまい，前に倒れる．

* 平行な 2 力 $N_左$ と $N_右$ の合力 N は，2 力と同じ向きで，大きさ N が 2 力の大きさの和 $N_左+N_右$ で，作用点 P は 2 力の作用点 $P_左$ と $P_右$ を両端とする線分を $N_右:N_左$ に内分する点である（図 1.31）．この事実は，3 力 $N_左, N_右, -N$ がつり合うための条件から導かれる．

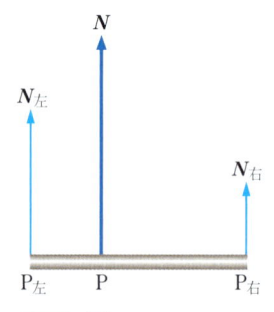

$$\overline{P_左 P}:\overline{PP_右} = N_右 : N_左$$

図 1.31　平行な 2 力 $N_左, N_右$ の合力 N

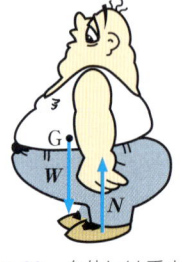

図 1.32　身体には重力と垂直抗力が作用する．

図 1.33　重心は青線で囲まれた領域の上にある．

片足で立つときには，足の裏と地面の接触面という狭い面の上に重心がなければならない．そこで，少し身体が左右に揺れると不安定になって倒れる．

安定なつり合いと不安定なつり合い　ある物体に作用する力がつり合っている場合に，安定なつり合いと不安定なつり合いがある．物体をつり合いの状態から少しずらしたときに復元力が働く場合を安定なつり合いといい，そうでない場合を不安定なつり合いという．図 1.34 のやじろべえは安定なつり合いの例である．

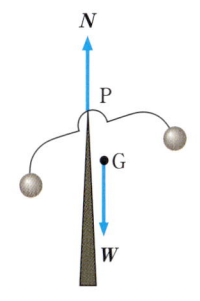

図 1.34　やじろべえ．やじろべえの重心 G は支点 P より低いので，やじろべえを傾けた場合，抗力 N と重力 W の作用はやじろべえを水平に戻そうとする復元力になる．やじろべえの重心はやじろべえの外にあることに注意．

参考　偶力

大きさが等しく，平行で異なる 2 本の作用線上で作用し，逆向きの 1 対の力 F，$-F$ を偶力という（図 1.35）．剛体に偶力が作用すると，2 力のベクトル和は $\mathbf{0}$ なので，静止していた重心は移動しない．しかし，**偶力のモーメント**とよばれる，2 力のモーメントの和 N は，力の大きさ F と 2 本の作用線の間隔 h の積

$$N = Fh \tag{1.21}$$

であり，0 にはならない．したがって，剛体は回転するので，偶力はつり合わない．

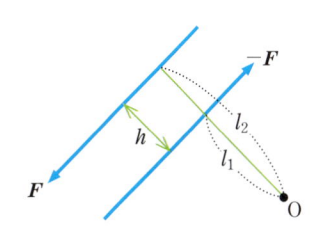

図 1.35　偶力 $N = Fl_2 - Fl_1 = Fh$

1.5　水圧，気圧

学習目標　ベクトル量である圧力の定義と，スカラー量である気圧と水圧（静水圧）の定義を理解する．水圧・気圧と高さの関係および浮力のアルキメデスの原理を理解する．

力と圧力　雪の上を靴で歩くと，靴は雪の中にもぐり込む．しかし，スキーをはくと，スキーは雪の中にめり込まない．面を押す力の大きさが同じでも，力が作用する面積が狭いほど力の効果は大きく，面積が広いほど力の効果は小さい．このような場合，単位面積あたりの力の強さの**圧力**

$$P = \frac{F}{A} \qquad 圧力 = \frac{面を垂直に押す力}{力が作用する面積} \tag{1.22}$$

が重要である（図 1.36）．力の国際単位はニュートン N で面積の国際単位は平方メートル m² なので，圧力の国際単位は N/m² であるが，これをパスカルという（記号 Pa）．

ハイヒールをはいて芝生に入るとかかとが土にめり込むのは，かかとの先端の面積が小さいので，圧力が大きいからである．男性の靴の底の圧力に比べて，ハイヒールのかかとの圧力は桁違いに大きい．

シャベルやつるはしの先端が尖っていると地面を掘りやすいのは，圧力が大きいためである．逆に，ブルドーザーにキャタピラがついているのは，地面との接触面積を増やし，圧力を減らすためである．

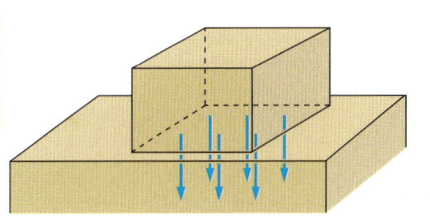

図 1.36　「圧力」＝「面を垂直に押す力」÷「力が作用する面積」

圧力の単位
$$\mathbf{Pa = N/m^2 = kg/(m \cdot s^2)}$$

図 1.37　ハイヒール

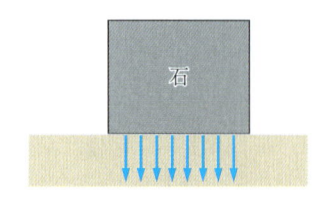

図 1.38　石の圧力

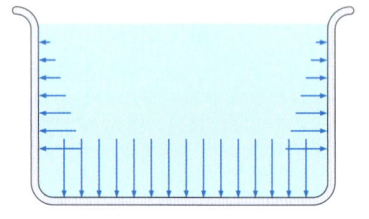

図 1.39　水は水槽の底面にも側面にも圧力を加える．

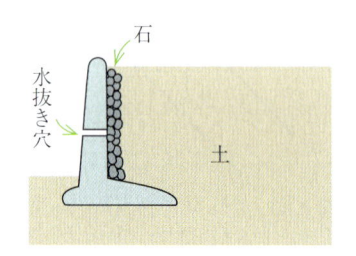

図 1.40　石垣の水抜き穴

水の圧力と石の圧力の違い　　地面に大きな石をおくと，石は下の地面に大きな力を作用するが，横の空気に大きな力を作用することはない（図 1.38）．ところが，地面の上に水を貯えようとすると，水槽を設置してその中に水を入れる必要がある．水槽の中の水は水槽の底に力を加えるが，側面にも力を加えることはだれでも知っている（図 1.39）．このように固体の圧力と気体や液体の圧力には大きな違いがある．

　図 1.40 のように，石垣を作って盛り土をする場合，石垣に対する土の圧力はそれほどでもないが，雨が降り，土が水を多量に含むと，水だけの場合と同様に横向きの圧力も強くなるため，石垣に対する圧力が大きくなり，石垣が崩壊する危険性がある．そこで，石垣には水抜き穴が開けてある．

静水圧—圧力には向きがあるが水圧や気圧には向きがない　　プールに入ると身体は圧力を感じる．水が静止している場合には，水中の皮膚に水の圧力が垂直に働く．プールの中で身体の向きを変えても皮膚に対する圧力の強さは同じである．この事実は，液体や気体の中では分子が四方八方に乱雑に運動し，その中の物体に衝突して力を及ぼしていると考えると理解できる．同じ高さでは分子の平均の速さは運動の向きによらず一定だと考えられるので，水中の小物体が受ける衝突の衝撃力の合力は 0 である ［図 1.41 (a)］．液体や気体の中の物体が受ける衝突の衝撃力の合力である圧力は面に垂直で，同一の点では面の向きによらず一定であることは図 1.41 (b), (c) を見れば明らかであろう．静止している水や空気の中の一点での圧力の共通の大きさを水圧や気圧というが，まとめて**静水圧**という．静水圧の国際単位も $Pa = N/m^2$ である．

　面を押す圧力には向きがあり，その大きさは「力」÷「面積」である．ところが水圧と気圧には向きがない．天気予報で高気圧とか低気圧という言葉を聞くが，高気圧のところや低気圧のところに圧力の特別の向きがある訳ではない．

　図 1.42 のように透明なシリンダーの中に発泡スチロールの立方体を入れ，ピストンを押し込む．立方体が圧力でどう潰れるのか観察する

(a)　水中の小物体の受ける合力は 0．矢印は水分子の衝突による衝撃力を表す．

(b)　水中の物体の面上の点 A に作用する衝撃力．

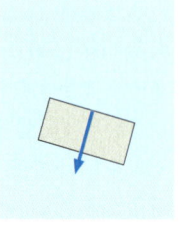

(c)　面に作用する衝撃力の合力の圧力は面に垂直に働く．

図 1.41

と，圧力が増えるのにつれて立方体はその形を保ったまま一様に小さくなっていくのがわかる．立方体は同じ大きさの圧力をそのまわりのあらゆる向きから受けているようすがわかる．

天気予報では気圧の単位としてヘクトパスカル hPa = 100 Pa が使われる．海面近くの気圧はおよそ 1013 hPa である．歴史的に，高さ 76 cm の水銀柱が底面に作用する圧力である 1013.25 hPa を **1 標準大気圧** とよんで，圧力の実用単位にしてきた（記号 atm）（演習問題 9 参照）．

浮力　風呂やプールに入ると，体が軽く感じられる．木片を水中に入れると浮く．石を水中へ入れると沈むが，水中の石を持ち上げようとすると，空気中よりも軽い．水中では浮力が作用するからである．

円筒形のビニール袋（図 1.43 の円筒）に水を詰めて水中に入れると，袋は沈みもしないし浮きもしない．袋がなければ，そこにある水は静止しているのだから当然の結果である．これを力のつり合いで考えてみよう．袋の水には重力の他にまわりの水から圧力が作用する．下面での水圧 p_0 は上面での水圧 p より大きいので，面積 A の袋の下面に作用する上向きの圧力 $p_0 A$ の方が袋の上面に作用する下向きの圧力 pA より大きい．そこで，まわりの水が袋に作用する圧力の合力は上向きである．この上向きの合力を **浮力** とよぶ．つまり，

$$\text{浮力} = \text{下面への上向きの圧力} - \text{上面への下向きの圧力}$$

である．この上向きの浮力が袋の中の水に作用する下向きの重力とつり合っている．

そこで，水中にどのような固体の物体を入れても，水中の物体には，物体の所にあった水に作用していた圧力の合力と同じ大きさの上向きの浮力が作用するはずである．紀元前 220 年頃，アルキメデスがこのことに気付き，著書に「水中の物体は，押しのけた水の重さだけ軽くなる」と記した．そこで，これを **アルキメデスの原理** という．現在の物理学では，水中の物体は，物体が押しのけた水に作用する重力に等しい大きさの上向きの浮力を受けると表現する．

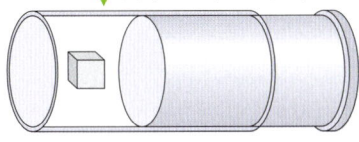

図 1.42　水中の同じ場所では水の圧力は面の向きが違っても同じ大きさである．決して ▯ や ▭ のようには潰れない．

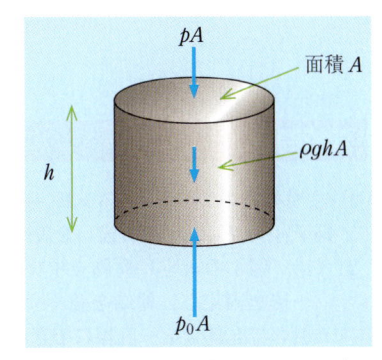

図 1.43　「浮力」＝「下面への圧力」－「上面への圧力」．浮力と重力はつり合う．

1 標準大気圧

　1 atm = 1013.25 hPa

参考　静水圧（水圧・気圧）と高さの関係

図 1.43 の底面積 A，高さ h，体積 Ah の円筒中の密度 ρ，質量 $m = \rho Ah$ の流体に作用する重力は $mg = \rho ghA$ である [(1.9) 式参照]．この重力 ρghA は浮力 $p_0 A - pA$ とつり合うので，$\rho ghA = p_0 A - pA$,

$$\therefore \quad \rho gh + p = p_0 \quad (g = 9.8 \text{ m/s}^2) \quad (1.23)$$

という静水圧 p と高さ h の関係が導かれる．この式は，基準点（円筒の下底）より高さが h の点の静水圧 p は基準点の静水圧 p_0 より ρgh だけ低いことを意味している．

水の密度は $1 \text{ g/cm}^3 = 1.0 \times 10^3 \text{ kg/m}^3$ なので，水中で 10 m 低い所の水圧は $\rho gh = (1.0 \times 10^3 \text{ kg/m}^3) \times (9.8 \text{ m/s}^2) \times 10 \text{ m} = 9.8 \times 10^4$ Pa = 980 hPa なので，約 1 気圧である．この事実は，大気の圧力は，

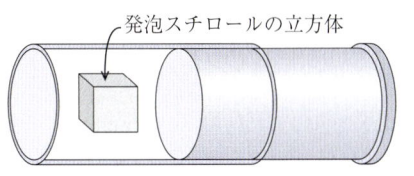

深さが 10 m の水が底面を圧す圧力に等しいことを示す．

図 1.44 なぜだろう（演習問題 11 参照）

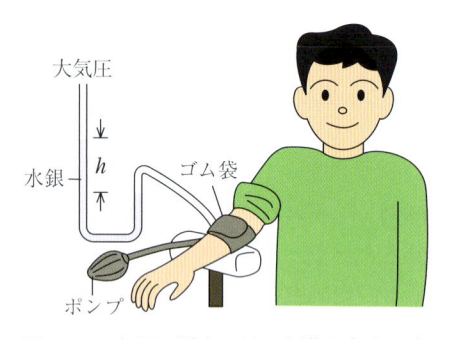

図 1.45 血圧の測定では，心臓の高さの血圧を測る．

演習問題 1

1. 2つの力のつり合い $F_1+F_2=0$ と作用反作用の法則 $F_{1←2}+F_{2←1}=0$ の違いを説明せよ．

2. (a) 図1のように荷物を中央にぶらさげた針金の一端を固定し，他端を強く引く場合，いくら強く引いても針金を一直線にできない理由を述べよ．

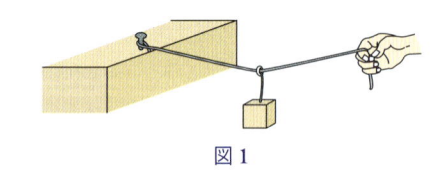

図1

(b) 電車に電力を送る送電線が図2のように2重に吊ってある理由を説明せよ．

図2

3. 質量 m の本が机の上に置いてある．次の問に答えよ．
  (ア) 本が机を押す力の大きさはいくらか．
  (イ) 机が本を押す力の大きさはいくらか．
  (ウ) 本に働く力の合力はいくらか．

4. 地球の質量と密度
  (1) (1.8)式から導かれる $M_E = \dfrac{gR_E^2}{G}$ に万有引力定数 $G = 6.7 \times 10^{-11}\,\mathrm{N \cdot m^2/kg^2}$，地球の半径 $R_E = 6.4 \times 10^6\,\mathrm{m}$，重力加速度 $g = 9.8\,\mathrm{m/s^2}$ を入れて，地球の質量は $M_E = 6 \times 10^{24}\,\mathrm{kg}$ であることを導け．

  (2) 地球の質量 $M_E = 6 \times 10^{24}\,\mathrm{kg}$ を体積 $\dfrac{4\pi R_E^3}{3}$ で割って，地球の密度 ρ を求めよ．

5. 潮汐は海水面が1日に2回上昇と下降を繰り返す現象である．月の作用する万有引力によって潮汐が生じることを説明せよ．

6. だるまの重心が床との接触点の真上にない場合に，重心が接触点の真上になるような復元力が作用する．その機構を説明せよ．

7. かかとの先端の面積が $4\,\mathrm{cm^2}$ のハイヒールをはいて体重 40 kg の人が歩くとき，全体重を片足のかかとで支えている際に，かかとが地面に加える圧力を求めよ．

8. (1) コップに 20 g の氷の塊を入れて水を縁まで注

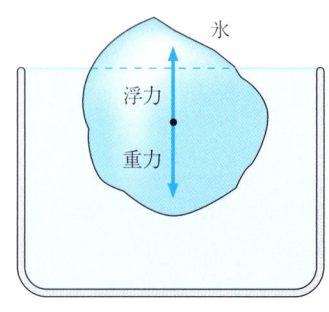

図3 コップに 20 g の氷の塊が浮いている．氷が溶けると？

いで机の上に置く．水の中に浮いている氷の一部は水面の上に出ている．氷はやがて溶けだす．水面の上に出ている氷が溶けると，水はコップからあふれだしそうである．どうなるか（図3参照）．
(2) 北極海の氷が溶けると，海水面の高さはどうなるか．
(3) 南極大陸の上の氷が南極海に崩落して溶けると，海水面の高さはどうなるか．

9. 高さ76 cmの水銀柱がその底面を圧す圧力を求めよ（図4）．水銀の密度を13.5951 g/cm^3，重力加速度を標準重力加速度9.80665 m/s^{2}とせよ．

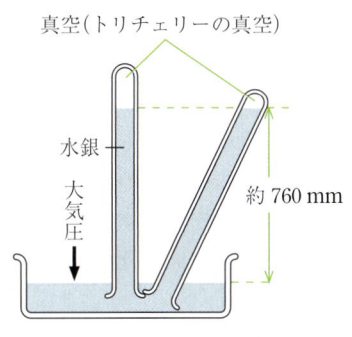

図4

10. 東京スカイツリーの高さは634 mである．地表付近の大気の密度を1.2 kg/m^{3}として，塔の先端と下端での気圧の差を求めよ．

図5 東京スカイツリー

11. 高い山の麓の町で袋に入ったスナック菓子を買う．この菓子を山の上にもっていくと，袋が膨らむ理由を説明せよ（図1.44）．
12. 空気の密度は，20 °Cのとき1.204 kg/m^{3}で，120 °Cのとき0.898 kg/m^{3}である．熱気球の外の気温が20 °Cで風船内の気温が120 °Cのとき，容積が1000 m^{3}の風船の浮力を求めよ．
13. 風呂の浴槽と体重計と水の体積を測る道具を使って自分の密度を測定する方法を考えよ．

コラム　アルキメデス

　アルキメデスはシシリー島のシラクサの王様から，神々に捧げる黄金の冠が純金製か銀が混ぜられているかを，冠を傷つけることなく確かめるよう命じられた．かれは，空気中で測ると冠と同じ重さの金塊をつくり，金塊と冠のそれぞれを糸で水の中に吊るして重さを測ると，冠の方が軽かった．この事実は冠に作用する浮力の方が大きいので，冠が押しのけた水の体積の方が大きいこと，したがって，冠の密度は純金の密度より小さいので冠は純金ではないことを証明できた．

2 力と運動

　力が物体に作用すると，物体の運動状態は変化する．物体の運動状態の変化を表す物理量の加速度と物体に作用する力の関係を表すのが，ニュートンの運動の第2法則で，単に運動の法則ともよばれる．

　本章では，放物運動，等速円運動，単振動などの具体例に基づいて運動の法則の理解を深める．物体の運動状態を表す物理量として，速度以外に，物体の直線運動の勢いを表す運動量と回転運動の勢いを表す角運動量も有用である．

近代的な力学を創始したのはニュートンである．ニュートンは 1687 年にプリンキピアとよばれる著書『自然哲学の数学的原理』を刊行し，その中で，運動の 3 法則と万有引力の法則の 4 つの基本法則を提唱し，これらの 4 法則に基づいて太陽のまわりを公転する惑星の運動のしたがうケプラーの法則 (図 2.1) を導き，それと同時に，地球のまわりの月の公転運動と地上での落下運動が統一的に説明できることを示した (演習問題 19，図 2.2)．ニュートンは天体の運動と地上での物体の運動を統一的に説明できる理論を発見したのであった．

　4 つの法則のうち，作用反作用の法則とよばれる運動の第 3 法則と万有引力の法則は前章で学んだ．本章では慣性の法則ともよばれる運動の第 1 法則と，単に運動の法則ともよばれる運動の第 2 法則とそれから導かれる運動の見方を学ぶ．

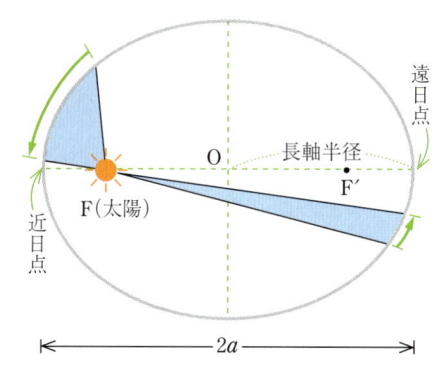

図 2.1　ケプラーの 3 法則
第 1 法則：惑星は太陽を焦点の 1 つ (F) とする楕円軌道上を運動する．
第 2 法則：太陽と惑星を結ぶ線分が同じ時間に通過する面積は一定である．
第 3 法則：惑星が太陽を 1 周する時間 (周期) T の 2 乗と軌道の長軸半径 a の 3 乗の比は，すべての惑星について同じ値である．

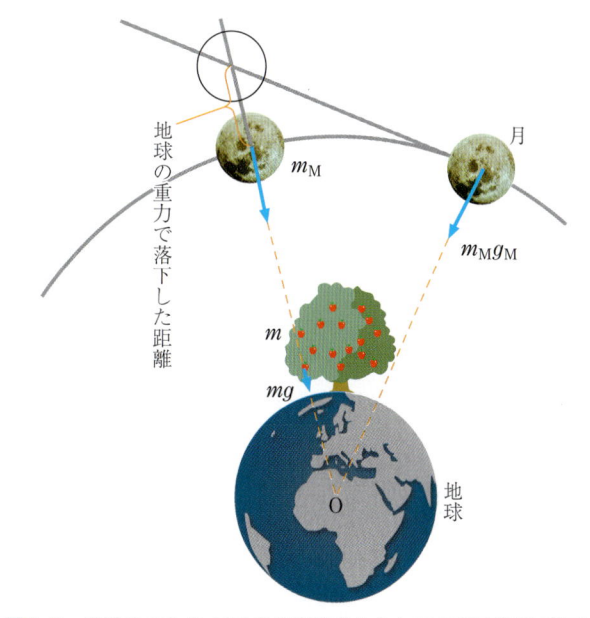

図 2.2　地球のまわりの月の公転運動とりんごの落下運動が同じ運動の法則と万有引力の法則で説明される (演習問題 19 参照)．

2.1　速度と加速度

学習目標　スカラー量である速さとベクトル量である速度の違いを理解する．速度は位置が時間とともに変化する割合を表すベクトル量であり，ベクトル量である加速度はベクトル量の速度が時間とともに変化する割合であることを理解する．速さが変化しなくても，運動の向きが変化すれば加速度は **0** でないことを理解する．

　運動は位置の変化である．運動の法則を学ぶ準備として，位置の変化を表すベクトル量の変位，大きさが速さ v で向きが運動の向きのベクトル量である速度 (記号 $\boldsymbol{v}$)，速度が時間とともに変化する割合を表すベクトル量である加速度 (記号 $\boldsymbol{a}$) を理解しておこう．

位置　原点 O を始点とし，物体の位置 P を終点とするベクトル r を物体の**位置ベクトル**とよぶ．位置ベクトルの x, y, z 成分が物体の位置座標 x, y, z である（図 2.3）．

$$r = (x, y, z) \tag{2.1}$$

簡単のため，本書では x 軸上での直線運動と xy 平面上での平面運動だけを考えることにして，これからは z 方向を無視する（図 2.4）．

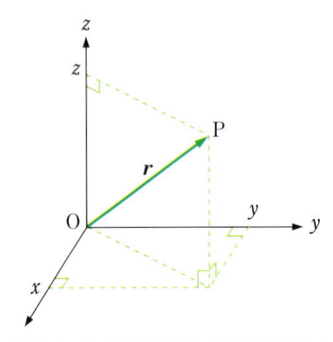

図 2.3 直交座標系と位置ベクトル $r = (x, y, z)$

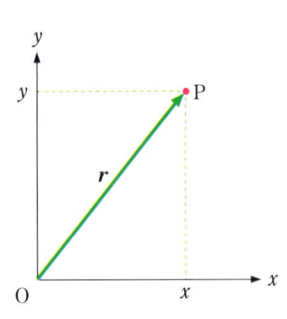

図 2.4 2 次元の位置ベクトル $r = (x, y)$

速度　物理学では「移動距離」÷「移動時間」を平均の速さとよぶ．移動時間を非常に短くしていった極限での平均の速さを瞬間の速さあるいは単に速さという*．速さはスカラー量である．速さの国際単位は m/s である．

＊ 測定技術の進歩によって，速さを測定するための「移動距離」も「移動時間」も短くできるが，ゼロにはできないので，瞬間の速さは理論的な物理量である．

速さの単位　m/s

同じ速さでも向きが違えば別の運動状態を表す．そこで速度を考える．**速度**とは，物体の位置が時間とともに変化する割合を表すベクトル量である．時間 t が経過する間に，物体が位置ベクトル $r_0 = (x_0, y_0)$ の点 P から位置ベクトル $r = (x, y)$ の点 P′ に移動する場合，点 P を始点とし点 P′ を終点とするベクトル $\overrightarrow{\mathrm{PP'}}$，すなわち，

$$r - r_0 = (x - x_0, y - y_0) \tag{2.2}$$

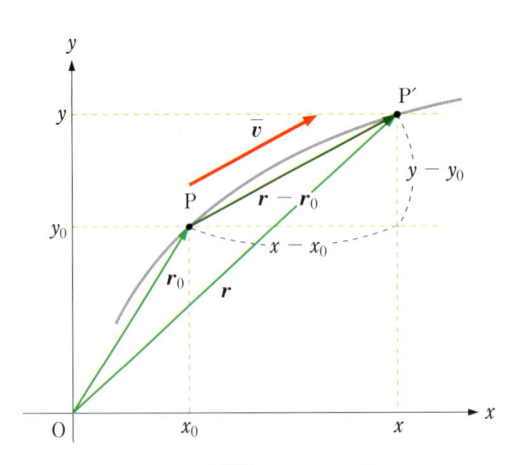

図 2.5 平均速度 $= \dfrac{\text{変位}}{\text{時間}}$　$\bar{v} = \dfrac{r - r_0}{t}$
平均速度 $\bar{v}$ の定義の時間 t を非常に短くしていった極限の v が速度である．

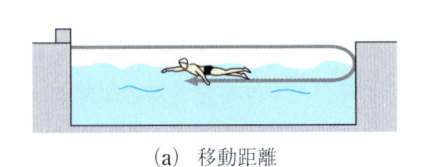

図 2.6 移動距離と変位の違い
(a) 移動距離
(b) 変位

を時間 t での物体の**変位**といい，時間 t での物体の**平均速度** $\bar{\boldsymbol{v}}$ を

$$\bar{\boldsymbol{v}} = \frac{\boldsymbol{r}-\boldsymbol{r}_0}{t} \qquad 平均速度 = \frac{変位}{時間} \tag{2.3}$$

と定義する[*1]（図 2.5）．変位は位置の変化という意味である．

平均速度 $\bar{\boldsymbol{v}}$ は変位 $\boldsymbol{r}-\boldsymbol{r}_0$ の方向を向き，大きさが $|\boldsymbol{r}-\boldsymbol{r}_0|\div t$ のベクトル量で，x 成分と y 成分は

$$\bar{v}_x = \frac{x-x_0}{t}, \qquad \bar{v}_y = \frac{y-y_0}{t} \tag{2.3'}$$

である．(2.3) 式から

$$\boldsymbol{r}-\boldsymbol{r}_0 = \bar{\boldsymbol{v}}t \qquad 変位 = 平均速度 \times 時間 \tag{2.4}$$

$$\boldsymbol{r} = \bar{\boldsymbol{v}}t+\boldsymbol{r}_0, \qquad x = \bar{v}_x t+x_0, \qquad y = \bar{v}_y t+y_0 \tag{2.4'}$$

が得られる[*2]．

平均速度 $\bar{\boldsymbol{v}}$ の定義 (2.3) の時間 t を非常に短くしていった極限が**速度**（velocity）（記号 $\boldsymbol{v}$）である．速度は大きさが速さ v で運動の方向（道筋の接線方向）を向いたベクトル量である（図 2.7）．

このように定義された速度 $\boldsymbol{v}$ は，微分記号を使って，

$$\boldsymbol{v} = \frac{d\boldsymbol{r}}{dt} \qquad \left(v_x = \frac{dx}{dt},\ v_y = \frac{dy}{dt}\right) \tag{2.5}$$

と表される．微分記号については付録 B1 を参照．

[*1] 平均速度の記号 $\bar{\boldsymbol{v}}$ の $\boldsymbol{v}$ の上のバーとよばれる横棒 — は平均を意味する．

[*2] (2.3) 式では，記号 t は移動時間（移動開始後の時間）を意味するが，物理学では記号 t で時刻を表し，「移動時間」=「終わりの時刻」−「はじめの時刻」を Δt と記すことが多い．Δt は時刻の差という意味の記号であり，Δ（デルタ）という量と t という量の積ではない．同じように，位置の差である変位を $\Delta \boldsymbol{r} = (\Delta x, \Delta y)$ と表すと，平均速度は

$$\bar{\boldsymbol{v}} = \frac{\Delta \boldsymbol{r}}{\Delta t}, \quad \bar{v}_x = \frac{\Delta x}{\Delta t}, \quad \bar{v}_y = \frac{\Delta y}{\Delta t}$$

と表される．

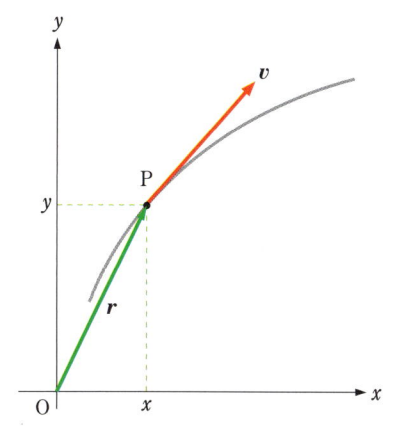

図 2.7 速度 $\boldsymbol{v}$．速度は運動の道筋の接線方向を向いている．

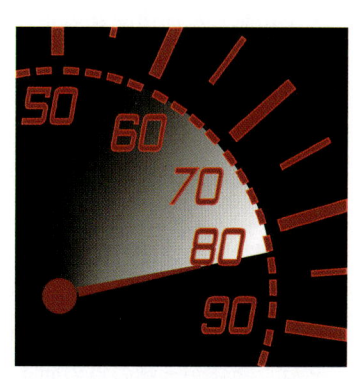

図 2.8 自動車の速度計は物理では速さ計

加速度 物体の速度が時間とともに変化する割合を表す物理量を加速度という．時間 t が経過する間に，物体の速度が $\boldsymbol{v}_0$ から $\boldsymbol{v}$ に変化した場合，「速度の変化」÷「時間」を物体の**平均加速度** $\bar{\boldsymbol{a}}$ とよぶ（図 2.9）．

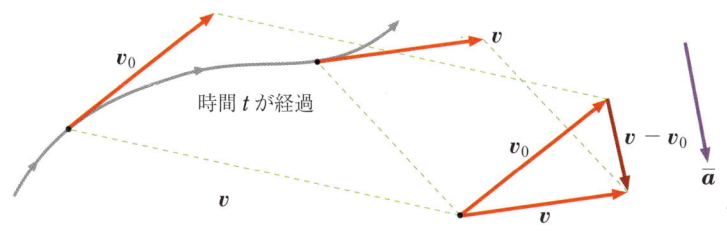

図 2.9 平均加速度 $\bar{\boldsymbol{a}} = \dfrac{\boldsymbol{v}-\boldsymbol{v}_0}{t}$ 平均加速度 $\bar{\boldsymbol{a}}$ の定義の時間 t を非常に短くしていった極限の $\boldsymbol{a}$ が加速度である．

$$\overline{\boldsymbol{a}} = \frac{\boldsymbol{v}-\boldsymbol{v}_0}{t} \quad 平均加速度 = \frac{速度の変化}{時間} \tag{2.6}$$

右辺の $\frac{\boldsymbol{v}-\boldsymbol{v}_0}{t} = \left(\frac{v_x-v_{0x}}{t}, \frac{v_y-v_{0y}}{t}\right)$ は，速度の変化を表すベクトル $\boldsymbol{v}-\boldsymbol{v}_0$ の方向を向き，大きさが $|\boldsymbol{v}-\boldsymbol{v}_0|$ の $\frac{1}{t}$ 倍のベクトルである．加速度の国際単位は，「速度の単位 m/s」÷「時間の単位 s」= m/s^2 である*．

加速度の単位　m/s^2

* 平均加速度は
$\overline{\boldsymbol{a}} = \frac{\Delta \boldsymbol{v}}{\Delta t}$　$\overline{a}_x = \frac{\Delta v_x}{\Delta t}$, $\overline{a}_y = \frac{\Delta v_y}{\Delta t}$
と表されることも多い．

自動車のアクセルを踏むと自動車の進行方向はそのままで速さが増加するので，平均加速度 $\overline{\boldsymbol{a}}$ は自動車の進行方向（速度 $\boldsymbol{v}_0$ の向き）と同じ向きである［図 2.10 (a)］．自動車のブレーキを踏むと自動車の進行方向はそのままで速さは減少するので，平均加速度 $\overline{\boldsymbol{a}}$ は自動車の進行方向の逆向きである［図 2.10 (b)］．自動車のハンドルを左に回すと自動車の速さは変らず進行方向が左の方に変化するので，平均加速度 $\overline{\boldsymbol{a}}$ の向き（$\boldsymbol{v}-\boldsymbol{v}_0$ の向き）は速度 $\boldsymbol{v}_0$ に左向きである［図 2.10 (c)］．

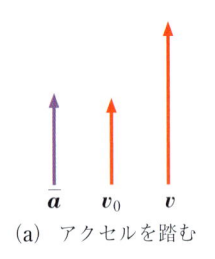

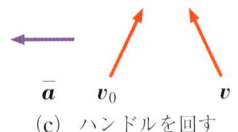

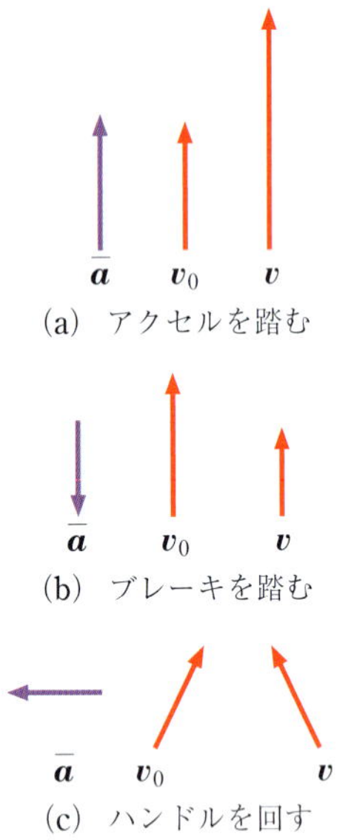

速度が $\boldsymbol{v}_0$ の物体が平均加速度 $\overline{\boldsymbol{a}}$ で加速していると，時間 t が経過した後の速度は

$$\boldsymbol{v} = \overline{\boldsymbol{a}}t + \boldsymbol{v}_0 \quad v_x = \overline{a}_x t + v_{0x} \quad v_y = \overline{a}_y t + v_{0y} \tag{2.7}$$

であることが，(2.6) 式から導かれる．

平均加速度 $\overline{\boldsymbol{a}}$ の定義 (2.6) の時間 t を非常に短くしていった極限の $\boldsymbol{a}$ を瞬間加速度，あるいは単に**加速度**という．

上に記した加速度 $\boldsymbol{a}$ の定義は，微分記号を使って，

$$\boldsymbol{a} = \frac{d\boldsymbol{v}}{dt} = \frac{d^2\boldsymbol{r}}{dt^2} \quad \left(a_x = \frac{dv_x}{dt} = \frac{d^2x}{dt^2}, a_y = \frac{dv_y}{dt} = \frac{d^2y}{dt^2}\right) \tag{2.8}$$

と表される．微分記号については付録 B1 を参照

(a) アクセルを踏む
(b) ブレーキを踏む
(c) ハンドルを回す

図 2.10

直線運動での速度と加速度

直線運動の場合，直線運動の道筋を座標軸（x 軸）に選び（図 2.11），v_x を v と記して速度とよび，a_x を a と記して加速度とよぶ．v も a も正の値の場合と負の値の場合がある．たとえば，物体が x 軸の負の向き（$-x$ 方向）に運動している場合には $v<0$ である［図 2.12 (b)］．

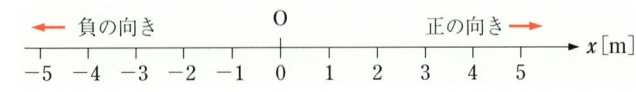

図 2.11 座標軸（x 軸，単位が m の場合）．x [m] = 3 は $x = 3$ m を意味する．x [m] = x/m である．

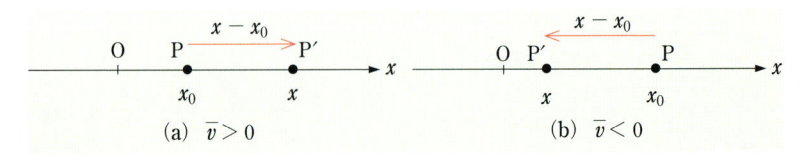

(a) $\overline{v} > 0$
(b) $\overline{v} < 0$

図 2.12 直線運動での変位と平均速度

例1 直線道路で停止していた自動車が 5 秒間で時速 36 km, つまり, $36\,\text{km/h} = \dfrac{36 \times 1000\,\text{m}}{3600\,\text{s}} = 10\,\text{m/s}$ にまで加速されるときには, この自動車の国際単位系での平均加速度は

$$\bar{a} = \dfrac{(10\,\text{m/s}) - (0\,\text{m/s})}{5\,\text{s}} = 2\,\text{m/s}^2$$

である. つまり, 速度は 1 秒間に 2 m/s の割合で増加する. 平均加速度の向きは進行方向である.

直線運動の場合には, 縦軸に位置 x, 横軸に時刻 t を選んで物体の位置の時間的変化を図示する位置-時刻図 (x-t 図) と縦軸に速度 v, 横軸に時刻 t を選んで物体の速度の時間的変化を図示する速度-時刻図 (v-t 図) が運動のようすの理解を助ける. そこで, 等速直線運動と等加速度直線運動の位置-時刻図と速度-時刻図を紹介する.

等速直線運動の位置-時刻図と速度 x 軸に沿って一定の速度 v_0 で運動する物体の時刻 t での位置 x は,

$$x = v_0 t + x_0 \quad \text{(位置)} \tag{2.9}$$

と表されることが (2.4′) の第 2 式からわかる. x_0 は時刻 $t = 0$ での物体の位置である. x 軸の正の向きへの運動である $v_0 > 0$ の場合と, x 軸の負の向きへの運動である $v_0 < 0$ の場合の位置-時刻図を示す (図 2.13). 位置-時刻図の直線の傾きが速さを表し, 右上がりなら $v_0 > 0$ で, 右下がりなら $v_0 < 0$ である.

等速運動ではない場合の直線運動の位置-時刻図の例を図 2.14 に示す. この図から平均速度と瞬間速度が読み取れる.

等速直線運動の速度-時刻図と変位 図 2.15 に示した速度 v_0 の等速運動の速度-時刻図の ■ 部分の面積は物体の時間 t での変位 $x - x_0 = v_0 t$ を示す. なお, 横軸の下の面積は負だと定義する.

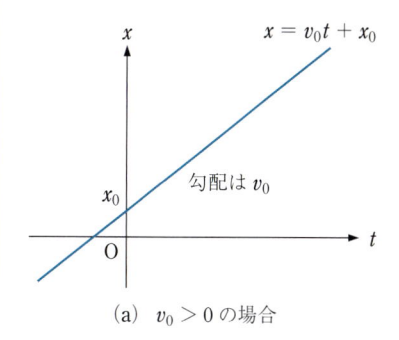

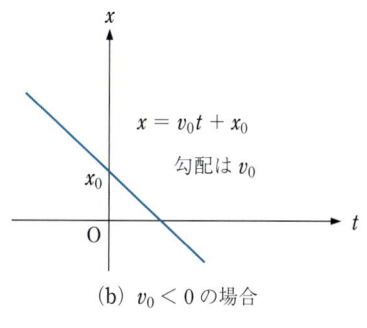

図 2.13 等速直線運動 $x = v_0 t + x_0$ の位置-時刻図

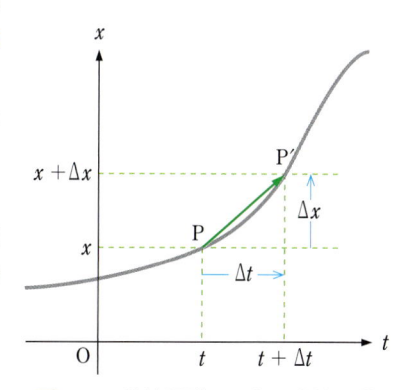

(a) $v_0 > 0$ の場合
(b) $v_0 < 0$ の場合

図 2.14 等速運動ではない直線運動の位置-時刻図の例

ベクトル $\overrightarrow{PP'}$ の勾配 (傾き) $\dfrac{\Delta x}{\Delta t}$ は時間 Δt での平均速度に等しい. $\Delta t \to 0$ の極限では, この勾配は点 P での接線の勾配に一致する. この接線の勾配が時刻 t での速度 (瞬間速度) である.

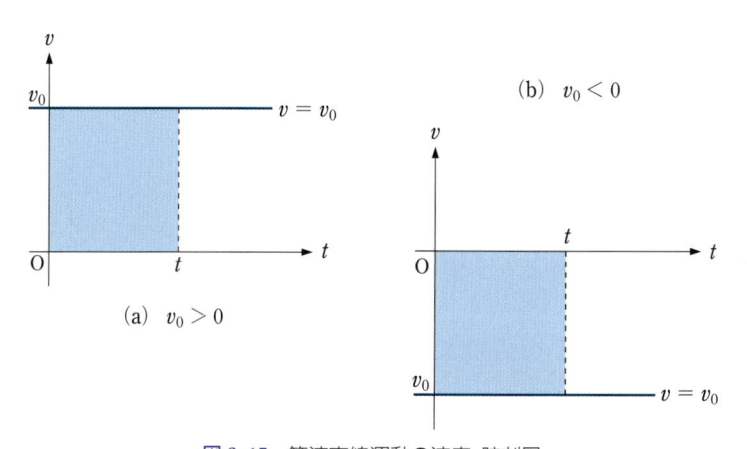

図 2.15 等速直線運動の速度-時刻図

(a) $v_0 > 0$
(b) $v_0 < 0$

等加速度直線運動の速度-時刻図と変位

x 軸に沿って一定の加速度 a_0 で運動する物体の時刻 t での速度 v は，

$$v = a_0 t + v_0 \qquad (速度) \tag{2.10}$$

と表されることが (2.7) の第 3 式からわかる．v_0 は時刻 $t=0$ での物体の速度である．加速度が時間とともに増加する $a_0 > 0$ の場合と加速度が時間とともに減少していく $a_0 < 0$ の場合の速度-時刻図を図 2.16 に示す．速度-時刻図の直線の傾きが加速度の大きさを表し，右上がりなら $a_0 > 0$ で，右下がりなら $a_0 < 0$ である．

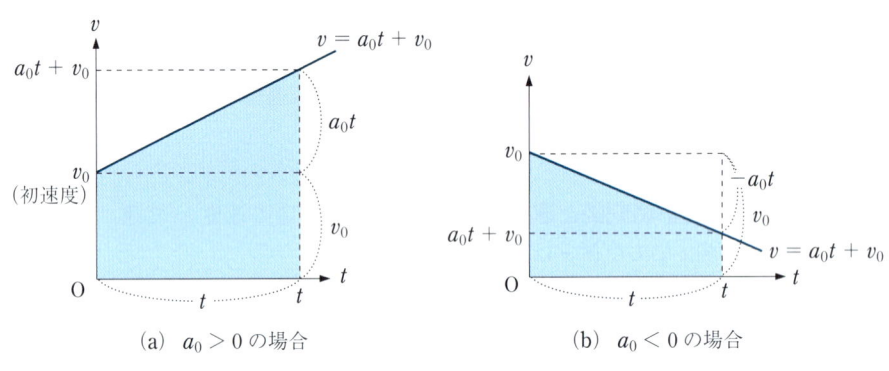

(a) $a_0 > 0$ の場合　　(b) $a_0 < 0$ の場合

図 2.16　等加速度直線運動の速度-時刻図

速度-時刻図の █ 部分の面積は，時間 t での変位に等しいことは付録 B4 に示してある．この面積は「平均速度」×「時間」に等しいが，

$$平均速度 = \frac{1}{2}(初速度+終速度) = \frac{1}{2}\{v_0+(a_0t+v_0)\} = \frac{1}{2}a_0t+v_0$$

である．したがって，時刻 $t=0$ の位置が x_0，速度が v_0 の物体が一定の加速度 a_0 で時間 t だけ運動したあとの変位 $x-x_0$ は，

$$x - x_0 = \frac{1}{2}a_0 t^2 + v_0 t \qquad (変位) \tag{2.11}$$

であり，位置は

$$x = \frac{1}{2}a_0 t^2 + v_0 t + x_0 \qquad (位置) \tag{2.12}$$

である．

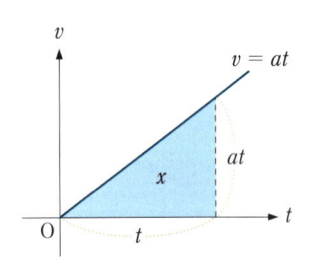

図 2.17　静止物体が一定の加速度 a で時間 t 運動した場合の移動距離は $\frac{1}{2}at^2$ $(a>0)$．

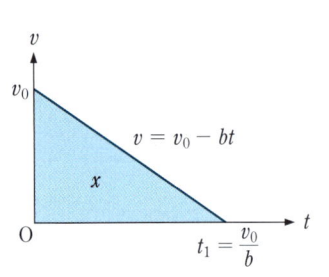

図 2.18　速度 v_0 の物体が一定の加速度 $-b$ で時間 t_1 減速し静止するまでの移動距離は $\frac{1}{2}bt_1{}^2$ $(b>0)$．

例 2　静止物体が一定の加速度 $a\,(a>0)$ で時間 t 運動した場合の移動距離は $\frac{1}{2}at^2$（図 2.17）．

例 3　速度 v_0 の物体が一定の加速度 $-b\,(b>0)$ で時間 $t_1 = \dfrac{v_0}{b}$ 減速し，静止するまでの移動距離は $\dfrac{1}{2}v_0 t_1 = \dfrac{1}{2}bt_1{}^2 = \dfrac{v_0{}^2}{2b}$（図 2.18）．

2.2 運動の第1法則（慣性の法則）

学習目標 運動の第1法則を理解し，運動の第1法則が慣性の法則とよばれる理由を説明できるようになる．物体が等速直線運動をしていれば，物体に作用している力の合力は0であることを理解する．

ニュートンの運動の3法則の最初の法則は，物体に作用する力の合力が0の場合の運動に関する法則である．

ニュートンの運動の第1法則（慣性の法則） 物体に作用している力の合力が0であれば，静止している物体は静止したままであり，運動している物体は等速直線運動をつづける．逆に，物体が静止しつづけているかまたは等速直線運動をしていれば，物体に作用している力の合力は0である[*1]．

物体がもつ，同じ運動状態を続けようとする性質を**慣性**というので，この法則は**慣性の法則**ともよばれる．

なお，身のまわりのすべての物体には重力が作用しているので，「物体に作用している力の合力が0」という文章は「物体が重力以外の力の作用も受けていて，重力と重力以外の力の合力が0」という意味である．

運動の第1法則の適用例 物体に作用している力の合力が0なので物体が等速直線運動を続ける例として，水平方向の等速直線運動の例と鉛直方向の等速直線運動の例がある．

水平な床の上を物体が運動する場合，物体に作用する下向きの重力と床が作用する上向きの垂直抗力はつり合う．そこで，物体に作用する摩擦力と空気の抵抗力が小さい状況をつくれば，合力が0という状態をつくることができる．たとえば，水平でなめらかな面の上のドライアイスの薄い板を指ではじくと，等速直線運動を続ける．

自動車が一定の速度で前進している場合には，空気が自動車に後ろ向きに作用する抵抗力と，路面が駆動輪に前向きに作用する摩擦力の合力は0であることを運動の第1法則は意味している（図2.20）[*2]．

問1 人が床の上の箱を押している場合，押すのをやめると，箱はすぐに静止する．この事実は運動の第1法則と矛盾しないか？

鉛直方向の等速直線運動の例もある．下向きの重力の作用で空中を落下し始めた物体には，空気が上向きの抵抗力を作用する（図2.21）．物体の速さが増加するのにつれて抵抗力が増加し，やがて重力と抵抗力の合力が0になると，それから物体は終端速度とよばれる一定の速度で落下する．無風の日に降る雨の雨滴や上空で飛行機から飛び降りたスカイダイバーはその例である．スカイダイバーの終端速度は，図2.22のような姿勢で落下する場合には，時速約200 kmである．このまま着地すると危険なので，パラシュートを開いて，減速する．

図2.19 カーリングのストーンは水平で滑らかな氷面上をほぼ等速直線運動する

[*1] 速度が0の静止状態を続ける物体や等速直線運動をつづける物体の速度は一定であり，加速度は0なので，第1法則は「物体に作用している力の合力が0の物体の速度は一定で，加速度は0である」とも表せる．

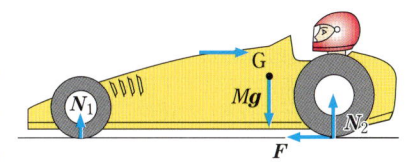

図2.20

[*2] 自動車が走行しているときに．エンジンに駆動された車輪が路面に後ろ向きの摩擦力を作用すれば，その反作用として，路面は車輪に前向きの摩擦力を作用する．

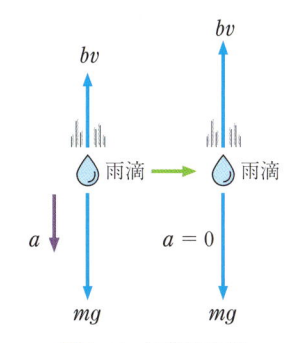

図2.21 雨滴の落下

図2.22

参考　静止状態と等速直線運動は見方の違い

第1法則の「物体が静止しつづけていれば，物体に働く力の合力は0である」という部分は，力のつり合い条件の1つとしてなじみ深い．これに対して，「物体が等速直線運動をしていれば，物体に働く力の合力は0である」という部分には疑問を感じる人がいるのではないだろうか．しかし，地上での静止状態を等速直線運動している電車の中から見れば等速直線運動に見えること，電車の中での静止状態は地上の観測者には等速直線運動に見えることに注意しよう（図2.23）．

慣性の法則と運動の法則は地上で静止している観測者に対しても，等速直線運動している電車の中の観測者に対しても成り立つのである．

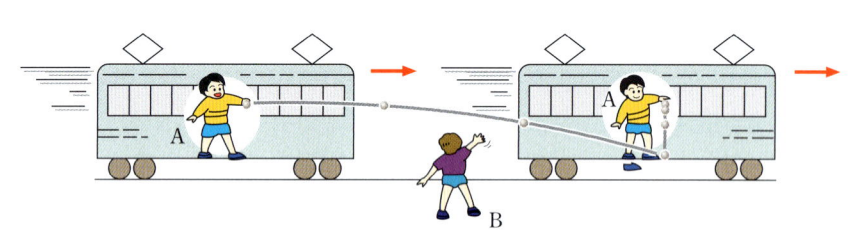

図 2.23　電車の中での静止状態は地上の観測者には等速直線運動に見え，車内の自由落下運動は地上では水平に投射した運動に見える．

2.3　運動の第2法則（運動の法則）

学習目標　物体の加速度は作用する力の合力にベクトルとして比例することを理解する．運動の法則のいくつかの適用例を理解する．力の国際単位のニュートンNを理解する．

速度の変化は運動状態の変化なので，加速度は運動状態が時間とともに変化する度合いを表す物理量である．物体が重力の作用だけを受けている場合および重力以外の力の作用も受けていて合力が0でない場合には，運動状態が変化する．つまり，物体に加速度が生じる．物体に作用する力と加速度の関係を定量的に表すのが運動の第2法則で，**運動の法則**ともいう．

ニュートンの運動の第2法則（運動の法則）　物体は力を受けると，力の向きに加速度が生じる．加速度の大きさは受ける力に比例し，質量に反比例する．

運動の法則を式で表すと，国際単位系では，

$$m\boldsymbol{a} = \boldsymbol{F} \quad 質量 \times 加速度 = 力 \tag{2.13}$$

となる．$m, \boldsymbol{a}, \boldsymbol{F}$ は mass（質量），acceleration（加速度），force（力）の頭文字である．(2.13)式を**ニュートンの運動方程式**という．$m\boldsymbol{a}$ とは，加速度 $\boldsymbol{a}$ と同じ方向を向き，大きさが $|\boldsymbol{a}| = a$ の m 倍のベクトルである（図2.24）．なお，広がった物体の場合，加速度 $\boldsymbol{a}$ は重心の加速度である．

質量の国際単位は kg，加速度の国際単位は m/s² なので，「力」=

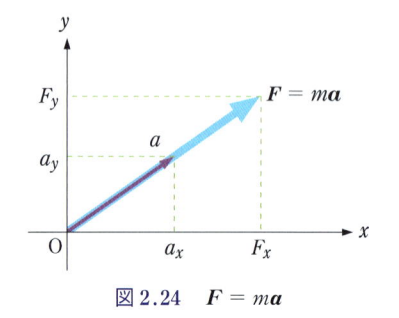

図 2.24　$\boldsymbol{F} = m\boldsymbol{a}$

「質量」×「加速度」の国際単位はそれらの積の kg·m/s² である．これをニュートンとよび，N という記号で表す（中点の「·」は × を意味する）．

$$N = kg·m/s^2 \tag{2.14}$$

力の単位の 1 N は，質量 1 kg の物体に働いて 1 m/s² の加速度を生じさせる力の大きさである．1.2 節で説明したように，**1 N は約 100 g の地球上の物体に作用する重力の強さに等しい．**

力の単位 $N = kg·m/s^2$

> **例 4** 水平な道路を走行中の自動車に路面が作用する力（摩擦力）の向きは，自動車の加速度の向きと同じである．図 2.10 を見れば，摩擦力の向きは，(1) アクセルを踏む場合には前向き，(2) ブレーキを踏む場合には後ろ向き，(3) ハンドルを左に回す場合には左向きである．おもちゃの自動車で遊んだ体験からも，自動車の加速度の向きは自動車に働く力の向きと同じことを理解できるだろう．

問 2 図 2.25 の F はどのような力を表し，a は具体的にどのような速度の時間変化率を表すのかを説明せよ．

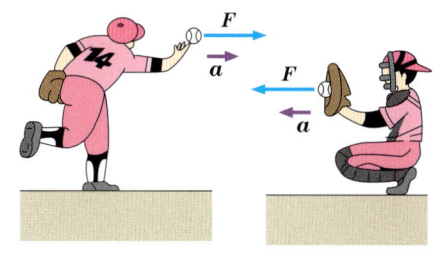

図 2.25

> **例題 1** 質量 2000 kg の自動車が質量 500 kg のトレーラーを引いて，加速度が 1 m/s² の加速をしている．自動車がトレーラーを引く力は何 N か．トレーラーが自動車を引く力は何 N か．
>
> **解** 自動車がトレーラーを引く力 $F = ma = (500 \text{ kg}) \times (1 \text{ m/s}^2) = 500 \text{ N}$．作用反作用の法則によって，トレーラーが自動車を引く力も 500 N

> **例 5** 速度が $\boldsymbol{v}_0 = (v_{0x}, v_{0y})$ の物体に一定の力 $\boldsymbol{F}$ が時間 t 作用した後の速度 $\boldsymbol{v}$ は，(2.7) 式で $\bar{\boldsymbol{a}} = \dfrac{\boldsymbol{F}}{m}$ とおいた
>
> $$\boldsymbol{v} = \frac{\boldsymbol{F}}{m}t + \boldsymbol{v}_0, \qquad v_x = \frac{F_x}{m}t + v_{0x}, \qquad v_y = \frac{F_y}{m}t + v_{0y} \tag{2.15}$$
>
> である．

> **例 6** 速度 10 m/s で運動していた質量 2 kg の物体に 20 N の力が速度と同じ向きに 3 秒間作用した後の物体の速度 v を求めよう．
>
> 加速度は，
>
> $$a = \frac{F}{m} = \frac{20 \text{ kg·m/s}^2}{2 \text{ kg}} = 10 \text{ m/s}^2$$
>
> なので，(2.7) 式を使うと，3 秒後の速度は
>
> $v = v_0 + at = (10 \text{ m/s}) + (10 \text{ m/s}^2) \times (3 \text{ s}) = (10 \text{ m/s}) + (30 \text{ m/s})$
> $= 40 \text{ m/s}$
>
> この間の平均速度は $\bar{v} = \dfrac{1}{2}\{(10 \text{ m/s}) + (40 \text{ m/s})\} = 25 \text{ m/s}$ なので，移動距離は，$x = \bar{v}t = (25 \text{ m/s}) \times (3 \text{ s}) = 75 \text{ m}$ である．

> **例 7** 一直線上を速度 15 m/s で走っている質量 30 kg の物体を 3 秒間で停止させるための一定な強さの力を求めよう．加速度は

$$a = \frac{v-v_0}{t} = \frac{(0\,\text{m/s})-(15\,\text{m/s})}{3\,\text{s}} = -5\,\text{m/s}^2$$

なので,力 F は

$$F = ma = (30\,\text{kg})\times(-5\,\text{m/s}^2) = -150\,\text{kg}\cdot\text{m/s}^2 = -150\,\text{N}$$

したがって,加える力の大きさは 150 N である.負符号は,力の向きと運動の向きが逆であることを示す.

この間の平均速度は $\frac{v_0}{2} = 7.5\,\text{m/s}$ なので,移動距離は,

$$x = \frac{1}{2}v_0 t = (7.5\,\text{m/s})\times(3\,\text{s}) = 22.5\,\text{m}$$

参考 微分形のニュートンの運動方程式

加速度 $\boldsymbol{a} = (a_x, a_y)$ を表す数学記号 $\dfrac{\mathrm{d}^2\boldsymbol{r}}{\mathrm{d}t^2} = \left(\dfrac{\mathrm{d}^2 x}{\mathrm{d}t^2}, \dfrac{\mathrm{d}^2 y}{\mathrm{d}t^2}\right)$ を使うと,ニュートンの運動方程式 $m\boldsymbol{a} = \boldsymbol{F}$ とその成分は

$$m\frac{\mathrm{d}^2 \boldsymbol{r}}{\mathrm{d}t^2} = \boldsymbol{F} \qquad m\frac{\mathrm{d}^2 x}{\mathrm{d}t^2} = F_x, \qquad m\frac{\mathrm{d}^2 y}{\mathrm{d}t^2} = F_y \qquad (2.16)$$

となる.(2.16) 式は未知の関数である導関数(微分)を含む方程式なので,微分方程式という.数学公式集に出ている微分の公式を探して,変数 t で 2 回微分すれば $\dfrac{F}{m}$ になるような関数を見つけられれば,それが運動方程式 (2.16) の解で,力 $\boldsymbol{F}$ の作用を受けている質量 m の物体の運動を表す.

2.4 重力と放物運動

学習目標 重力のみが作用する物体の運動は,鉛直方向の等加速度直線運動と水平方向の等速直線運動を重ね合わせた運動であることを理解する.

空気抵抗が無視できる場合の空中での物体の運動を考える.この運動は**放物運動**とよばれる.この場合,物体に作用する力は,地球が作用する万有引力の合力の重力 $W = mg$ だけである [(1.9) 式参照].そこで運動方程式は $m\boldsymbol{a} = m\boldsymbol{g}$ であり,これから導かれる式

$$\boldsymbol{a} = \boldsymbol{g} \qquad (2.17)$$

から,放物運動の加速度は $\boldsymbol{g}$ に等しい.$\boldsymbol{g}$ は重力加速度とよばれる加速度で,(1.8) 式で定義されるように,大きさが $9.8\,\text{m/s}^2$ で,鉛直下向きの加速度である.

したがって,水平方向を x 方向,鉛直上方を $+y$ 方向とすると,

$$a_x = 0 \qquad (2.18\text{a})$$

$$a_y = -g = -9.8\,\text{m/s}^2 = \text{一定} \qquad (2.18\text{b})$$

である.

この結果を言葉で表すと次のようになる.空気抵抗が無視できる場

図 2.26 アポロ 11 号の乗組員の月面上での活動
月面での重力加速度
$$g_\text{M} = \frac{\text{万有引力定数}\times\text{月の質量}}{(\text{月の半径})^2}$$
は地球の表面での重力加速度
$$g = \frac{\text{万有引力定数}\times\text{地球の質量}}{(\text{地球の半径})^2}$$
よりはるかに小さく,0.17 倍である.

合，空中の物体は，重力の作用する鉛直方向には下向きの重力加速度 $g = 9.8\,\mathrm{m/s^2}$ での等加速度運動を行い，力が作用しない水平方向には等速運動（速さが0の場合を含む）を行う．

そこで，時刻 $t = 0$ に物体を初速度 $\boldsymbol{v}_0 = (v_{0x}, v_{0y})$ で原点Oから投げ出すと，その後の速度と位置は

$$v_x = v_{0x} = 一定, \qquad v_y = v_{0y} - gt \tag{2.19}$$

$$x = v_{0x}t, \qquad y = -\frac{1}{2}gt^2 + v_{0y}t \tag{2.20}$$

であることは，(2.9), (2.10), (2.11)式を使えば導かれる．

(2.20)式の第1式から導かれる $t = \dfrac{x}{v_{0x}}$ を(2.20)式の第2式に入れると，投げ出された物体の運動の道筋

$$y = -\frac{g}{2v_{0x}^2}x^2 + \frac{v_{0y}}{v_{0x}}x \tag{2.21}$$

が導かれる（図2.27）．この道筋のような曲線を放物線という．

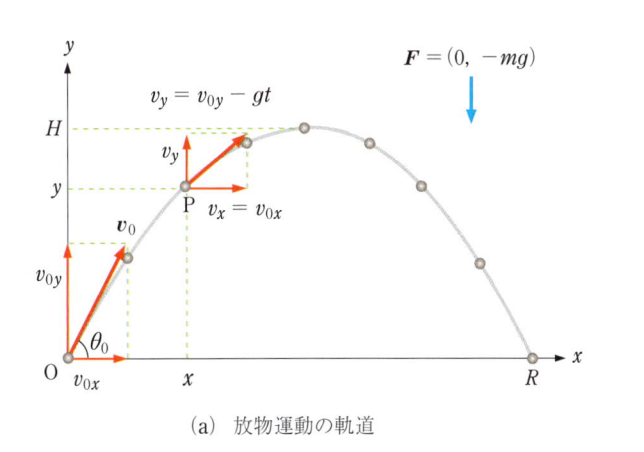

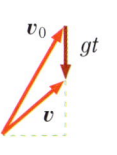

(a) 放物運動の軌道
(b) 物体の速度
$v_x = v_{0x}$
$v_y = v_{0y} - gt$

図2.27 放物運動

図2.28 やり投げ

例8 図2.29は速度の y 成分-時刻図（v_y-t 図）である．この図を利用すると，最高点に到達するまでの時間 t_1 は，$v_y = v_{0y} - gt_1 = 0$ から

$$t_1 = \frac{v_{0y}}{g} \quad (最高点に到達するまでの時間) \tag{2.22}$$

で，最高点の高さ H は，図の H の面積 $H = \dfrac{1}{2}v_{0y}t_1$ から

$$H = \frac{v_{0y}^2}{2g} \quad (最高点の高さ) \tag{2.23}$$

で，物体が地面（$y = 0$）に落下する時刻 t_2 は，上昇した高さ H と下降した高さ S が等しくなる時刻の $t_2 = 2t_1$ から

$$t_2 = \frac{2v_{0y}}{g} \quad (落下するまでの時間) \tag{2.24}$$

で，落下点までの直線距離 R は，$R = v_{0x}t_2$ から

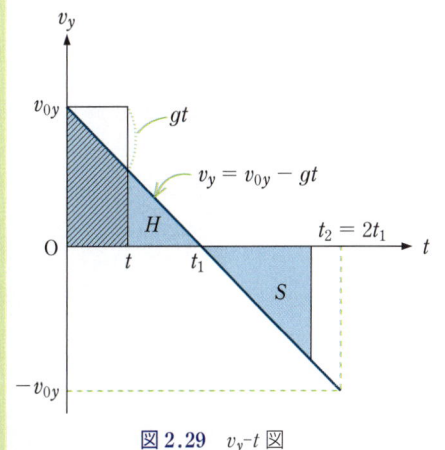

図2.29 v_y-t 図

$$R = \frac{2v_{0x}v_{0y}}{g} \quad \text{(落下場所までの直線距離)} \tag{2.25}$$

である*.

* $v_{0x} = v_0 \cos\theta_0$
  $v_{0y} = v_0 \sin\theta_0$
から
$$R = \frac{2v_0^2 \cos\theta_0 \sin\theta_0}{g}$$
$$= \frac{v_0^2 \sin 2\theta}{g}$$

例9 水平投射 机の上の金属球を指ではじいて床に落下させる．球が机の縁を離れる瞬間に，別の球を机の横から床へ初速度なしに落下させる．図 2.30 は 2 つの球の落下を $\frac{1}{30}$ 秒ごとに光をあてて写したストロボ写真で，物指しの目盛は cm である．球が机を離れる点を原点とする．水平に投射された球が机を離れてからの運動は，

水平方向の等速運動
$$x = v_0 t \tag{2.26}$$
と鉛直方向の加速度 $-g$ で初速が 0 の等加速度運動
$$y = -\frac{1}{2}gt^2 = -\frac{1}{2}(9.8\,\text{m/s}^2)t^2 \tag{2.27}$$
を重ね合わせた運動だと理論的に予想される．

そこで，位置-時刻図 2.31 (a) に直線 $x = (1.35\,\text{m/s})t$ と実験デー

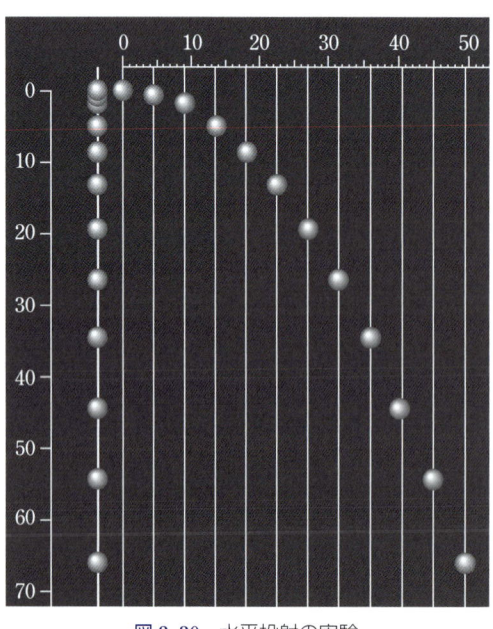

図 2.30 水平投射の実験

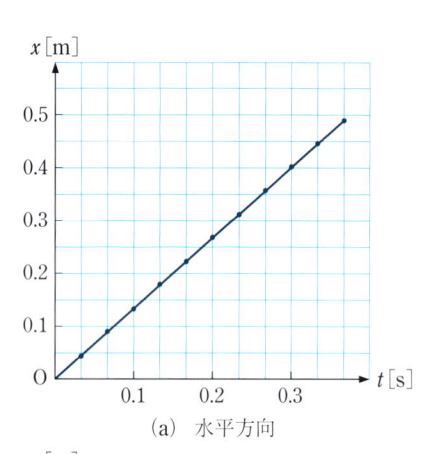

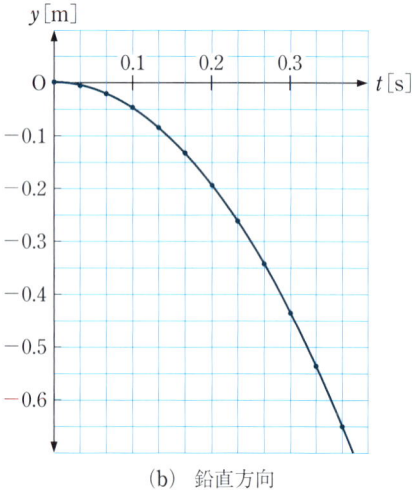

図 2.31 水平投射の実験の位置-時刻図
(a) 水平方向
(b) 鉛直方向

タ，位置-時刻図 2.31 (b) に 2 次曲線 $y = -(4.9 \text{ m/s}^2)t^2$ と実験データを描いた．実験結果は理論の予想通りであることがわかる．

初速度が 0 の場合の重力による落下を**自由落下**という．図 2.30 の左端の球の自由落下も理論の予想通り (2.27) 式にしたがっている．

問 3 図 2.30 を見れば，$\frac{1}{30}$ 秒ごとの球の水平方向の移動距離は 4.5 cm である．この球の水平方向の平均速度を求めよ．

問 4 初速 v_0 の水平投射運動の軌道
$$y = -\frac{g}{2v_0^2}x^2$$
を導け．

例 10 空気抵抗が無視できる場合の自由落下運動では，落下し始めてから t 秒後の物体の落下速度 v と落下距離 d は，
$$v = gt \quad \text{（落下速度）} \tag{2.28}$$
$$d = \frac{1}{2}gt^2 \quad \text{（落下距離）} \tag{2.29}$$
である．

落下し始めてから 1 秒後と 2 秒後の落下速度と落下距離を $g = 10 \text{ m/s}^2$ と近似して求めると，

1 秒後 $v = (10 \text{ m/s}^2) \times (1 \text{ s}) = 10 \text{ m/s}$．
$$d = \frac{1}{2} \times (10 \text{ m/s}^2) \times (1 \text{ s})^2 = 5 \text{ m}$$

2 秒後 $v = (10 \text{ m/s}^2) \times (2 \text{ s}) = 20 \text{ m/s}$
$$d = \frac{1}{2} \times (10 \text{ m/s}^2) \times (2 \text{ s})^2 = 20 \text{ m}$$

となる．3 秒後と 4 秒後はどうなるか計算してみよ．

問 5 ガリレオ・ガリレイは，「初速度が 0 の等加速度運動では，一定時間ごとの落下距離は，1 : 3 : 5 : 7 : … という等差数列で増加する」と推論した．図 2.32 を使って説明せよ（付録 B.3 参照）．

図 2.32

2.5 等速円運動

学習目標 平面運動の代表的な例としての等速円運動の速度，加速度と運動方程式の特徴，とくに向心加速度と，向心力を理解する．

等速円運動する物体の速度 円いレールを走るオモチャの電車の運動のような，一定の速さでの円運動を**等速円運動**という．

半径 r の円の周囲は $2\pi r$ である．物体が半径 r の円周上を 1 秒間に f 回転すると，1 秒間の移動距離は $2\pi r f$ なので，物体の速さ v は，
$$v = 2\pi r f \quad \text{速さ ＝ 円周 × 単位時間あたりの回転数} \tag{2.30}$$
である．

各瞬間での進行方向を向いている**速度 v** は，運動の道筋である円の

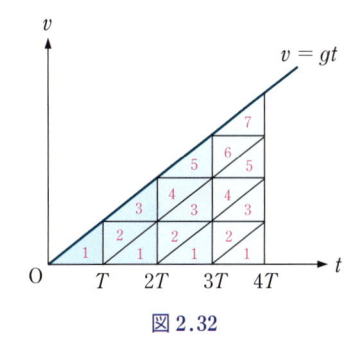

図 2.33 遊園地の回転遊具

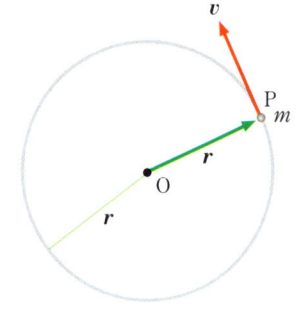

接線方向を向いている（図 2.34）．したがって，原点（円の中心）O を始点とし物体の位置 P を終点とする位置ベクトル $\bm{r}$ と速度ベクトル $\bm{v}$ は垂直である．

$$\bm{r} \perp \bm{v} \quad 位置ベクトル \perp 速度ベクトル \tag{2.31}$$

等速円運動する物体の加速度　各瞬間の速度ベクトルの根元を 1 点に集めたホドグラフとよばれるグラフをつくると［図 2.35(b)］，長さ $v = 2\pi r f$ の速度ベクトル $\bm{v}$ の先端は長さ $2\pi v = (2\pi)^2 rf$ の円周上を 1 秒間に f 回転の割合で等速円運動を行う．物体の位置ベクトル $\bm{r}$ の先端の移動速度が物体の速度であるように［図 2.35(a)］，図 2.35(b) での速度ベクトル $\bm{v}$ の先端の動く速度が加速度である．したがって，等速円運動の加速度 $\bm{a}$ の大きさは

$$a = 2\pi v f = (2\pi f)^2 r = \frac{(2\pi f r)^2}{r} = \frac{v^2}{r} \tag{2.32}$$

$$\therefore \ a = \frac{v^2}{r} \quad 等速円運動の加速度 = \frac{(速さ)^2}{半径} \tag{2.33}$$

であり，速さの 2 乗に比例し，半径に反比例する．等速円運動する物体の加速度ベクトル $\bm{a}$ は，図 2.36 のように，速度ベクトル $\bm{v}$ に垂直で，円の中心 O の方向（ベクトル $-\bm{r}$ の方向）を向いている．この中心を向いた加速度 $\bm{a}$ を向心加速度という．

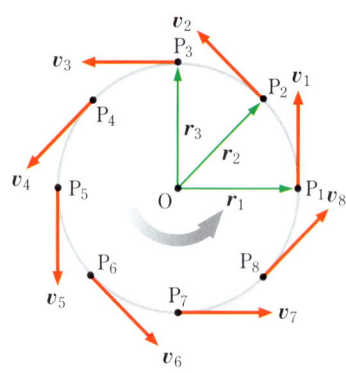

図 2.34　等速円運動する物体の位置ベクトル $\bm{r}$ と速度 $\bm{v}$．$\bm{r} \perp \bm{v}$

(a) 位置ベクトル $\bm{r}$ の先端の移動速度は物体の速度 $\bm{v}$ である．

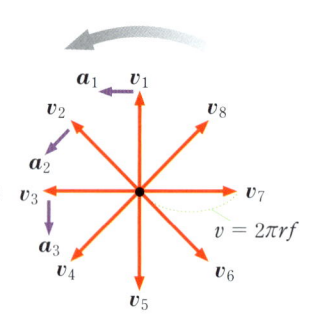

(b) 等速円運動のホドグラフ．速度ベクトル $\bm{v}$ の先端の移動速度は物体の加速度 $\bm{a}$ である．

図 2.35　等速円運動のホドグラフ

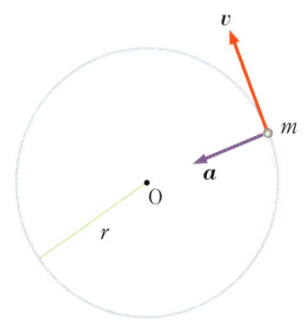

図 2.36　等速円運動する物体の速度 $\bm{v}$ と加速度 $\bm{a}$．$\bm{v} \perp \bm{a}$

問 6　図 2.37 のような水平な道路を一定の速さで走っている自動車がある．$1 \to 2, 2 \to 3, 3 \to 4, 4 \to 1$ の 4 つの部分で，(1) 加速度の大きさが最大の部分はどこか．(2) 加速度の大きさが最小の部分はどこか．

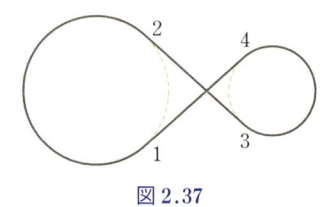

図 2.37

向心力と等速円運動の運動方程式　等速円運動している質量 m の物体には，運動の第 2 法則によって，大きさが「質量 m」×「向心加速度」，

$$F = m\frac{v^2}{r} \qquad 向心力 = 質量 \times \frac{(速さ)^2}{半径} \qquad (2.34)$$

で，円の中心を向いているので**向心力**とよばれる力が作用している（図 2.38）．向心力の大きさは，速さの 2 乗に比例し，半径に反比例する．

(2.32) 式の $a = (2\pi f)^2 r$ をベクトルの式として，

$$\boldsymbol{a} = -(2\pi f)^2 \boldsymbol{r} \qquad (2.35)$$

と表すことができる．この式を成分の式として表すと，

$$a_x = -(2\pi f)^2 x, \qquad a_y = -(2\pi f)^2 y \qquad (2.36)$$

となる．等速円運動を x 軸と y 軸に投影した影の運動方程式である．

問 7　図 2.39 の曲線上を自動車が一定の速さで動くとき，自動車が点 A, B, C, D を通過するときに働く力の方向と相対的な大きさは，矢印のようになることを確かめよ．

問 8　自動車の乗客に働く向心力は何が乗客に作用する力か．

高速道路のカーブは直線と円弧の組み合わせではなく，図 2.40 のような，直線部に近いところではカーブが緩やかで直線部から離れるのにつれてカーブが急になる形をしている．直線と円弧の組み合わせの場合には，直線部から円弧の部分に入った瞬間に，質量 m の乗客は中心方向を向いた大きさが $m\frac{v^2}{r}$ の力の作用を急激に受け始めるので危険であり，乗り心地も悪い．しかし，図 2.40 のようになっていれば，カーブの半径（曲率半径）が徐々に小さくなるので，中心を向いた力が 0 から徐々に増えていき，また円弧部から直線部に近づくのにつれて中心を向いた力が徐々に減っていくので安全だからである．

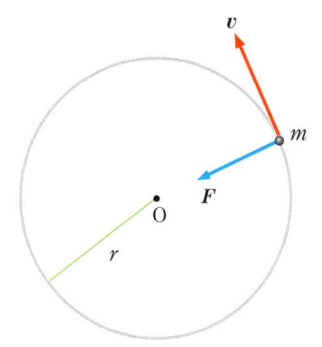

図 2.38　向心力
$$F = m\frac{v^2}{r} = m(2\pi f)^2 r$$

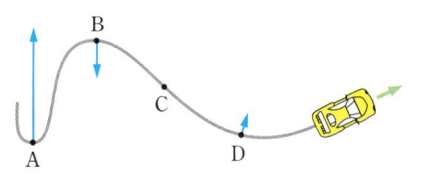

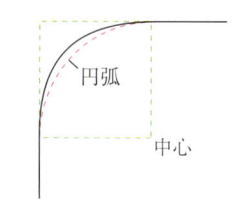

図 2.39

図 2.40　高速道路のカーブは直線と円弧の単純な組み合わせではない．

2.6　単振動—単振り子

学習目標　単振動とはどのような振動であるかを理解し，単振動の等時性とはどのような性質であるかを理解する．

振動は，物体がつり合いの位置のまわりで，物体をつり合いの位置に戻そうとする復元力によって，同じ道筋を左右あるいは上下などに繰り返し動く周期運動である．一般に，つり合いの位置からのずれが小さな場合，復元力の大きさはずれの大きさに比例する．つり合いの位置からのずれに比例する復元力だけの作用を受けている物体の振動を**単振動**という．単振動は，周期が振幅の大きさによって変化しないという特徴をもつ．

単振り子　長い糸（長さ L）の一端を固定し，他端におもり（質量 m）をつけ，鉛直面内でおもりに振幅の小さな振動をさせる装置を**単振り子**

図 2.41　カーブを曲がるオートバイ

という．おもりは糸の張力と重力の作用を受けて，半径 L の円弧上を往復運動する（図 2.42）．糸の張力の向きはおもりの運動方向に垂直なので，おもりを振動させる力は重力 $m\boldsymbol{g}$ の軌道の接線方向成分 $\boldsymbol{F}$ で，その大きさは $mg\sin\theta$ である（張力 $\boldsymbol{S}$ と重力 $m\boldsymbol{g}$ の運動方向に垂直な成分のベクトル和は向心力になる）．

振り子の振幅が小さい場合には，おもりは近似的に水平な x 軸上を力

$$F = -\frac{mg}{L}x \tag{2.37}$$

の作用で往復運動すると見なせる（$x = L\sin\theta$）．右辺の負符号は，力の向きがおもりのずれと逆向きで，ずれを減らす方向，つまりつり合いの位置の方を向いていることを示す．

したがって，「質量」×「加速度」＝「復元力」というおもりの運動方程式は，近似的に

$$ma = -\frac{mg}{L}x \tag{2.38}$$

である．この式の両辺を m で割ると，

$$a = -\frac{g}{L}x \tag{2.39}$$

となる．ここで，

$$2\pi f = \sqrt{\frac{g}{L}} \tag{2.40}$$

とおくと，(2.39)式は

$$a = -(2\pi f)^2 x \tag{2.41}$$

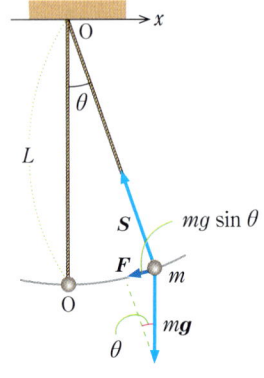

となる*．

図 2.42 単振り子

* 微分方程式 (2.41) の三角関数を使った解は付録 C に示す．

運動方程式 (2.41) は，等速円運動の運動方程式 $\boldsymbol{a} = -(2\pi f)^2 \boldsymbol{r}$ の x 成分 [(2.36) の第 1 式] と同じである．運動方程式が同じなら，解が表す運動の振る舞いも同じなので，単振り子のおもりの振動は，回転数 f で等速円運動する物体から x 軸におろした垂線の足の運動と同じである（図 2.43）．

したがって，単振り子の単位時間あたりの振動数 f は

$$f = \frac{1}{2\pi}\sqrt{\frac{g}{L}} \quad \text{（単振り子の振動数）} \tag{2.42}$$

である．f は frequency（振動数）の頭文字である．

「単位時間あたりの振動数 f」×「周期 T」＝ 1 なので，振り子の振動の周期 T は

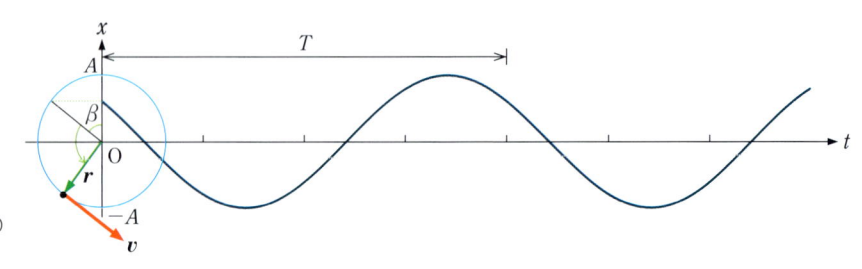

図 2.43 単振り子のおもりの位置-時刻図

$$T = 2\pi\sqrt{\frac{L}{g}} \quad (単振り子の周期) \qquad (2.43)$$

である．したがって，糸が長いほど周期は長く，糸が短いほど周期は短い．

単振り子の周期は，おもりの質量とおもりの振幅に無関係である．振り子の周期がおもりの質量によらない理由は，おもりを運動させようとする重力とおもりの運動を妨げようとする慣性の両方が質量に比例し，打ち消しあうからである．

単振り子の振動の周期が振幅の大きさによらずに一定であることを振り子の**等時性**という．

伝説によると，振り子の等時性はピサの大聖堂のランプがゆれるのを見ていたガリレオによって1583年に発見された．ピサ大学の学生であった19歳のガリレオは，大聖堂の天井から吊るしてある大きな青銅製のランプに寺男が点灯した際に，ランプがゆれるのをじっと見ていて，振幅が徐々に小さくなっていっても，ランプが往復する時間は一定であることに気付いたということである．

図2.44 単振り子の合成写真

例題2 糸の長さ $L = 1$ m の単振り子の周期を求めよ．

解 (2.43)式から
$$T = 2\pi\sqrt{\frac{L}{g}} = 2\pi\sqrt{\frac{1\,\text{m}}{9.8\,\text{m/s}^2}} = 2\,\text{s}$$

例題3 1秒間に1回振動する単振り子の糸の長さは何mか．

解 $f = 1/\text{s}$ なので，
$$L = \frac{g}{4\pi^2 f^2} = \frac{9.8\,\text{m/s}^2}{4\pi^2 (1/\text{s})^2} = \frac{1}{4}\,\text{m} = 0.25\,\text{m}$$

例11 復元力 F が変位 x に比例するばねの弾力
$$F = -kx \quad (k はばね定数) \qquad (2.44)$$
で振動する質量 m の物体のしたがう運動方程式は
$$ma = -kx \qquad (2.45)$$
である（図2.45）．ここで，
$$2\pi f = \sqrt{\frac{k}{m}}$$
とおくと，(2.45)式は
$$a = -(2\pi f)^2 x$$
となる．この式は単振り子のおもりの運動方程式(2.41)と同じなので，ばね振り子のおもりの振動数 f は
$$f = \frac{1}{2\pi}\sqrt{\frac{k}{m}} \qquad (2.46)$$
であることがわかる．

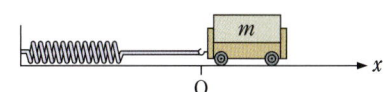

(a) ばねが自然な長さの状態

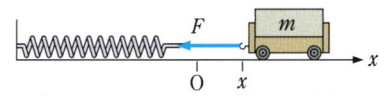

(b) ばねの長さが x だけ伸びた状態．左向きの復元力 $F = -kx$ が作用する．

図2.45 ばね振り子

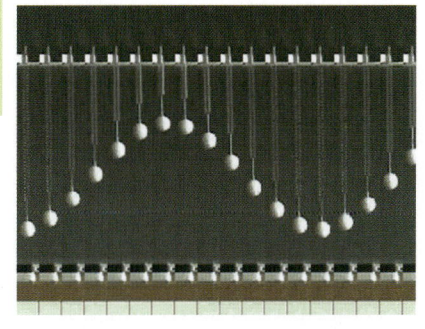

図2.46 ばね振り子の合成写真

2.7 運動量と力積

学習目標 運動量は物体が運動する勢いを表すベクトル量であり，力積は力の時間的効果を表すベクトル量であることを理解する．運動量の変化と力積の関係を理解し，衝突の際に作用する力の大きさと作用時間が反比例することを理解する．

衝突の際に作用する力の大きさは衝突時間に反比例する 硬い物体をコンクリートの床の上に落とすと物体は傷つくが，ふとんの上に落としても物体は傷つかない．ふとんの上に落した場合，物体が静止するまでの時間，つまり力が作用する時間が長くなるので，作用する力が弱まるためである．衝突の際に作用する力の大きさは衝突時間に反比例する．この事実は運動の第2法則から次のように導かれる．

物体が衝突して静止する際の加速度は

$$\text{加速度の大きさ} = \frac{\text{速さの変化}}{\text{力の作用時間}} = \frac{\text{最初の速さ}}{\text{力の作用時間}}$$

である．速さ v で運動している質量 m の物体を時間 t で静止させるときに働く力の大きさ F は，「力」＝「質量」×「加速度」なので，

$$\text{力の大きさ} = \frac{\text{質量×最初の速さ}}{\text{力の作用時間}} \qquad F = \frac{mv}{t} \qquad (2.47)$$

である．力の大きさは，力が作用する時間が短いほど大きく，時間が長ければ小さいこと，そして質量と最初の速さのそれぞれに比例して大きくなることがわかる．

運動量 運動している物体を静止させるために作用しなければならない力の大きさが「質量」×「速さ」に比例するので，力学では，**物体の運動の勢いを表すベクトル量として，「質量 m」×「速度 v」を選び，運動量とよぶ（記号 p）**．

$$\boldsymbol{p} = m\boldsymbol{v} \qquad \text{運動量} = \text{質量×速度} \qquad (2.48)$$

運動量は運動方向（v の向き）を向いているベクトル量である．

多くの場合，物体の質量 m は一定なので，時間 Δt での運動量の変化 $\Delta \boldsymbol{p}$ と速度の変化 $\Delta \boldsymbol{v}$ の関係は，

$$\text{運動量の変化} = \text{質量×速度の変化} \qquad \Delta \boldsymbol{p} = m\,\Delta \boldsymbol{v} \qquad (2.49)$$

である*．(2.49)式の両辺を「力の作用時間 Δt」で割ると，次の関係が得られる．

$$\frac{\text{運動量の変化}}{\text{力の作用時間}} = \text{質量} \times \frac{\text{速度の変化}}{\text{力の作用時間}} = \text{質量×加速度} = \text{力} \qquad (2.50)$$

$$\therefore \quad \frac{\Delta \boldsymbol{p}}{\Delta t} = \boldsymbol{F} \qquad \frac{\text{運動量の変化}}{\text{力の作用時間}} = \text{力} \qquad (2.51)$$

(2.51)式は運動の法則の別の表現である．

運動量の変化と力積の関係 物体に対する力の時間的な効果を表すベクトル量として考えられたものが，力 F と力の作用時間 Δt の積の**力積**

図 2.47 自動車の衝突実験

* Δt は力の作用が終わる時刻と始まる時刻の差，$\Delta \boldsymbol{p}$ は力の作用後と作用前の運動量の差，$\Delta \boldsymbol{v}$ は力の作用後と作用前の速度の差という意味である．

（記号 J），
$$J = F\,\Delta t \qquad 力積 = 力 \times 力の作用時間 \tag{2.52}$$
である．力積は力と同じ向きをもつベクトル量である．

(2.51)式に「力の作用時間」を掛けて，(2.52)式を使うと，
$$運動量の変化 = 力 \times 力の作用時間 = 力積$$
$$\Delta p = m\,\Delta v = F\,\Delta t = J \tag{2.53}$$
という**運動量の変化と力積の関係**が得られる．したがって，力積が同じなら，運動量の変化も同じである．

車が壁に衝突する場合，乗客の「運動量の変化」は「質量」×「最初の速度」である．乗客がシートベルトを装着しても「運動量の変化」は変わらないが，衝突によって身体に加わる力の作用時間を長くすることによって，加わる力の大きさは弱まる．

スポーツでも運動量の変化と力積の関係は利用されている．野球でバッターがボールを遠くに飛ばすためや，投手が速いボールを投げるために，なるべく長い間ボールに強い力を加え続ける必要があるが，この事実は，運動量の変化と力積の関係を使えば理解できる．

宇宙空間に孤立しているので外力の作用を受けない宇宙船は等速直線運動をするだけで，運動方向を変えたり，速さを増減したりすることはできないのだろうかという問題を考えよう．慣性の法則によって，外力が作用していない宇宙船の本体と燃料の全体の重心は等速直線運動をつづける．しかし，宇宙船が燃料を後方に噴射すると，その反作用で宇宙船の本体は前方へ加速される．噴射後の本体の運動量と燃料の運動量のベクトルとしての和は，噴射前の燃料タンクに燃料の入っていた宇宙船の運動量と同じだからである（60 ページの参考 運動量保存則を参照）．

図 2.48 バッターの打撃フォーム

2.8 中心力と角運動量保存則

学習目標 物体が回転する勢いを表す物理量である角運動量を理解する．角運動量の運動方程式（回転運動の法則）を理解する．中心力だけの作用を受けている物体の角運動量保存則は面積速度一定の法則であることを理解する．

角運動量 回転運動に対しては力よりも力のモーメントが重要であるように，点 O のまわりの回転運動に対しては運動量 $p = mv$ よりも点 O のまわりの運動量のモーメントである角運動量が重要である．

図 2.49 に示した，点 P にある質量 m，速度 v，運動量 $p = mv$ の物体の点 O のまわりの角運動量の大きさ L は，「運動量の大きさ $p = mv$」と「点 O から速度ベクトル v におろした垂線の長さ d」の積
$$L = pd = mvd \tag{2.54}$$
で定義される．角運動量 L にも，力のモーメントの場合と同じように，正負の符号をつける．

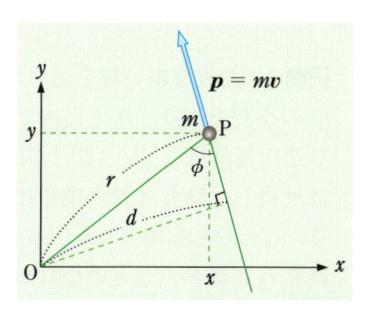

図 2.49 原点 O のまわりの角運動量 $L = pd = mvd = pr\sin\phi$

運動量の運動方程式 (2.51) に対応して，回転運動の法則である角運動量の運動方程式

$$\frac{\Delta L}{\Delta t} = N \qquad \frac{\text{角運動量の変化}}{\text{時間}} = \text{力のモーメント} \qquad (2.55)$$

が成り立つ（証明略）．すなわち，物体の角運動量が時間とともに変化する割合は，その物体に働く力のモーメントに等しい．

中心力　ある物体に作用する力の作用線がつねに一定の点 O と物体を結ぶ直線上にある場合，この力を**中心力**といい，点 O を力の中心という．太陽が惑星に作用する万有引力や荷電粒子が他の荷電粒子に作用する電気力は中心力である．また，ひもに石をくくりつけて水平に振り回し，石を等速円運動させる場合のひもの張力は中心力である．

中心力と角運動量保存則　物体が点 O を力の中心とする中心力だけの作用を受けて運動する場合，点 O と力の作用線の距離は 0 なので，点 O のまわりの力のモーメントは 0 である．そこで，回転運動の法則は

$$\frac{\Delta L}{\Delta t} = 0 \quad \text{となるので，} \quad \Delta L = 0 \qquad \text{角運動量の変化} = 0$$

したがって，物体が中心力の作用だけを受けて運動する場合には，力の中心のまわりの角運動量は一定である．

$$L = \text{一定} \quad （中心力の場合） \qquad (2.56)$$

これを**角運動量保存則**という．なお，物体が中心力だけの作用を受けて運動する場合，この物体は力の中心を含む平面上を運動する．

　角運動量と関わりの深い物理量として，面積速度がある．点 O と物体を結ぶ線分が単位時間に通過する面積を，この物体の点 O に対する**面積速度**という．図 2.50 の場合，微小な時間 Δt に線分 OP が通過する面積は $\frac{1}{2} d v \Delta t$ なので，面積速度は $\frac{1}{2} d v \Delta t \times \frac{1}{\Delta t} = \frac{1}{2} d v$ である．これは角運動量 mvd の $\frac{1}{2m}$ 倍である．したがって，面積速度を用いて角運動量保存則を次のように表すことができる．

　中心力の作用だけを受けて運動する物体の，力の中心に対する面積速度は一定である*．

図 2.50　面積速度

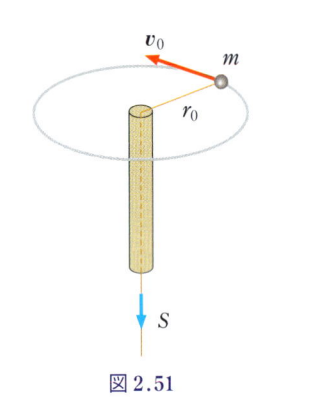

図 2.51

＊　中心力である太陽からの万有引力の作用によって運動する惑星のしたがうケプラーの第 2 法則は，面積速度一定の法則である（図 2.1 参照）．

例題 4　鉛直な細い管を通したひもの先端に質量 m の小石をつけ，水平面内で半径 r_0，速さ v_0 の等速円運動をさせる（図 2.51）．小石に働く重力は無視し，ひもと管の間に摩擦はないものとする．このひもをゆっくり引っ張って，円運動の半径を r_1 に縮めたときの小石の速さ v_1 を求めよ．

解　小石に働くひもの張力は中心力なので，小石の角運動量 L は保存し，

$$L = mr_0 v_0 = mr_1 v_1 \quad \therefore \quad v_1 = \frac{r_0}{r_1} v_0 \quad (2.57)$$

$r_1 < r_0$ だから $v_1 > v_0$ なので，小石の速さは増加する．

問 9 爪先だって，両手を大きく広げてゆっくりスピンしているフィギュアスケーターが両腕を縮めていくと回転数 f が増えていく（図 2.52）．問題を単純化して，例題 4 を参考にして説明せよ．

図 2.52 フィギュアスケーターのスピン

参考　ブランコのこぎ方

ブランコをこぐこつは，速さがゼロになる最高点付近でかがみ，速さがいちばん速くなる最低点付近では立ち上がることである（図 2.53）．なぜだろう．

ブランコに載っている子どもに作用する力は，重心 G に作用する下向きの重力とブランコの板が作用する綱の方向を向いた抗力である．最低点付近では，重力も抗力も進行方向に垂直なので，角運動量は変化しない．つまり「半径」×「速さ」は変化しない．そこで，子どもが立ち上がって「半径」が減ると，子どもの「速さ」は速くなる．最高点では子どもは静止しているので，そこでかがんでも速さは変化しない．

なお，最低点以外では，重力には子どもの角運動量を変化させる方向の成分があるので，角運動量が変化し，速さも変化する．その結果，ブランコは等速円運動ではなく，前後に振動する．

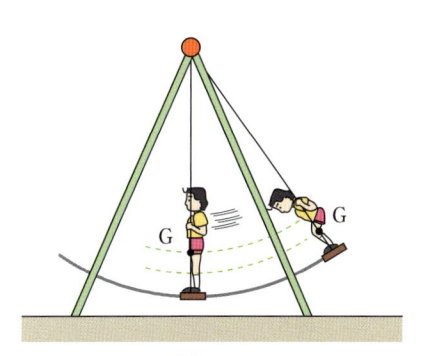

図 2.53

図 2.54　ブランコ

演習問題 2

1. 速さと速度の違いを説明せよ．
2. 質量と重さの違いを説明せよ．
3. 物体が点 A から点 B まで移動した．変位の大きさと移動距離を比較せよ．
4. 図 1 の r_1 と r_2 に対する $\Delta r = r_2 - r_1$ を求めよ．
5. 図 2 の v_1 と v_2 に対する $\Delta v = v_2 - v_1$ を求めよ．

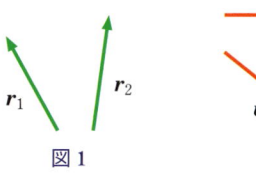

図 1 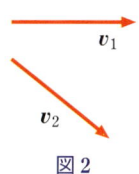　　　図 2

図3

6. 机の縁を x 軸とし，人差し指の先端を物体と考えて，位置-時刻図3(a)〜(f)の運動を示せ．次に各グラフの真下に，対応する速度-時刻図を描け．
7. 位置-時刻図の線が右下がりなら何を意味するか．
8. 位置-時刻図の線が右上がりで t 軸を横切った．何を意味するか．
9. 直線運動で，変位が正で平均速度が負ということはありえるか．
10. 図4は2つの駅の間を走る電車の速度-時刻図である．

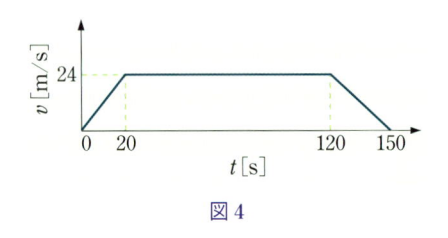

図4

(1) 線の下の面積を計算して2つの駅の距離を求めよ．
(2) 2つの駅の間での電車の平均の速さを求めよ．

11. 図5は片側2車線の直線道路を走っている2台の自動車A,Bの位置-時刻図である．次の文章は正しいかどうかを答えよ．
(1) 時刻 t_A で2つの自動車の速度は等しい．
(2) 時刻 t_A で2つの自動車の位置は等しい．
(3) 2つの自動車は加速し続けている．
(4) 時刻 t_A より前のある時刻に，2つの自動車の速度は等しくなる．
(5) 時刻 t_A より前のある時刻に，2つの自動車の加速度は等しくなる．

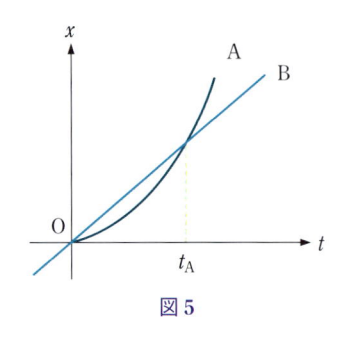

図5

12. 直線上で正の速度をもっていた粒子が負の加速度の等加速度運動を行っている場合の速度の変化について述べよ．
13. 空気抵抗が無視できる場合，なぜすべての物体は同じ加速度で落下するのか．
14. 50メートル・プールを速さ100 m/sで泳いでいる人がいる．この人の位置-時刻図と速度時刻図を描け．
15. 鉛のおもりと弁当のおかず入れに使うような紙製カップを使うと，落下速度と空気抵抗の関係がわかる．図6のようにカップ1枚のものから4枚重ねのものまで4通り用意する．これらを静かに落とすと，図7に示す速度-時刻図が得られる．
(1) 鉛のおもりの場合には，重力による等加速度運動を行うので，速度が1秒あたり約9.8 m/sずつ増えることを図7から読み取れ．
(2) カップも，落ち始めの速さが遅く空気抵抗が無視できる間は，鉛のおもりと同じように，重力による等加速度運動を行うが，時間がたつと速さの増加の割合は減少し，やがて速度が一定になる理

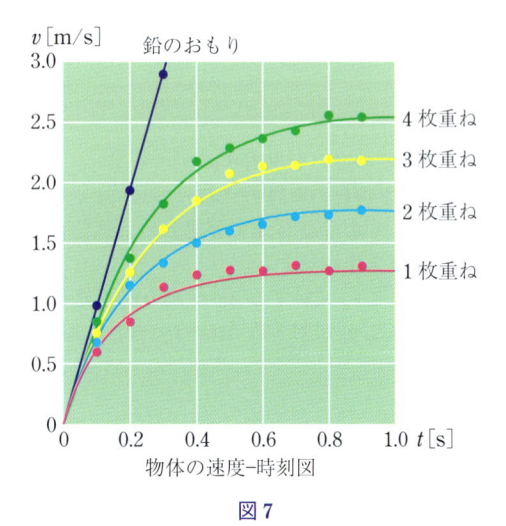

図6

図7

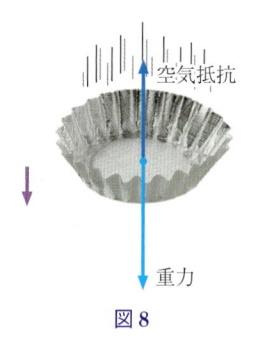

由を説明せよ（図8）．この一定の速度を終端速度とよぶ．
(3) 図7の実験の結果，終端速度の比は $1:\sqrt{2} = 1.41:\sqrt{3} = 1.73:\sqrt{4} = 2$ なので，枚数の平方根に比例している．この事実はカップが慣性抵抗を受けていることを示せ．
(4) 空気抵抗が粘性抵抗だと仮定した場合，終端速度とカップの枚数の関係はどうなるか．

16. 図9(a)のように水平でなめらかな床の上の台車A,Bを連結し，台車Aを $F = 40\,\mathrm{N}$ の力で引っ張る．台車A,Bの質量は $m_\mathrm{A} = 10\,\mathrm{kg}$, $m_\mathrm{B} = 6\,\mathrm{kg}$ とする．
   (1) 台車Aの水平方向の運動方程式を求めよ[図9(c)参照]．
   (2) 台車Bの水平方向の運動方程式を求めよ[図9(b)参照]．
   (3) 2つの台車A,Bを質量 $m_\mathrm{A} + m_\mathrm{B}$ の1つの物体と考えた場合の水平方向の運動方程式を求めよ[図9(a)参照]．
   (4) AとBの共通の加速度 $\boldsymbol{a}$ の大きさ a を求めよ．
   (5) 台車Aが台車Bを引く力 $F_\mathrm{B \leftarrow A}$ を求めよ．

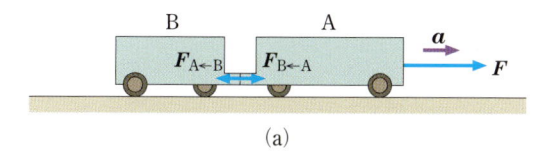

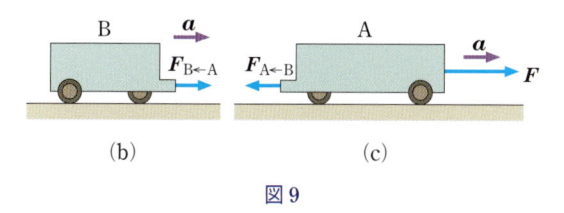

17. 次の場合，乗り物は動くか．
   (1) 止まっている自動車のフロントガラスを乗客が内側から押す場合．
   (2) 屋上から横に伸びている棒に滑車がついていて，ロープがかかっている．その一端を篭に固定し，もう一方の端を篭にシートベルトで固定された乗客が引っ張る場合（図10）．

18. 図11のローラースケートをはいた2人が押し合うと，どのような運動が生じるか．路面はローラースケートに水平方向の力を作用しないものとする．

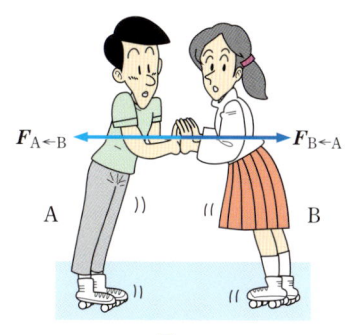

19. 月は半径 $r_\mathrm{M} = 38.4$ 万 km の公転軌道を周期27.32日で1周する．
   (1) 月の向心加速度 a_M を求めよ．
   (2) 地球の中心から距離 r の地球外の場所にある質量 m の物体に作用する地球の重力の強さ W は，
   $$W = G\frac{mM_\mathrm{E}}{r^2} = \frac{mgR_\mathrm{E}^2}{r^2} \qquad (1)$$
   である．月の向心加速度が地球の重力によるものだとすると，$g_\mathrm{M} = \dfrac{gR_\mathrm{E}^2}{r_\mathrm{M}^2}$ に等しいはずである．等しいかどうか計算して確かめてみよ．この g_M は月面での重力加速度ではないことに注意せよ．

ニュートンは，月の公転と地上でのリンゴなどの落下が，万有引力によって統一的に説明できることを示した（図12参照）．

図 12

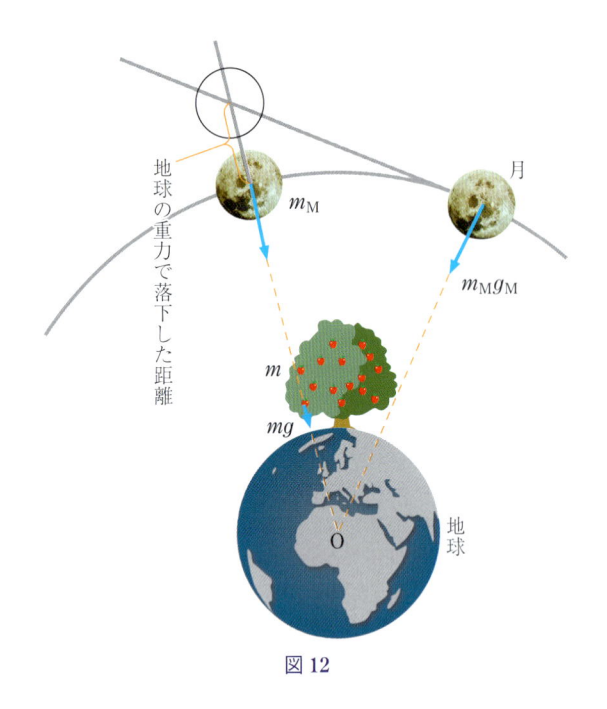

20. (1) 物体が距離 d だけ自由落下したときの落下時間 t は
$$t = \sqrt{\frac{d}{4.9\,\mathrm{m}}}\ \mathrm{s} \qquad (2)$$
であることを (2.29) 式から導け．

(2) 図 13 のように，学生 A が千円札の上端を指ではさみ，学生 B が千円札の下端付近で親指と人さし指を開いている．A が指を開き，千円札が落下し始めたのに B が気付いた瞬間に B が指を閉じて千円札をつかむまでの千円札の落下距離 d から，B の神経の反応時間 t が (2) 式を使って計算できる．たとえば，落下距離 d が 16 cm だとすると，反応時間 t は何秒か．

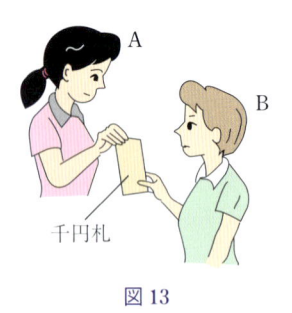

図 13

21. 高さ $h = 122.5\,\mathrm{m}$ から物体を落とした．地面に届くまでの時間 t と地面に到着直前の速さ v を求めよ．空気の抵抗は無視できるものとする．

22. 月の表面での重力加速度は，地球の表面での 0.17 倍である．同じ単振り子を月の表面で振らすときの振動の周期を求めよ．

23. 1851 年にパリのパンテオンで，フーコーは長さが 67 m の振り子の振動を市民に公開した．この振り子の周期は何秒か．

コラム　遠心力

「質量」×「加速度」＝「力」というニュートンの運動の法則は，地上で静止している人間や地面に対して等速直線運動している人間に対しては成り立つが，円運動している人間に対しては成り立たない．しかし，等速円運動という一様な運動をしているドライバーは，自動車に作用する力はつり合っていて，その合力はゼロだと感じる．つまり，円軌道の中心を向いた向心力につり合う外向きの遠心力が働いていると感じる（図参照．$\omega = 2\pi f$）．

そこで，カーブを高速で走るときに，事故の可能性を適切に判断して安全に走行するには，ドライバーがもっている「外向きの遠心力が働く」という先入観をもとに，遠心力につり合う路面の摩擦力などの向心力が働くかどうかを判断するのが無難である．

遠心力の大きさは，向心力の大きさと同じなので，自動車の速さの2乗に比例し，カーブの半径に反比例する．つまり，速さが2倍になれば遠心力の大きさは4倍になり，カーブの半径が半分になれば遠心力の大きさは2倍になる．遠心力は自動車の各部分に作用するが，その合力は重心に作用すると近似的に考えてよい．

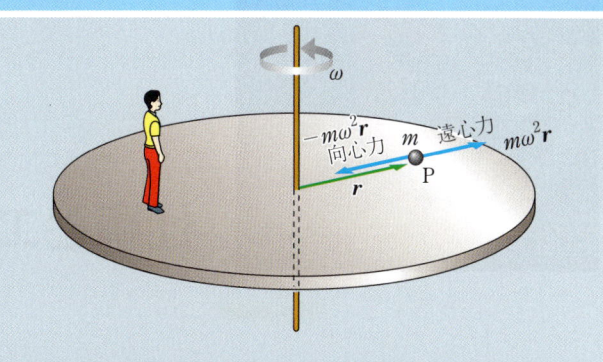

コラム　カオス

本章で学んだ放物運動の例で見たように，初期条件とよばれる，ある時刻での物体の位置と速度が指定されると，ニュートンの運動方程式を解くと，物体の未来の運動は完全に決まる．放物運動や単振動では初期条件が少し変われば，未来の運動は少し変わるが似た運動である．

ところが，物体に作用する復元力の強さが変位に比例せず，さらに速さに比例する抵抗力と周期的に振動する力が作用する場合には，状況はまったく異なる．初期条件を与えて，運動方程式を解くと，未来は完全に決まるが，初期条件をわずかに変えると，わずかな違いが時間とともに急速に拡大して，長い時間が経過すると，未来の状態はまったく予測もできないほど大きく変わる．この現象をカオスという．「1羽の蝶が北京で今日はばたいて空気を乱した影響で，何日か後にニューヨークに嵐がやってくるかもしれない」というたとえにちなんで，このようなカオスの性質をバタフライ効果という．

地球を取り巻く大気の運動は，ニュートン力学を流体に適用した流体力学に従うので，くわしい気象観測を行い，計算能力の大きい電子計算機を利用すれば，正確な天気予報ができるようになると予想された．しかし，この期待は1960年代にカオス（初期条件敏感性）が発見されて覆された．現在，1週間以上先の天気予報は不可能だと考えられている．

19世紀にマクスウェルは「同じ原因はつねに同じ結果を生じるが，似た原因は似た結果を生じるとは言えない．鉄道のポイントを少し動かしただけで，列車が全く別の方向へ走ることがあるように，初期条件の非常にわずかな違いが最終状態に非常に大きな変化を与える場合もある」と予想したが，この予想が確かめられた．

3 仕事とエネルギー

　エネルギーという外来語は，日常用語としては，活動力の意味の定性的な言葉，あるいは動力の資源を意味する言葉として使われているが，物理用語としてのエネルギーは「仕事をする能力」を表す定量的な言葉で，その総量が一定不変であるというエネルギー保存則を満たす．

　仕事という言葉は，職業やしなければならないことなどを意味する日常用語として古くから使われてきた．しかし，物理用語としての仕事は，クレーンが鉄骨を吊り上げたり，手で台車を押す場合のように，物体が力の向きに移動した場合の，「力の大きさ」×「移動距離」を意味する．

エネルギーには，運動エネルギー，位置エネルギー，化学エネルギー，内部エネルギー，電気エネルギー，磁気エネルギー，光のエネルギー，核エネルギーなど，いろいろなタイプのものがある．どのタイプのエネルギーも他のタイプのエネルギーに変換し，エネルギーの存在場所は移動していく．これらのタイプのエネルギーが仕事をする能力をもつ事実は，水力，火力，原子力，風力，太陽光などのタイプの発電所があり，これらのタイプのエネルギーが電気エネルギーに変換され，工場に送電され，モーターが行う仕事になる事実を思い出せば理解できる．

3.1 仕　事

学習目標 物理用語としての仕事の定義を理解し，具体的な例で仕事を計算できるようになる．仕事の単位のジュール（記号 J）を理解する．

仕事 物理学では，物体に力 F が作用し，力の作用点で物体が力 F の向きに距離 d だけ移動した場合に，力 F は物体に「力の大きさ F」×「移動距離 d」の**仕事** W をしたという．

$$W = Fd \quad 仕事 = 力の大きさ \times 移動距離 \quad (3.1)$$

である（図 3.1）．イタリックの大文字 W は work（仕事）の頭文字である．

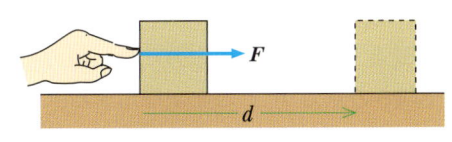

図 3.1　$W = Fd$

仕事の国際単位は，力の国際単位ニュートン N = kg·m/s^2 と距離の国際単位メートル m の積 N·m = kg·m^2/s^2 で，これを**ジュール**（記号 J）という．1 J は，1 N の力で力の向きに 1 m 動かしたときの仕事である．

$$J = N \cdot m = kg \cdot m^2/s^2 \quad (3.2)$$

仕事，エネルギーの単位
$$J = N \cdot m = kg \cdot m^2/s^2$$

ジュールは仕事の単位であるが，エネルギーの単位でもある．この事実は，あとで示すように，仕事がエネルギーに変わり，エネルギーが仕事に変わる事実から理解できる．ジュールとは，水をかき混ぜて温度を上げるジュールの実験を行い，電熱線に発生するジュール熱を測定し，エネルギー保存則を発見した物理学者の名前である．

例 1 体重 45 kg の人間を乗せた質量が 15 kg のそりを図 3.2 のように綱を水平にして 120 N の力 F で引いて，一定の速さで 100 m 進んだ．このとき力 F（引き手）がした仕事 W は，$F = 120$ N，$d = 100$ m なので，

$$W = Fd = (120 \text{ N}) \times (100 \text{ m}) = 12000 \text{ N·m} = 12000 \text{ J}$$

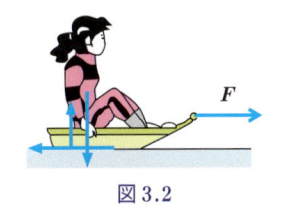

図 3.2

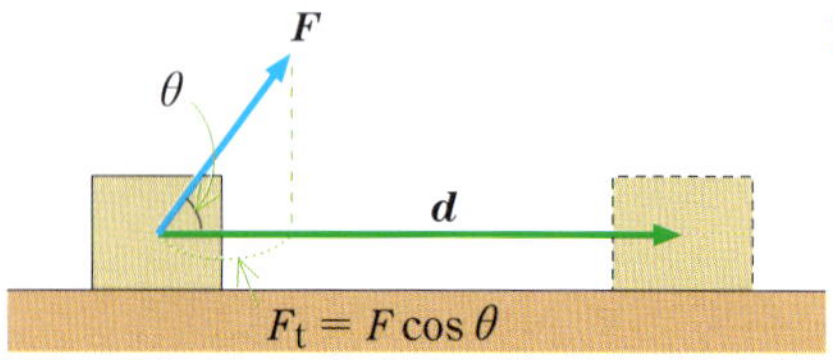

図 3.3　$W = Fd\cos\theta$

力の向きと運動の向きが異なるときの仕事　物体に作用する力 F の向きと異なる向きに物体（の力の作用点）が距離 d だけ移動したときには，力は物体に「力の移動方向成分 F_t」と「移動距離 d」の積の**仕事**をしたという（図 3.3）．つまり，

$$W = F_t \times d \quad \text{仕事} = \text{力の移動方向成分} \times \text{移動距離} \tag{3.3}$$

である．力と移動方向のなす角を θ とすれば，力 F の移動方向成分 F_t は $F\cos\theta$ なので，(3.3) 式は

$$W = Fd\cos\theta \tag{3.4}$$

と表される．

　力の向きへの（力の作用点の）移動距離（変位 d の力 F の方向の成分）は $d\cos\theta$ なので，力 F が物体にした仕事 $W = Fd\cos\theta$ は，力 F の大きさ F と力の向きへの移動距離 $d\cos\theta$ の積

$$\text{仕事} = \text{力} \times \text{力の向きへの移動距離}$$

でもある*（図 3.4）．

＊　2 つのベクトル F と d からつくられたスカラー W は，付録 A で紹介するベクトルのスカラー積を使うと，次のように表される．
$$W = \boldsymbol{F} \cdot \boldsymbol{d}$$

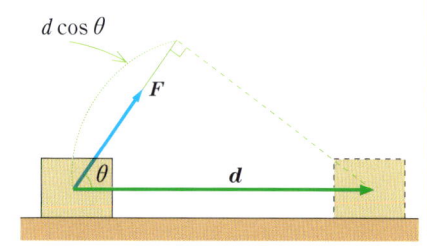

> **例2**　例 1 のそりの綱を，図 3.5 のように地面となす角が 30° になるようにして，一定の速さで進むように引いたら，力 F の大きさは 120 N であった．このとき力 F の移動方向成分は $F\cos\theta = (120\,\text{N})\cdot\cos 60° = (120\,\text{N}) \times \dfrac{\sqrt{3}}{2} = 104\,\text{N}$ なので，100 m 進んだとき力 F（引き手）がした仕事 W は，
> $$W = Fd\cos\theta = (104\,\text{N}) \times (100\,\text{m}) = 10400\,\text{J}$$

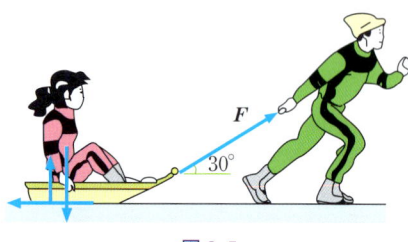

図 3.4　$W = Fd\cos\theta$

　例 1 と例 2 で人間とそりに作用する力には，綱の張力 F のほかに，地球が作用する下向きの重力 W と地面が作用する上向きの垂直抗力 N と後ろ向きの摩擦力 $F_{摩擦}$ がある（図 3.6）．重力と垂直抗力は移動方向に垂直なので，力の移動方向成分が 0 であり，そりと人間に仕事はしない．運動の逆向きに作用する摩擦力 $F_{摩擦}$ のする仕事は負で，張力のする正の仕事と打ち消しあう．等速直線運動しているそりと人間に作用する 4 つの力のする仕事の和が 0 である事実は合力が $\boldsymbol{0}$（$\boldsymbol{F} + \boldsymbol{W} + \boldsymbol{N} + \boldsymbol{F}_{摩擦} = \boldsymbol{0}$）である事実に対応している．

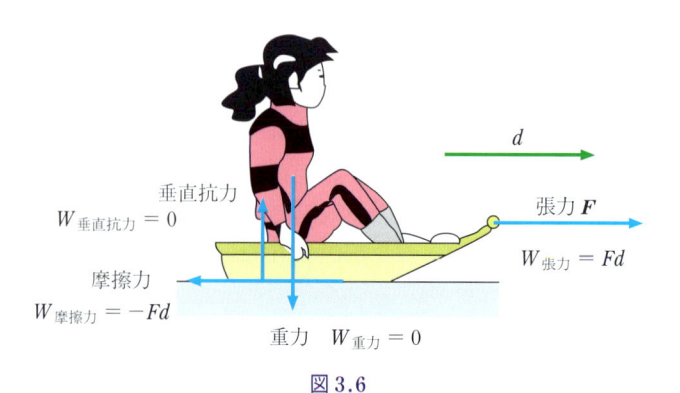

図 3.5

図 3.6

重力と仕事　人間がバーベル（質量 m）を床からゆっくりと高さが h のところまで持ち上げる場合に，人間がバーベルにする仕事を求めよう（図 3.7）．バーベルには下向きで大きさが mg の重力が作用している（「重力」＝「質量」×「重力加速度 $g = 9.8 \text{ m/s}^2$」）．バーベルをゆっくり持ち上げるときには，はじめのごく短時間，重力 mg よりわずかに大きな上向きの力 F をバーベルに作用する必要がある．しかし，バーベルを動かし始めるのに必要な余計な力のする仕事はいくらでも小さくできるので，無視できる．あとは，大きさが mg の力を上向きに作用し続けると，バーベルはゆっくりと等速度で上昇して高さ h のところまで持ち上げられる．したがって，人間はバーベルに上向きで大きさが mg の力を作用し，力の向きへの移動距離は h なので，このとき人間はバーベルに仕事 $W^{手の力} = mgh$ をする．

バーベルを斜め上に持ち上げても，どのような経路で持ち上げても，**高さ h のところまで質量 m の物体をゆっくり持ち上げるときにする仕事**は，大きさが mg で鉛直上向きの力の方向への変位の成分の和は h なので，

$$W^{手の力} = mgh \quad \text{（高さ } h \text{ だけ持ち上げる場合）} \tag{3.5}$$

である（図 3.8）．

上向きで大きさが mg の力でバーベルを静止状態で保持している場合，人間は疲れるが移動距離は 0 なので，物理学では人間がバーベルにした仕事は 0 である．バーベルを持ち上げたまま歩いても（図 3.9），持ち上げている力の方向（鉛直上方）への移動距離は 0 なので，仕事をしたことにはならない*．

$$W^{手の力} = 0 \quad \text{（保持している場合，水平に移動する場合）} \tag{3.6}$$

バーベルをゆっくり床におろす場合にも，人間はバーベルに大きさがほぼ mg の上向きの力を及ぼす．移動距離は h で，移動方向（鉛直下向き）への力の成分は $-mg$ なので，人間がバーベルにした仕事は，物理学では $-mgh$ である．

$$W^{手の力} = -mgh \quad \text{（高さ } h \text{ だけゆっくり下す場合）} \tag{3.7}$$

なお，生理学では筋肉の収縮で生じる力を筋力という．

問 1　バーベルを高さ h 持ち上げるときに，大きさが mg で下向きの重力がする仕事は $W^{重力} = -mgh$（図 3.7），保持しているときは $W^{重力} = 0$（図 3.9），床に下すときは $W^{重力} = mgh$ であることを示せ．

図 3.7　$W^{手の力} = mgh$
　　　　$W^{重力} = -mgh$

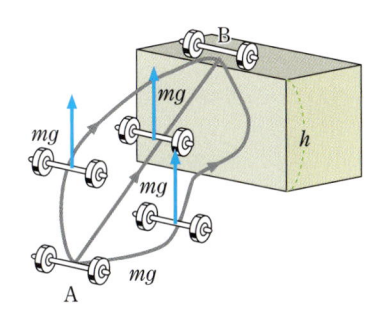

図 3.8　$W^{手の力} = mgh$（高さ h だけ持ち上げる場合）

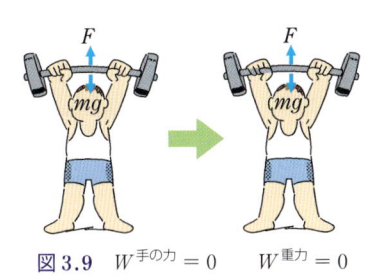

図 3.9　$W^{手の力} = 0$　　$W^{重力} = 0$

＊　人間は筋肉に対して仕事はするが，バーベルに対して仕事はしない．

3.2　仕事率（パワー）

学習目標　「仕事率 P」＝「仕事 W」÷「時間 t」である．具体的な例で仕事率を計算できるようになる．
　仕事率の単位はワット（記号 W）であることを記憶する．

同じ量の仕事をどのくらい速く成し遂げられるかは，工業では重要である．単位時間（1 秒間）あたりに行われる仕事を**仕事率**あるいは**パワ**

—という．つまり，時間 t に行われた仕事を W とすると，仕事率 P は

$$P = \frac{W}{t} \qquad 仕事率（パワー）= \frac{仕事}{時間} \qquad (3.8)$$

である．したがって，仕事率（パワー）の国際単位は，「仕事の単位 J」÷「時間の単位 s」= J/s で，これを**ワット**（記号 W）という．

仕事率（パワー）の単位
$$\mathrm{W = J/s}$$

$$仕事率（パワー）の国際単位は \quad ワット \mathrm{W = J/s} \qquad (3.9)$$

である．つまり，1 秒間に 1 J の仕事をするときの仕事率が 1 W である．これは電力の単位のワットと同じものである．立体文字の仕事率の単位 W とイタリック文字の仕事 W を混同しないように．ワットは凝縮器のついた蒸気機関の発明者で，自分の製作した蒸気機関の性能を示すために馬力という仕事率の実用単位を考案した人物である．なお，モーターなどの仕事率を出力ということが多い．

例 3 仕事率の実用単位の 1 馬力は，もともとは馬が荷車を引く仕事率という意味であったが，75 kg の物体を 1 秒あたり 1 m の割合で持ち上げるときの仕事率と定められた．重力加速度 g を 9.8 m/s² とすれば，

$$1\,馬力 = \frac{(75\,\mathrm{kg}) \times (9.8\,\mathrm{m/s^2})}{1\,\mathrm{s}} = 735\,\mathrm{kg \cdot m/s^3} = 735\,\mathrm{W}$$

であるが，日本の計量法では

$$1\,馬力 = 735\,\mathrm{kg \cdot m/s^3} = 735\,\mathrm{W} \quad （計量法）$$

と定められている．

問 2 ヒトの心臓が 1 回の拍動で消費するエネルギーは約 1 J である．つまりヒトの心臓が 1 回の拍動で血液に行う仕事は約 1 J である．あなたの心臓の仕事率は約何 W か．

図 3.10 クレーン

例題 1 クレーンが 1000 kg のコンテナを 20 秒間で 25 m の高さまで吊り上げた．このクレーンの仕事率 P を計算せよ．

解 クレーンが作用する力の大きさは $mg = (1000\,\mathrm{kg}) \times (9.8\,\mathrm{m/s^2}) = 9800\,\mathrm{N}$，力の方向への移動距離は高さ $h = 25\,\mathrm{m}$ なので，クレーンが行った仕事 W は

$$W = mgh = (9800\,\mathrm{N}) \times (25\,\mathrm{m}) = 2.45 \times 10^5\,\mathrm{J}$$
$$= 245\,\mathrm{kJ}$$

$$\therefore \quad P = \frac{mgh}{t} = \frac{2.45 \times 10^5\,\mathrm{J}}{20\,\mathrm{s}} = 1.2 \times 10^4\,\mathrm{W}$$
$$= 12\,\mathrm{kW} \qquad (3.10)$$

(3.10)式の第 2 辺に含まれている $\frac{h}{t}$ は物体の速さ v なので，この式を

$$P = mgv \qquad (3.11)$$

と表せる．一般に，力 F の作用を受けている物体が，力の方向に一定の速さ v で動いている場合，この力の仕事率 P は

$$P = \frac{W}{t} = \frac{Fd}{t} = Fv$$

$$P = Fv \qquad 仕事率 = 力 \times 速度 \qquad (3.12)$$

> **例題 2** 例題 1 のクレーンに出力 10 kW のモーターがついている．コンテナを何秒で 25 m の高さまで持ち上げられるか．
>
> **解** モーターがする仕事は 245 kJ なので，(3.8) 式から
> $$t = \frac{W}{P} = \frac{245 \text{ kJ}}{10 \text{ kW}} = 25 \text{ s}$$

3.3 仕事と運動エネルギーの関係

学習目標 運動エネルギーの定義を記憶する．仕事と運動エネルギーの相互転換に関する仕事と運動エネルギーの関係を理解する．

運動エネルギー 運動している物体が，静止している物体に衝突すると，静止している物体に力を作用して力の方向に運動させる．つまり運動している物体は他の物体に衝突すると相手に力を及ぼして仕事をする．そこで運動している物体がもつ仕事をする能力（エネルギー）を運動エネルギーという．質量 m の物体が速さ v で運動している場合，

$$\frac{1}{2}mv^2 \quad \frac{1}{2}\times 質量\times (速さ)^2 \tag{3.13}$$

をこの物体の**運動エネルギー**という．

質量の国際単位は kg，速さの国際単位は m/s なので，(3.13) 式から，運動エネルギーの国際単位も kg·m²/s² = J で，仕事の国際単位と同じある．この事実は仕事と運動エネルギーが相互変換することを示す仕事と運動エネルギーの関係から納得できる．

図 3.11 運動している物体は運動エネルギーをもつ．

> **例 4** 投手が 0.15 kg の野球のボールを 144 km/h (= 40 m/s) の速さで投げた．このボールの運動エネルギーは，
> $$\frac{1}{2}mv^2 = \frac{1}{2}\times(0.15 \text{ kg})\times(40 \text{ m/s})^2 = 120 \text{ J}$$

仕事と運動エネルギーの関係 運動の法則によれば，「力」=「質量」×「加速度」なので，力が物体に作用すれば，加速度が生じ，物体の速度は変化する．物体に作用する合力の向きと物体の運動の向きが同じ場合には，物体に働く合力は正の仕事を行い，物体の速さは増え，物体の運動エネルギーも増える（図 3.12）．物体に作用する合力の向きと物体の運動の向きが逆の場合には，物体に働く合力は負の仕事を行い，物体の速さは減り，物体の運動エネルギーも減る．定量的にいうと，物体に作用する合力が物体にする仕事の量 W だけ物体の運動エネルギー $\frac{1}{2}mv^2$ が変化する．つまり，位置が A で，速さが v_A の物体に，合力が仕事 $W_{B \leftarrow A}^{合力}$ をした後での物体の位置を B，速さを v_B とすると，

$$W_{B \leftarrow A}^{合力} = \frac{1}{2}mv_B^2 - \frac{1}{2}mv_A^2 \tag{3.14}$$

という関係が成り立つ（図 3.13，証明略）．この関係を**仕事と運動エネルギーの関係**という．

図 3.12 運動の向きを向いた力によって物体が運動の向きに押され，正の仕事をされると，運動エネルギーは増加する．

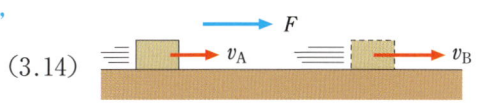

図 3.13 仕事と運動エネルギーの関係
$W_{B \leftarrow A}^{合力} = \frac{1}{2}mv_B^2 - \frac{1}{2}mv_A^2$

例5 水平な氷面上に静止している段ボールの箱を，人間が，仕事率（パワー）Pが一定という条件で加速する場合，空気の抵抗が無視できれば，スタートしてから時間tが経過したときの速さvは，仕事と運動エネルギーの関係

$$\frac{1}{2}mv^2 = W = Pt \text{ から } v = \sqrt{\frac{2Pt}{m}}$$

図 3.14 スタート

図 3.15 投手の投球フォーム

問3 投手が野球のボールを 40 m/s の速さで投げたとき，
(1) 投手がボールにした仕事は何 J か．
(2) このとき投手の手がボールに一定の力を加えながら 2 m 移動したとすると，手がボールに作用した力の大きさは何 N か．何 kgw か．

例題3 粗い水平面上を速さ $v_0 = 10$ m/s で運動している物体が停止するまでの移動距離 d を求めよ．摩擦力の大きさは重力の大きさと同じだとせよ．

解 物体の質量を m とすると，物体に作用する水平方向の力は運動を妨げる向きに作用する摩擦力 mg だけである．物体は摩擦力のする負の仕事 $W = -mgd$ によって停止するので，(3.14)式で $v_B = 0$, $v_A = v_0$, $W_{B \leftarrow A}^{合力} = -mgd$ とおくと，

$$-\frac{mv_0^2}{2} = -mgd \text{ となるので，}$$

$$d = \frac{v_0^2}{2g} = \frac{(10 \text{ m/s})^2}{2 \times (9.8 \text{ m/s}^2)} = 5.1 \text{ m} \quad (3.15)$$

3.4 重力による位置エネルギーと重力のする仕事

学習目標 重力による位置エネルギーと重力のする仕事の関係を理解し，重力による位置エネルギーとよばれる理由を説明できるようになる．

重力による位置エネルギー 物体が高い所から空中を落下して地面に衝突すると，地面を凹ませて停止する．つまり高い所にある物体は低い所にある物体に衝突すると相手に力を及ぼして仕事をする．そこで高い所にある物体がもつ仕事をする能力（エネルギー）を**重力による位置エネルギー**という．

高い地点 A (高さ h_A) にある質量 m の物体が低い地点 B (高さ h_B) まで移動するとき，物体に作用する重力の大きさは mg で，点 A から点 B までの変位の鉛直下向き方向成分（重力方向の移動距離）は $h = h_A - h_B$ なので，点 A から点 B までの移動中に重力がする仕事は，途中の経路に無関係に，

$$W_{B \leftarrow A}^{重力} = mgh = mg(h_A - h_B) \tag{3.16}$$

である（図 3.16）．そこで，高さが h_P の地点 P にある質量 m の物体の重力による位置エネルギー $U_P^{重力}$ を

$$U_P^{重力} = mgh_P \quad (g = 9.8 \, \text{m/s}^2 \text{は重力加速度}) \tag{3.17}$$

と定義すると，(3.16) 式は

$$W_{B \leftarrow A}^{重力} = U_A^{重力} - U_B^{重力} \tag{3.18}$$

となる．(3.18) 式は，物体が点 A から点 B まで移動するときに，重力による位置エネルギーの減少量と同じ量だけ重力が物体に仕事をすることを意味している．つまり，重力による位置エネルギーは重力が仕事をする能力 (エネルギー) を表している．

重力による位置エネルギー mgh の単位は仕事の単位と同じなので，$J = kg \cdot m^2/s^2$ である．

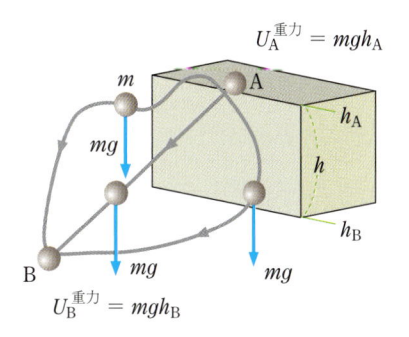

図 3.16 $W^{重力} = mgh$ （高さ h だけ下降する場合）

3.5 力学的エネルギー保存則

学習目標 力学的エネルギー保存則の意味を説明でき，この法則を簡単な場合に適用できるようになる．
力学的エネルギーが保存しない場合の具体的な例を示せるようになる．

保存力，束縛力，非保存力 重力のように，物体が 2 点間を移動するときに力がする仕事が途中の経路によらず，

$$W_{B \leftarrow A}^{保存力} = U_A^{保存力} - U_B^{保存力} \tag{3.19}$$

と表される場合，この力を**保存力**とよび，$U_P^{保存力}$ を点 P でのこの保存力による**位置エネルギー**という．1.2 節で学んだ万有引力

$$F = G \frac{m_1 m_2}{r^2} \tag{3.20}$$

は保存力で，2 つの物体の距離が r のときの万有引力による位置エネルギーは

$$U^{万有引力}(r) = -G \frac{m_1 m_2}{r} \tag{3.21}$$

である（証明略）．重力と万有引力のほか，ばねの弾力と電気力（クーロン力）も保存力である．

垂直抗力や振り子の糸の張力のように，物体に作用する力の方向と物体の運動方向が垂直なので，作用する物体に仕事をしない力を**束縛力**という．

摩擦力が物体にする仕事は，運動の始点と終点が同じでも，途中の経

路によって異なる．経路が長くなれば運動方向に逆向きの摩擦力のする負の仕事はますますマイナスになる．(3.19) 式の形の関係を満たさない摩擦力，空気や水の抵抗力，腕の筋力などのような力を**非保存力**という．

力学的エネルギー保存則　力には保存力と非保存力，それに仕事をしない束縛力があるので，仕事と運動エネルギーの関係 (3.14) を

$$\frac{1}{2}mv_B^2 - \frac{1}{2}mv_A^2 = W_{B \leftarrow A}^{保存力} + W_{B \leftarrow A}^{非保存力} \tag{3.22}$$

と記して，(3.19) 式を代入し，移項すれば

$$\frac{1}{2}mv_B^2 + U_B^{保存力} = \frac{1}{2}mv_A^2 + U_A^{保存力} + W_{B \leftarrow A}^{非保存力} \tag{3.23}$$

が得られる．この式は，摩擦力や空気の抵抗力や腕の筋力などの非保存力が作用しない場合には，

$$\frac{1}{2}mv_B^2 + U_B^{保存力} = \frac{1}{2}mv_A^2 + U_A^{保存力} \tag{3.24}$$

となる．(3.24) 式は，

$$\boxed{\frac{1}{2}mv^2 + U^{保存力} = 一定} \tag{3.25}$$

を意味する．運動エネルギーと位置エネルギーの和を**力学的エネルギー**とよぶので，(3.25) 式は非保存力が作用しない場合には，力学的エネルギーは，時間が経過しても変化せず，一定であることを示す．これを**力学的エネルギー保存則**という．

摩擦力や空気の抵抗や腕の筋力などの非保存力が作用せず，物体に作用する力が重力と束縛力だけの場合の力学的エネルギー保存則は

$$\boxed{\frac{1}{2}mv^2 + mgh = 一定} \tag{3.26}$$

である．力学的エネルギー保存則 (3.26) は，高い所にある物体は落下していくと，高さ h が減少するので重力による位置エネルギー mgh が減少し，物体は加速されて速さ v が増加するので運動エネルギー $\frac{1}{2}mv^2$ が増加することを意味している．

図 3.17　滝の水が落下すると重力による位置エネルギーが運動エネルギーになる（ジンバブエ共和国とザンビア共和国の国境にあるヴィクトリアの滝）．

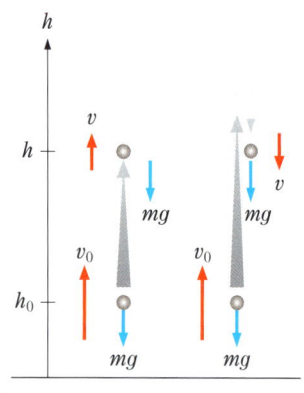

図 3.18

$\frac{1}{2}mv^2 + mgh = \frac{1}{2}mv_0^2 + mgh_0$

同じ高さの所を上昇するときと落下するときの速さは同じ．

例 6　高さが h_0 の所を速さ v_0 で通過した質量 m の物体が，鉛直下向きの重力 mg だけの作用を受けて運動し，高さが h の所を上向き，あるいは下向きに通過したときの速さが v だとすると（図 3.18），力学的エネルギー保存の法則 (3.26) は，

$$\frac{1}{2}mv^2 + mgh = \frac{1}{2}mv_0^2 + mgh_0 \tag{3.27}$$

となる．したがって，空気の抵抗が無視できる場合，投げ上げた物体が同じ高さの所を上昇するときと落下するときの速さは同じである．

例 7　質量が 150 g のボールを初速 30 m/s (108 km/h) で真上に打ち

上げると，ボールの最高点の高さ H は何 m になるだろうか.

空気の抵抗が無視できれば，力学的エネルギー保存則によって，初速 v_0 で打ち上げたときの運動エネルギー $\frac{1}{2}mv_0^2$ は高さ H の最高点での重力による位置エネルギー mgH と同じ大きさなので，

$$\frac{1}{2}mv_0^2 = mgH \tag{3.28}$$

である．この式は，(3.27) 式で $h_0 = 0$, $v = 0$, $h = H$ とおいた式である．したがって，最高点の高さ H は

$$H = \frac{v_0^2}{2g} \tag{3.29}$$

である．$v_0 = 30 \text{ m/s}$, $g = 9.8 \text{ m/s}^2$ から，最高点の高さ H は

$$H = \frac{(30 \text{ m/s})^2}{2 \times (9.8 \text{ m/s}^2)} = 46 \text{ m}$$

例 8 自転車に乗って高さ H が 5 m の丘の上からこがずに降りる場合，丘の上での位置エネルギー mgH が丘の下での運動エネルギー $\frac{1}{2}mv^2$ になるので，丘の下での速さ v は

$$v = \sqrt{2gH} = \sqrt{2 \times (9.8 \text{ m/s}^2) \times (5 \text{ m})} = 10 \text{ m/s} \tag{3.30}$$

である (図 3.19).

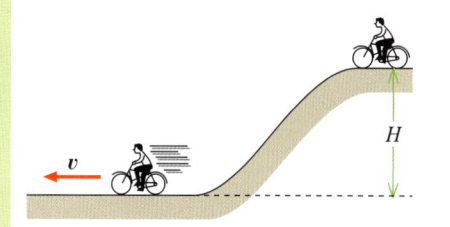

図 3.19 坂の下での速さ

力学的エネルギー保存則が成り立たない場合 (3.23) 式が示すように，非保存力が仕事をする場合には力学的エネルギーは保存しない．たとえば，物体を手やクレーンで高い所に持ち上げる場合には，手やクレーンが物体にする仕事 ($W_{B \leftarrow A}^{非保存力} > 0$) によって物体の力学的エネルギーが増加する．この場合には筋肉やガソリンに含まれている化学エネルギーが手やクレーンの仕事を仲立ちにして物体の重力による位置エネルギーになる．

水中での物体の落下や人が滑り台を滑り降りる場合のように，抵抗力や摩擦力が作用する場合には，抵抗力や摩擦力が物体にする負の仕事 ($W_{B \leftarrow A}^{非保存力} < 0$) によって物体の力学的エネルギーは減少する．

抵抗力や摩擦力で減少した力学的エネルギーはどうなるのだろうか．この問題は次章で学ぶ．

図 3.20 バーベルを持ち上げる仕事は重力による位置エネルギーになる．

参考　走高跳びと棒高跳び

走高跳びを考えよう．選手は助走して，踏み切り，跳び上がる．$v_0 = 10 \text{ m/s}$ の助走時の運動エネルギー $\frac{1}{2}mv_0^2$ のすべてが重力による位置エネルギー mgh に変換すれば，走高跳びの世界記録は約 5 m，

$$h = \frac{v_0^2}{2g} = \frac{(10 \text{ m/s})^2}{2 \times (9.8 \text{ m/s}^2)} = 5.1 \text{ m} \tag{3.31}$$

になるはずだが，実際にはその半分以下である．つまり，人間は運動

エネルギーを効率よく重力による位置エネルギーに変換できない．グラスファイバーや竹などの棒を使う棒高跳びでは，運動エネルギーの一部をしなった棒の弾性エネルギーを経由させて重力による位置エネルギーに変換するので，変換効率が高くなり，高くまで跳べるようになる．しかし，人間の重心の高さ（約 1 m）＋ 約 5 m 以上の記録は期待できない．1994 年にブブカが出した棒高跳びの世界記録は 6.13 m である．

図 3.21　棒高跳び

参考　運動量保存則

たがいに力を及ぼし合うが，他からは力が働かない 2 個の物体 A, B の衝突の場合，運動量の変化と力積の関係［(2.53) 式参照］

$$m_A \bm{v}_A' - m_A \bm{v}_A = \bm{F}_{A \leftarrow B} \Delta t, \quad m_B \bm{v}_B' - m_B \bm{v}_B = \bm{F}_{B \leftarrow A} \Delta t \quad (3.32)$$

と作用反作用の法則 $\bm{F}_{A \leftarrow B} + \bm{F}_{B \leftarrow A} = \bm{0}$ から，運動量の和は時間が経過しても変化しない，

$$m_A \bm{v}_A' + m_B \bm{v}_B' = m_A \bm{v}_A + m_B \bm{v}_B \quad (3.33)$$

という**運動量保存則**が導かれる（図 3.22）．

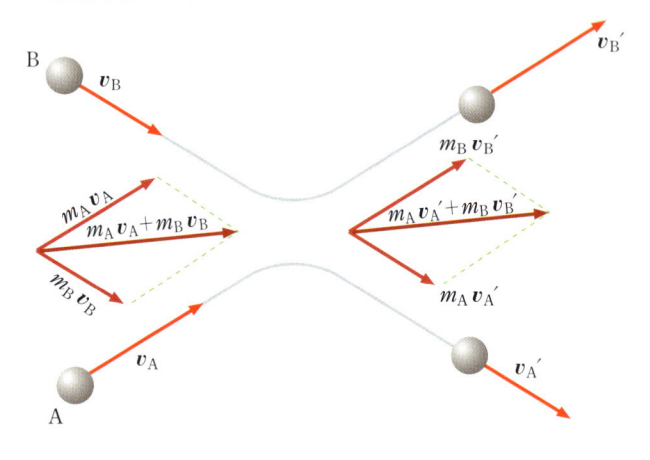

衝突直前：時刻 t　　　　　　　衝突直後：時刻 t'

図 3.22　2 つの物体が衝突する場合の運動量の保存
$m_A \bm{v}_A' + m_B \bm{v}_B' = m_A \bm{v}_A + m_B \bm{v}_B$

衝突　瞬間的に大きな内力が作用する衝突の直前と直後では運動量が保存していると考えられる．衝突で発生する熱や音などになるエネルギーが無視できる弾性衝突では運動エネルギーも保存すると考えられる．

$$\frac{1}{2} m_A v_A^2 + \frac{1}{2} m_A v_B^2 = \frac{1}{2} m_A v_A'^2 + \frac{1}{2} m_A v_B'^2 \quad \text{（弾性衝突）} \quad (3.34)$$

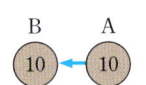

図 3.23　10 円玉の衝突

例 9　机の上に十円玉を 2 つ離して置いて，一方を指で弾いてもう一方に正面衝突させると，ぶつけられた十円玉は動き出すが，ぶつかった十円玉は静止する（図 3.23）．この現象は，運動量保存則と運動エネルギー保存則で説明される．運動量保存則から導かれる $v_A' = v_A - v_B'$ を運動エネルギー保存則から導かれる $v_A^2 = v_A'^2 + v_B'^2$ に代入すると，

$$(v_A - v_B')^2 + v_B'^2 - v_A^2 = 2v_B'^2 - 2v_A v_B' = 0$$
$$\therefore \quad v_B'(v_B' - v_A) = 0$$

が得られる．$v_B' = 0$，$v_A' = v_A$ という解は，ぶつかった十円玉が静止していた十円玉を乗り越えて進むという物理的に許されない解である．

$$\therefore \quad v_B' = v_A, \quad v_A' = 0 \quad （衝突後十円玉 A は静止する）$$

3.6 流体の力学的エネルギー保存則―ベルヌーイの法則

学習目標 ベルヌーイの法則は流体の力学的エネルギー保存則であることを認識し，流体の速さと高さと気圧・水圧の関係を理解する．

流体の各点での速度が時間的に変化しないので，定常流とよばれる流れを考える．定常流の中にインクを点々とたらすとインクが流れて何本もの流線とよばれる線ができる．流体は流線に沿って流れていくが，場所場所によって高さ h と速さ v が変化し，水圧・気圧が変化する．流体の高さ h と速さ v と水圧・気圧 p の関係が 1738 年にベルヌーイが導いたベルヌーイの法則である．

簡単のために流体は非圧縮性で密度は一定だとする．そして，流体内には粘性力が作用しないので，流体の摩擦による力学的エネルギーの損失はないとする．このような条件の下で，流体内部の図 3.24 に示す流線で囲まれた管状の部分（流管）を流れる流体の面 A と B の間の部分が面 A' と B' の間に移動するときの力学的エネルギーの増加は，前後の部分が面 A と B を押す力のする仕事に等しい，という力学的エネルギー保存則を適用すると，1 本の流線上のすべての点に対して

$$\frac{1}{2}\rho v^2 + \rho g h + p = 一定 \tag{3.35}$$

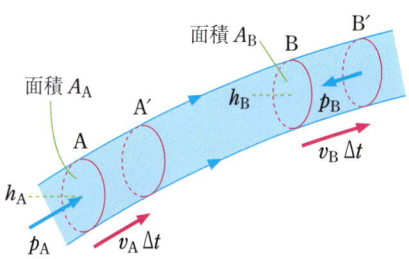

図 3.24 ベルヌーイの法則の説明図

が成り立つことが示される（図 3.24）．これが密度 ρ の流体に対するベルヌーイの法則である．左辺の第 1 項は流体の運動エネルギー密度，第 2 項は流体の重力による位置エネルギー密度で，2 つの項の和は流体の力学的エネルギー密度である．第 3 項は流れている流体の一部分に対して隣接している流体の部分が行う仕事からくる項である．(3.35)式の正しさは，流体が静止している $v = 0$ の場合を考えると，(3.35)式は「$\rho g h + p = 一定$」という，気圧・水圧と高さの関係(1.23)になる事実によって納得できるだろう．

運動流体中の圧力 運動エネルギーの変化と圧力の変化に比べて高さの変化に伴う位置エネルギーの変化が無視できる場合のベルヌーイの法則は

「運動エネルギー密度」+「気圧・水圧」= 一定

$$\frac{1}{2}\rho v^2 + p = 一定 \quad （水平な流れの場合） \tag{3.36}$$

となる．この式は，「時間的に変化しない流体の流れの気圧・水圧は，流れが速いところでは低くなり，流れが遅いところでは高くなる」ことを意味している．

回転しながら進む物体には横向きの力が作用する—マグヌス効果

野球の投手が投げるボールの道筋には，真っ直ぐではなく，いろいろな変化をする場合がある．ボールの道筋が曲がるのは，曲がる向きに空気が力を作用するからである．空気がボールに作用する力は圧力なので，ボールの道筋が曲がるのは，ボールの両側での気圧に差が生じるからである．この気圧の差は，次の2つの性質から出てくる．

(1) 流体は固体の表面では滑らないという**滑りなしの条件**によって，回転するボールの表面付近の空気はボールといっしょに回転する．

(2) 時間的に変化しない空気の流れの気圧は，流れが速いところでは低くなり，流れが遅いところでは高くなるというベルヌーイの法則．

　ベルヌーイの法則が適用できるのは，空気の流れが時間的に変化しない場合である．ところが，空気中をボールが進む場合には，空気が流れている場所が時間とともに変化する．しかし，左方向に投げられたボールと同じ速さで移動するビデオで，ボールのまわりの空気の流れを撮影すれば，図3.25のような，同じ位置で回転しているボールのまわりの，時間的に変化しない右向きの流れの映像が得られ，この気流では性質(2)が成り立っている．

　図3.25の空気の流れは，右方向への一様な流れと，回転するボールといっしょに時計の針とは逆回りに回転する流れ（循環気流）を重ね合わせた流れである．したがって，2つの流れが同じ向きなので流れが速いボールの下側の気圧は遠方の気圧より低くなり，2つの流れが逆向きなので流れが遅いボールの上側の気圧は遠方の気圧より高くなる．その結果，上下の気圧の差によって，空気はボールに下向きの力を作用する．つまり，ボールにトップスピンをかけると，ボールは打者が予想していたより低めに曲がる道筋を進むことになる．回転しながら進む物体には横向きの力が作用する現象を**マグヌス効果**という．

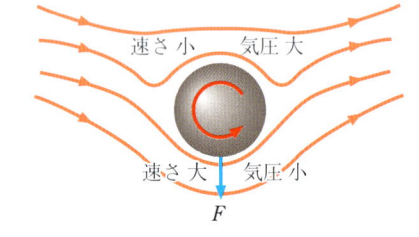

図3.25　流体は固体との表面では滑らないという滑りなしの条件によって，回転するボールの表面付近の空気はボールといっしょに回転する．流れの遅いボールの上側の気圧は高いので，空気はボールに下向きの力を作用する．

図3.26　扇風機のファンに付着したほこりは，滑りなしの条件のために，風で吹き落とされない．

演習問題 3

1. 重量挙げの選手が質量 $m = 80$ kg のバーベルを高さ 2.0 m までゆっくりと持ち上げるときに，選手がバーベルにする仕事は何 J か．

2. 体重が 50 kg の人間が階段を，1 秒あたり高さ 2 m の割合でかけ上がっている．この人間が自分に対して行う仕事の仕事率を求めよ．

3. 質量 1 t の鋼材を 1 分間あたり 10 m 引き上げたい場合，クレーンのモーターは，滑車その他の摩擦による損失がないとすれば，出力は何 W 以上あればよいか．

4. 乗る人も含めて質量 75 kg の自転車が，傾斜角 5° の直線道路を 10.8 km/h の速さで 2 分間上がった場合，上がった高さ h を求め，この高さに上がるのに必要なパワー（仕事率）を求めよ．$\sin 5° = 0.087$ とせよ．

5. 速球投手が投げたボールをバッターが同じ速さで打ち返すときに，運動エネルギーは変化しない．このときバッターがボールにする仕事はいくらか

6. 長さが 3.5 m の糸に質量が 10 kg のおもりがつけてある振り子を A の位置から静かに放した場合，おもりが点 A より 1 m 低い最下点 B を通過するときのおおよその速さはどれか（図 1）．糸の張力は仕事をせず，おもりの重力による位置エネルギーはすべて運動エネルギーに変わることを使え．
   (1) 2.2 m/s (2) 4.4 m/s (3) 5.0 m/s
   (4) 9.9 m/s (5) 19.6 m/s

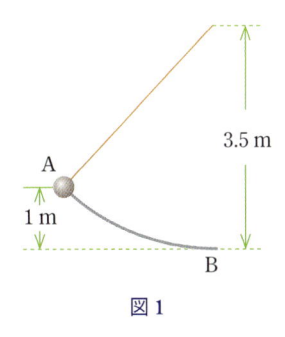

7. 群馬県にある須田貝発電所では，毎秒 65 m³ の水量が有効落差 77 m を落ちて，発電機の水車を回転させ，46000 kW の電力を発電する．この発電所では，水の位置エネルギーの何 % が電気エネルギーになるか．

8. 40 kg の人間が 3000 m の高さの山に登る．
   (1) この人間のする仕事はいくらか．
   (2) 1 kg の脂肪はおよそ 3.8×10^7 J のエネルギーを供給するが，この人間が 20 % の効率で脂肪のエネルギーを仕事に変えるとすると，この登山でどれだけ脂肪を減らせるか．

9. 図 2 のように，十円玉を 2 つあるいは 3 つ並べて，それに 10 円玉を右側からぶつけると，左端の十円玉だけが動き出し，ぶつかった十円玉は静止する．理由を説明せよ．

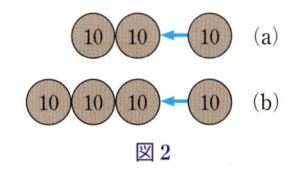

図 1

図 2

4 熱と温度

われわれは日常生活の経験を通じて,熱と温度に関する事実をいろいろ知っている.2つの物体を接触させると,熱は高温の物体から低温の物体に移動して,2つの物体の温度はやがて同じになる.そこで熱は流体のようなものだという印象を受ける.しかし,冷たい木材も摩擦し続けると高温になり発火することがある.

熱は物質を構成する分子の熱運動とよばれる乱雑な運動のエネルギーで,物体の温度は分子の熱運動のエネルギーの平均値の大小を示す物理量である.物体を摩擦すると,摩擦力のする仕事によって,分子の熱運動のエネルギーが増加するので,物体の温度が上昇する.熱は消滅も発生もしない流体のようなものではない.

ペリト・モレノ氷河
(アルゼンチン)

分子の熱運動のエネルギーを考えると，熱の関与する現象でも熱力学の第1法則とよばれるエネルギー保存則が成り立つ．エネルギー保存の考えは熱現象の研究を通じて生まれたのである．

分子の熱運動のエネルギーも仕事をする能力をもつが，そのすべてを仕事に変えることはできない．その原因は熱の関与する現象は不可逆な現象だからである．たとえば，熱は高温の物体から低温の物体に自然に移動するが，低温の物体から高温の物体に熱が自然に移動して，高温の物体の温度が上がり，低温の物体の温度が下がることはない．不可逆な現象の起こる向きを示すのが，熱力学の第2法則である．

本章ではいろいろな形でわれわれの生活に関わっている熱と温度のいろいろな側面について学ぶ．

4.1 温度と内部エネルギー

学習目標 温度とは物体を構成する分子の熱運動の激しさを表す物理量であり，絶対温度は 0 K（= −273 ℃）で分子の熱運動が静止するような温度目盛であることを理解する．

物体を構成する分子の熱運動のエネルギーの総和を内部エネルギーといい，熱の移動とは，高温の物体から低温の物体への内部エネルギーの移動であることを理解する．

物質の3つの状態（相）と分子の熱運動　液体の水，気体の水蒸気，固体の氷という3つの状態があるように，物質には固体，液体，気体の3つの状態が存在する．これらの状態を相とよび，固相，液相，気相という．水が H_2O という分子から構成されているように，すべての物質は分子から構成されている．固体では分子はたがいに強い力で結ばれ，規則正しく配列している [図 4.1 (a)]．したがって，固体に力を作用しても変形はわずかである．しかし，各分子はつり合いの位置に静止しているのではなく，そのまわりで振動している．これを熱運動という．温度を上げると熱運動が激しくなり，分子間の距離が広がるので，固体は膨張する．

さらに温度を上げると，分子の激しい熱運動で分子の配列が乱れ，一定の形を保てなくなり，融解して液体になる．相の変化を**相転移**という．液体では分子間の力は弱まるので，分子は位置を変えやすく，容器によって形を変える [図 4.1 (b)]．

もっと温度を上げると，分子はばらばらにわかれて，容器の中を自由に飛び回るようになる [図 4.1 (c)]．これが気体である[*1]．

物体の温度は，物体を構成する分子の熱運動の激しさの度合，つまり，熱運動のエネルギーの平均値の大小を表す量である．

室温での空気分子の速さは約 300 m/s である．大ざっぱにいって，1気圧の室温の気体の分子間隔は液体の分子間隔の約 10 倍で，密度は約千分の 1 である[*2]．

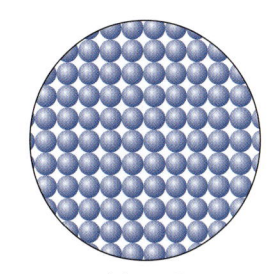

(a) 固体

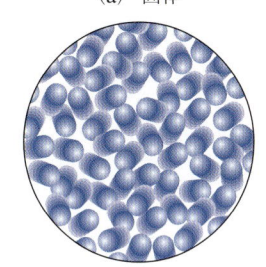

(b) 液体

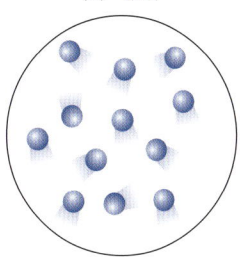

(c) 気体

図 4.1　物質の 3 態

図 4.2　ドライアイスが昇華している

[*1] 2 酸化炭素分子 CO_2 から構成された固体であるドライアイスの表面からは，液体の状態を経ないで，気体の炭酸ガスになる．固相から気相への直接の相転移を昇華という．

[*2] 常温での空気の密度は約 1.2 kg/m^3 であり，液体酸素の密度は 1140 kg/m^3，液体窒素の密度は 809 kg/m^3 である．

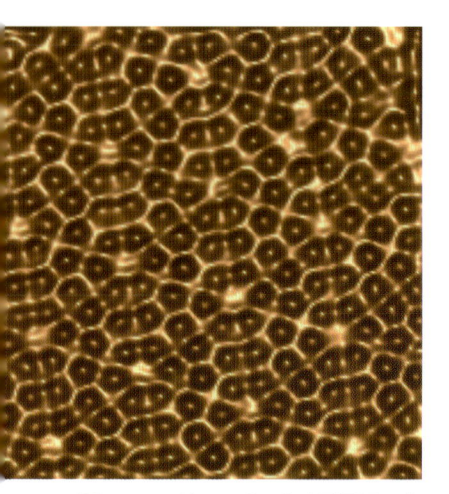

図 4.3 シリコン (111) 表面原子の走査型トンネル顕微鏡像

さらに温度を上げると，分子は電子と陽イオンに分離するが，この状態をプラズマ状態という．

参考　ブラウン運動

現在では固体中の分子の配列は X 線の回折で調べることができるし，固体の表面の原子の配列は走査型トンネル顕微鏡で調べられる．ところが 1900 年頃には，当時は観察できなかった分子や原子の存在に疑問を抱き，原子論に強く反対する学者がいた．

気体や液体が分子の集まりであることを物理学者に確信させたのは，ブラウン運動とよばれる，水中に浮遊している微粒子が行う不規則な運動であった（図 4.4）．ブラウン運動とは，不規則に熱運動している水分子の衝突によって，微粒子がジグザグと運動する現象である．まわりの水分子が微粒子に衝突して作用する力は平均すればつり合っているが，平均からのゆらぎによって生じるブラウン運動に水が分子の集団である事実が現れ，分子の大きさを推定できた．

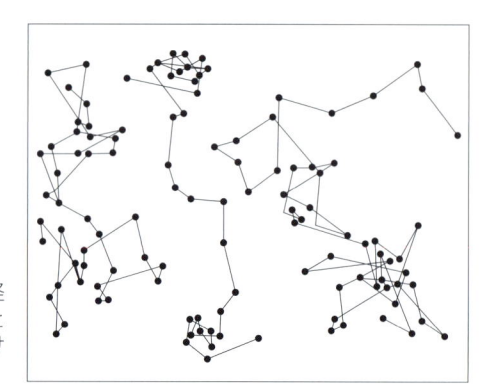

図 4.4　水中の乳香粒子（半径 0.53 µm）3 個について 30 秒ごとに観測した位置を順に結びつけた折線．枠の縦の線は 62.5 µm．

熱平衡と温度　熱い湯を冷たい茶碗に入れたときのように，高温の物体と低温の物体を接触させると，高温の物体の温度は下がり，低温の物体の温度は上がる．2 つの物体の温度が同じになると，それ以上は変化しない．この状態を**熱平衡**という．この現象は隣り合う分子の絶え間ない衝突によって，高温の物体から低温の物体に熱運動のエネルギーが移り，2 つの物質の分子の熱運動のエネルギーの平均値が同じになったと考えると理解できる．温度は分子の熱運動の激しさを表す物理量であるが[*]，温度は 2 つの物体が接触したとき熱平衡になるかならないかを示す物理量でもある．

* 節末の参考「ボルツマン分布」を参照．

温度と温度計　日常生活で使われるセ氏温度（セルシウス温度目盛，記号 °C）は，1 気圧のもとでの水の氷点（凝固点）を 0 °C，水の沸点を 100 °C とし，その間を 100 等分したものである．液体温度計では，アルコールなどの液体の体積の膨張が温度にほぼ比例する性質が利用されている．

物理学では，温度の国際単位として 4.5 節で説明する熱力学温度が使

われる．熱力学温度の単位をケルビン（記号は K）という．熱力学温度 T は低密度のすべての気体が満たす**ボイル-シャルルの法則**

$$pV = nRT \quad 圧力 \times 体積 = 物質量 \times 気体定数 \times 絶対温度 \quad (4.1)$$

に現れる絶対温度と同じものである*1．

国際単位系では，セ氏温度 t は

$$t = T - 273.15 \quad （セ氏温度と熱力学温度の関係） \quad (4.2)^{*2}$$

と定義されている．したがって，0 °C は 273.15 K (273.15 ケルビン) であり，30 °C は 303.15 K である．

体積が一定の希薄な気体の圧力は熱力学温度に比例するが，圧力は負にならないので，温度には 0 K = −273.15 °C という下限が存在する（実際の気体は 0 K = −273.15 °C になる前に液化する）．絶対温度とよぶ理由は，絶対零度が存在し，それ以下の温度に到達できないからである．

熱の移動

熱の移動とは分子の熱運動のエネルギーの移動である．

熱伝導とよばれる固体での熱の移動では，分子は移動しない．しかし，金属には内部を自由に移動できる電子があるので，金属は熱伝導が大きい．

気体は密度が小さく，分子の衝突の頻度が低いので，気体での熱の移動は小さい．衣服は布地の中に空気をとらえ，空気が断熱材の働きをする．発泡スチロールのような多孔質で内部に空気の入った多数の穴のある固体が断熱材として使われるのはこの理由による．

分子が移動できる流体（液体と気体）での熱運動のエネルギーの移動は，高温で密度が小さい部分と低温で密度が大きい部分の密度差によって生じる**対流**とよばれる流体の運動によって生じる．

熱の移動方法には，熱伝導と対流以外に，高温の物体が放射する電磁波による熱放射がある（4.6 節参照）．

熱量の単位

熱の移動は分子の熱運動のエネルギーの移動なので，移動した熱量の単位はエネルギーの単位のジュール（記号 J）である．歴史的に，1 g の水の温度を 1 °C だけ上昇させるのに必要な熱量を 1 カロリー（記号 cal）とよび，熱の実用単位として使ってきた．

$$1 \text{ cal} \approx 4.2 \text{ J}, \quad 1 \text{ J} \approx 0.24 \text{ cal} \quad (4.3)$$

である（次節のジュールの実験を参照）．なお，栄養学で 1 カロリー（記号 Cal）というときは 1 キロカロリー 1 kcal = 1000 cal を意味する．食物のカロリー値とは，食物が体内で完全に燃焼したときに供給されるエネルギー値である．

内部エネルギー

物体を構成する分子の熱運動の運動エネルギーと分子間に働く力の位置エネルギーの和を，物体の全体としての力学的エネルギーと区別して，その物体の**内部エネルギー**という．なお，物理学以

温度の単位　K
温度の実用単位　°C

*1　1 モル（記号 mol）は物質量の単位で，ある 1 種類の分子，原子，あるいはイオンなどの構成要素から構成されている物質が，$6.022\,140\,76 \times 10^{23}$ 個の構成要素を含む場合の物質量が 1 モル (1 mol) である．
$N_A = 6.022\,140\,76 \times 10^{23}/\text{mol}$
を**アボガドロ定数**という．

*2　簡単のため (4.2) 式では t と T は数値部分のみを表しているものとする．

アボガドロ定数
$N_A = 6.022\,140\,76 \times 10^{23}/\text{mol}$
（定義値）

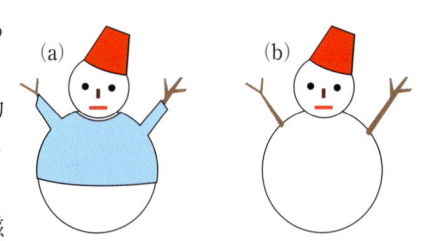

図 4.5　セーターは空気の断熱効果を利用している．セーターを着ていない雪だるま (b) はセーターを着た雪だるま (a) より先に溶ける．

熱量の単位　J
熱量の実用単位　cal
1 cal ≈ 4.2 J
1 J ≈ 0.24 cal

外では内部エネルギーは熱エネルギーとよばれる．

相転移と転移熱　氷が融解して水になるときにも，水が気化して水蒸気になるときにも，熱を吸収する．固体が液体になるときに吸収する融解熱と液体が気体になるときに吸収する気化熱は物質中の分子が分子間の引力に打ち勝って自由になるために必要なエネルギーである．逆に，気体が凝縮して液体になるときには凝縮熱とよばれる熱を放出し，液体が凝固して固体になるときには凝固熱とよばれる熱を放出する．吸収する融解熱と放出する凝固熱の大きさは同じで，気化熱と凝縮熱の大きさは同じである．

相転移の際に出入りする熱は転移熱とよばれ，融点や沸点での相の違いによる内部エネルギーの違いによって生じる．

図4.6に1気圧の0°C以下の氷に外部から一定の熱を加え続ける場合の温度の時間的変化を示す．0°Cの氷が外部から熱を吸収しながら融解して水に相転移している間は，水と氷は共存していて，温度は一定で0°Cである．氷の融解熱は80 cal/g = 334 J/gである．100°Cになると水は沸騰し始め，水蒸気になっていく．水が全部蒸発するまでは水と水蒸気が共存し，温度は一定で100°Cである．水の気化熱は540 cal/g = 2260 J/gである．水の気化熱は大きいので，沸騰している水から出てくる水蒸気に触れると火傷をする危険性が大きい．

ガスや電気ポットでお湯を沸かすことができる．この事実はガスの化学エネルギーや電気エネルギーが水分子の熱運動のエネルギー，つまり水の内部エネルギーになったことを示す．

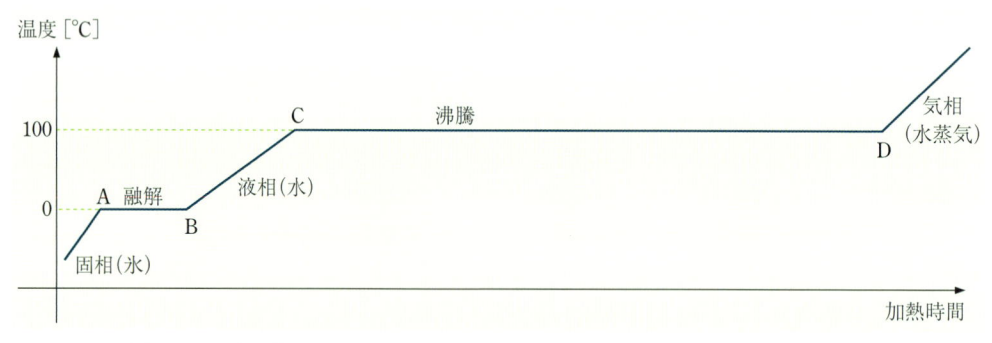

図4.6　一定の熱量を加え続けていくときの加熱時間（加えた熱量）と温度の関係

> **例1**　0°Cの氷 500 g を加熱して100°Cにして，全部水蒸気にするのに必要な熱量は
> $$(500 \text{ g}) \times (334 + 4.2 \times 100 + 2260)(\text{J/g}) = 500 \times 3000 \text{ J} = 1500 \text{ kJ}$$
> である．加熱のために 1000 W = 1000 J/s の電熱器を使うと，この過程にかかる時間は
> $$\frac{1500 \text{ kJ}}{1000 \text{ J/s}} = 1500 \text{ s} = 25 \text{ min（25分）}$$

参考　氷と水の体積の温度変化

　氷と水の体積の温度変化は特別である（図 4.7）．0 °C の氷の密度は 0.917 g/cm³ であるが，加熱され融解して水になると，体積は収縮して密度は 0.99984 g/cm³ に増加する．温度が 0 °C から上昇すると水はさらに収縮していき，密度は 3.98 °C で最大 (0.999973 g/cm³) になる．3.98 °C 以上では温度が上昇すると水は膨張していく．すきまの多い六角形の雪片から推測できるように，氷や低温の水の場合には水分子が水素結合とよばれる隙間の多い並び方をしているが（図 4.8），温度が上がると水分子の配列が崩れ，多くの水分子を狭いところに詰められるようになるからである．

　このような氷と水の体積の特異な温度変化のために，湖の水は冷却すると湖面から凍りはじめる（図 4.9）．

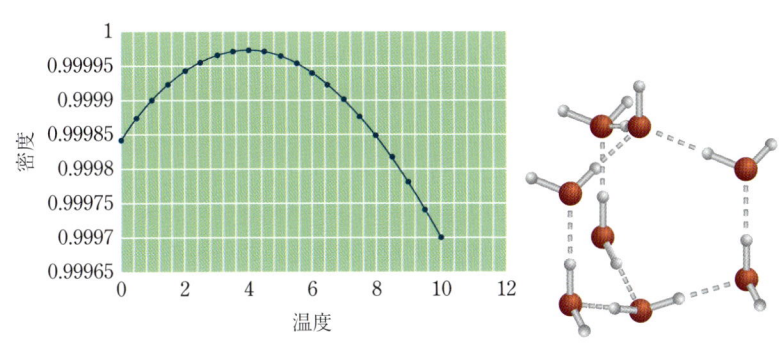

図 4.7　水の密度の温度変化　水の密度は約 4 °C で最大になる．

図 4.8　水分子の水素結合

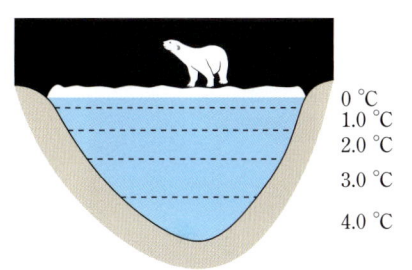

図 4.9　池の表面が凍ったときの温度分布．過去に数回，地球の表面は完全に凍結し，snowball Earth（全球凍結）とよばれる状態になった．この時期には海水は海面下 1 km くらいまで氷結したと考えられている．

参考　ボルツマン分布

　分子は，直進運動と衝突のほかに，回転，振動などの運動も行っている．分子のしたがう力学の量子力学によって，分子のとることのできるエネルギーの値はとびとびの値に限られる．莫大な数の分子の運動を統計的に扱うと，温度 T の分子集団中の分子のエネルギーが E である確率，つまり，

　　　エネルギーが E の状態の分子数は $e^{-E/kT}$ に比例する

ことをボルツマンが発見した（図 4.10）．この確率分布をボルツマン分布という．定数 $k = R/N_A$ はボルツマン定数とよばれる．

　$e^{-E/kT}$ の値は，「エネルギー E」÷「絶対温度 T」が大きくなるとどんどん小さくなる．そこで温度が低いとエネルギーが高い状態の分子数は少ないので，各分子のエネルギーは平均して小さい．温度が上がるにつれて，高いエネルギー状態の分子数は増え，低いエネルギー状態の分子数は減る（図 4.11）．温度は分子の熱運動の平均エネルギーに比例するという表現を式で表したのがボルツマン分布である．

　たとえば，気温が 40 °C = 313 K の暑い夏の日の大気の分子の平均の速さは，気温が -3 °C の寒い冬の朝の大気の分子の平均の速さの 1.08 倍になる．

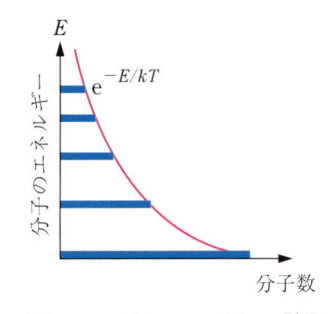

図 4.10　ボルツマン分布 $e^{-E/kT}$
$E \gg kT$ の分子は少ない．

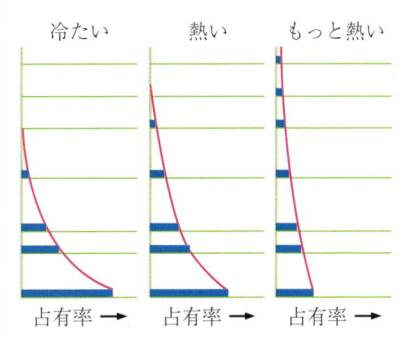

図 4.11　分子の熱運動の平均エネルギーは温度に比例する．

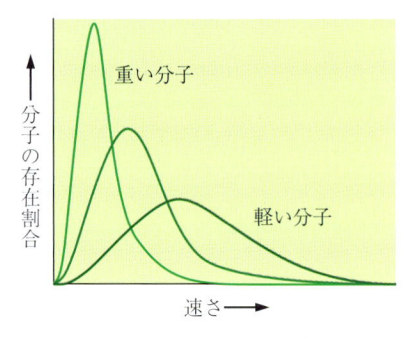

気体分子の速さの分布の質量による違いを図 4.12 に示す．同じ温度なら気体分子の運動エネルギーの分布は同じになるので，質量の大きな分子の平均の速さは質量の小さな分子の平均の速さより遅くなる．

図 4.12　気体分子の速度分布と分子の質量

4.2　熱力学の第 1 法則—熱と仕事が関与する場合のエネルギー保存則

学習目標　熱が移動する場合，内部エネルギー（分子の熱運動のエネルギー）を含めるとエネルギーが保存するという熱力学の第 1 法則を理解する．燃料を消費せずに仕事をする永久機関は存在しないことを理解する．

前章で，摩擦力や手の筋力などの非保存力が物体に行う仕事が無視できるときには，運動エネルギーと位置エネルギーの和である，力学的エネルギーは時間が経過しても変化せず一定であるという，力学的エネルギー保存則を導いた．非保存力が仕事をする場合はどうなるのだろうか．

昔の人は木と木を擦り合わせて火を起こした．非保存力である手の筋力が木にした仕事が，木の表面付近の分子の熱運動のエネルギーになり，木の表面が高温になり発火するのである．この現象を日常生活では，摩擦すると熱が発生するというが，物理学では，物体に加えた力学的仕事が物体の内部エネルギーになったという．この場合にもエネルギー保存則が成り立つことを示すには，力学的仕事と発生した熱量（内部エネルギーの増加量）が比例することを確かめ，仕事と熱量の換算率を求める必要がある．力学的仕事と熱量の定量的な関係を調べたのがジュールの実験であった．

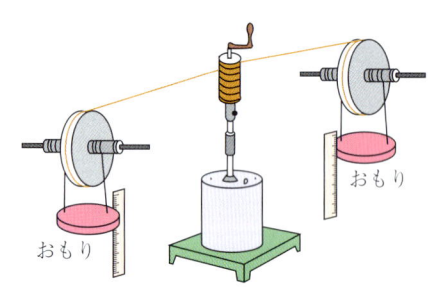

図 4.13　昔の火起こし

ジュールの実験　1843 年にジュールは図 4.14 (a) の装置を使って実験を行った．装置の上部の軸についているおもりを，決められた距離だけ落下させ，おもりの降下によって回転する羽根車が水をかき混ぜると，水温がわずかに上昇するのを温度計で測定した．つまり，この実験では，おもりの重力による位置エネルギーは，羽根車が水にする仕事を仲立ちにして，まず容器中の水の回転運動のエネルギーになる．しかし，水分子の向きの揃った運動は，時間が経過すると，容器の壁との衝突や水分子同士の衝突によって，運動の向きは乱雑になり，やがて水全体の流れは止まって，水分子の熱運動が激しくなり，水の内部エネルギーが増加し，水温が上昇する．

この実験で，水温の上昇はなされた仕事に比例することが確かめられ，熱量の 1 cal は 4.2 J の仕事に等しいとすると，内部エネルギーと力学的エネルギーの和は一定であることが確かめられた．

例 2　質量 1 kg の水が高さ 100 m の滝の上にあるときの重力による位置エネルギーは，

(a) ジュールの実験

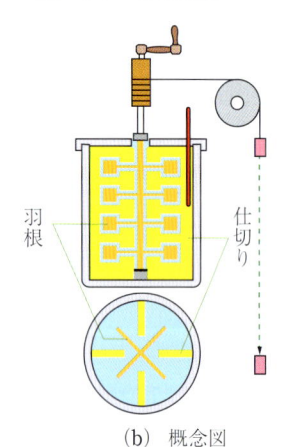

(b) 概念図

図 4.14　ジュールの実験

$$mgh = (1\,\text{kg})\times(9.8\,\text{m/s}^2)\times(100\,\text{m}) = 980\,\text{J}$$

である.エネルギー保存則を使って,水が滝壺まで落下したときの温度上昇を求めよう.980 J = 233 cal であり（980÷4.2 = 233）,水 1 kg の温度を 1 ℃ 上昇させるには 1000 cal 必要なので,水の温度上昇は 233÷1000 = 0.23,つまり 0.23 ℃ である.

熱力学の第 1 法則　ジュールの実験では,エネルギー保存則から

　　　水の内部エネルギーの増加量
　　　　　　　　= おもりの重力による位置エネルギーの減少量

であるが,
おもりの重力による位置エネルギーの減少量 = 羽根車が水にする仕事
なので,

　　　水の内部エネルギーの増加量 = 外部が水に行った仕事　　①

である.
　外部から水に熱が入る場合にも内部エネルギーが増加し,この場合のエネルギー保存則は

　　　水の内部エネルギーの増加量 = 外部から水に入った熱量　　②

である.2 つの関係 ①, ② を 1 つにまとめると次のようになる.
　ある物体（あるいは物体系）に,外部から熱 $Q_{物体\leftarrow外部}$ が入り,外部が物体に仕事 $W_{物体\leftarrow外部}$ をする場合,この過程の前の物体の内部エネルギーを $U_前$,過程の後の内部エネルギーを $U_後$ とする.エネルギー保存則によれば,この過程による内部エネルギーの増加量 $U_後 - U_前$ は物体に外部から移動した熱量 $Q_{物体\leftarrow外部}$ と外部が物体にした仕事 $W_{物体\leftarrow外部}$ の和に等しいので,次の関係が導かれる.

$$U_後 - U_前 = Q_{物体\leftarrow外部} + W_{物体\leftarrow外部} \quad \text{（熱力学の第 1 法則）} \quad (4.4)$$

　これを**熱力学の第 1 法則**という.熱 $Q_{外部\leftarrow物体}$ が物体から外部に流出した場合には,$Q_{物体\leftarrow外部} = -Q_{外部\leftarrow物体}$ なので右辺の $Q_{物体\leftarrow外部}$ を $-Q_{外部\leftarrow物体}$ で置き換えればよい.物体が外部に仕事 $W_{外部\leftarrow物体}$ をした場合には,$W_{物体\leftarrow外部} = -W_{外部\leftarrow物体}$ なので右辺の $W_{物体\leftarrow外部}$ を $-W_{外部\leftarrow物体}$ で置き換えればよい.(4.4) 式を使って計算する場合には,エネルギーと熱と仕事の単位としてすべてジュールを使わなければならない.

断熱過程　ある物体が,外部に仕事をしたり外部から仕事をされるときに,外部との熱のやりとりが無視できる場合,この過程を**断熱過程**という.断熱過程では,熱力学の第 1 法則は,(4.4) 式で $Q_{物体\leftarrow外部} = 0$ とおいた,

$$U_後 - U_前 = W_{物体\leftarrow外部} \quad \text{（断熱過程）} \quad (4.5)$$

である.
　気体の膨張が急速に行われるので,外部と熱のやりとりを行う時間がない場合には,膨張の際に外部に行った仕事 $W_{外部\leftarrow物体}$ だけ気体の内部

図 4.15　積乱雲

図4.16 ゴムをいきなり伸ばして唇に当てると，少し温かくなったことを感じる．

エネルギーが減少するので（$U_\text{後}-U_\text{前}=-W_{\text{外部}\leftarrow\text{物体}}<0$），気体の温度が低下する．このような膨張を**断熱膨張**という．

断熱膨張の例として積乱雲がある．夏に地上で湿った空気が熱されると，膨張して密度が小さくなり，上昇気流が生じる．上空は圧力が低いので，空気は断熱膨張を起こし，温度が下がる．このとき空気中の水蒸気が凝結して氷の粒子になる．これが積乱雲である．

これに対して，気体の圧縮が急速に行われる場合には，気体がされた仕事 $W_{\text{物体}\leftarrow\text{外部}}$ の分だけ気体の内部エネルギーが増加するので（$U_\text{後}-U_\text{前}=W_{\text{物体}\leftarrow\text{外部}}>0$），気体の温度が上昇する．これを**断熱圧縮**という．自転車のチューブに手押しポンプで空気を詰めるときに，ポンプの筒が熱くなるのは断熱圧縮だからである．

> **例3** 輪ゴムを両手でつまみ，いきなり伸ばしてから，すぐにゴムの一部を唇に当ててみると，少し暖かくなっているのが感じられる．これは輪ゴムが断熱的に仕事をされたからである．次に，伸ばした輪ゴムをいきなり縮めてから唇を当ててみると，今度は冷たくなっている．これは輪ゴムが断熱的に仕事をしたからである．

問1 次の文章は正しいか正しくないか．
　断熱変化では，熱の出入りがないので，内部エネルギーは一定である．

永久機関　仕事をする装置を英語でエンジン，日本語で機関という．水車，風車，モーターなどは仕事をする装置の例である．機関の中で熱を利用するものを熱機関という．蒸気機関，ガソリン・エンジン，ディーゼル・エンジンなどはその例である．これらの熱機関は，燃料を燃やして化学エネルギーを熱に変え，それを力学的な仕事に変換する装置である．つまり，熱を仕事に変える装置である．

外部からエネルギーを供給しなくても，いつまでも仕事をつづける**永久機関**とよばれる機関があれば都合がよい．そこで昔から多くの人が永久機関を発明しようと努力してきたが，だれも成功しなかった（図4.18）．なぜだろうか．

図4.17　水車

同じ循環過程（サイクル）を繰り返す熱機関が，1サイクルの運転を行った場合には，熱機関の状態は元に戻るので，

　運転を開始したときの内部エネルギー $U_\text{前}$
　　＝1サイクル運転したときの内部エネルギー $U_\text{後}$

である．したがって，このとき熱力学の第1法則（4.4）式は

　外から熱機関に供給された正味の熱 $Q_{\text{熱機関}\leftarrow\text{外部}}$
　　$=-W_{\text{熱機関}\leftarrow\text{外部}}=$ 熱機関が外部にした仕事 $W_{\text{外部}\leftarrow\text{熱機関}}$　　　(4.6)

となる[(4.4)式の物体を熱機関と書いた]．したがって，$Q_{\text{熱機関}\leftarrow\text{外部}}=0$ なら $W_{\text{外部}\leftarrow\text{熱機関}}=0$ なので，エネルギーを供給しなくても仕事しつづける永久機関は，エネルギー保存則に反するので，存在しない．

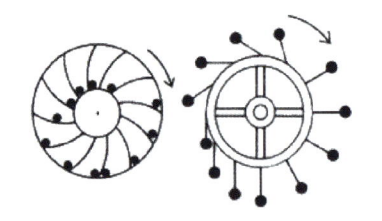

図4.18　永久機関？　13世紀のヨーロッパで考案された，車輪の回転とともに重心が移動することでいつまでも回転し続けるという考え方による，非平衡車輪とよばれるタイプの永久機関

4.3 エネルギーの変換と保存

学習目標 仕事をする能力を表す物理量のエネルギーにはいろいろな形態があり，たがいに変換し合うが，その総量は保存する（時間が経過しても変化しない）というエネルギーの保存則とその表し方を理解する．

3.5 節では，摩擦力や手の筋力などの非保存力が作用しない場合には力学的エネルギーが保存し，非保存力が作用する場合には非保存力のする仕事量だけ力学的エネルギーが増減することを学んだ．前節では，分子のミクロな力学的エネルギーである内部エネルギーを導入して，熱の関与する場合のエネルギー保存則である熱力学の第 1 法則を導いた．

エネルギーには力学的エネルギーと内部エネルギー以外にも，電気エネルギー，化学エネルギー，光エネルギー，核エネルギーなどがある．

電気エネルギーはモーターによって力学的エネルギーに変換され，電熱器によって熱（内部エネルギー）に変換される．また，水力発電所の発電機は水の力学的エネルギーを電気エネルギーに変換する．

化学変化にともなうエネルギーを**化学エネルギー**とよぶ．火力発電では，石油や石炭の化学エネルギーを電気エネルギーに変換する．人間のする仕事は筋肉に蓄えられた化学エネルギーによる．電池は化学エネルギーを電気エネルギーに変換する装置である．

相対性理論によれば，質量はエネルギーの一形態であり，質量 m が他の形態のエネルギーに変わるとき，その量は $E = mc^2$ である（c は真空中の光の速さ）．原子力発電は，ウラン原子核の分裂反応では質量が減少し，その分の核エネルギーとよばれるエネルギーが反応生成物の運動エネルギーになることを利用している．

このように，仕事をする能力を表す物理量であるエネルギーにはいろいろな形態のものが存在し，たがいに変換しあうが，その総量は一定で不変であるという**エネルギー保存則**が，1840 年代に，マイヤー，ジュール，ヘルムホルツなどによって提案された．その後もエネルギー保存則は実験的に確かめられつづけ，現在では物理学のもっとも基本的な法則の 1 つとして認められている．

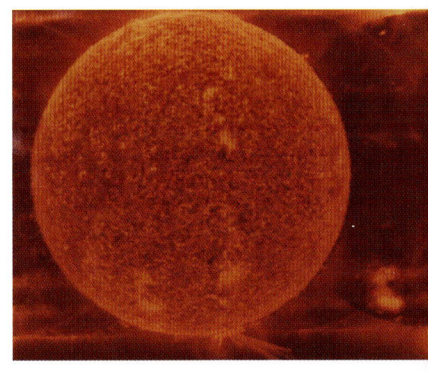

図 4.19 太陽のエネルギー源は，水素原子核の核融合反応で放出される核エネルギーである（第 9 章参照）．

ある過程での物体系の内部エネルギー U の増加量を $\Delta U (= U_{後} - U_{前})$，運動エネルギー K の増加量を ΔK，重力による位置エネルギー mgh の増加量を $\Delta(mgh)$，化学エネルギー $E_{化学}$ の増加量を $\Delta E_{化学}$，電気エネルギー $E_{電気}$ の増加量を $\Delta E_{電気}$，外部から系になされた仕事を $W_{系 \leftarrow 外部}$，外部から系に移動した熱を $Q_{系 \leftarrow 外部}$ とすると，エネルギー保存則は

$$\Delta U + \Delta K + \Delta(mgh) + \Delta E_{化学} + \Delta E_{電気} = W_{系 \leftarrow 外部} + Q_{系 \leftarrow 外部} \quad (4.7)$$

と表せる．これら以外のエネルギーが変化すれば左辺に追加する．

閉じた系（孤立した系）の場合には，$W_{系 \leftarrow 外部} = Q_{系 \leftarrow 外部} = 0$ なので，

$$\Delta U + \Delta K + \Delta(mgh) + \Delta E_{化学} + \Delta E_{電気} = 0$$

したがって,
$$U+K+mgh+E_\text{化学}+E_\text{電気} = 一定 \quad (閉じた系) \tag{4.8}$$
である．この式は外部と熱や仕事のやりとりをしない閉じた系のエネルギーは一定で変化しないという，**エネルギー保存則**を表す式である．

4.4　熱力学の第 2 法則

学習目標　不可逆変化のいくつかの例を挙げられるようになる．不可逆変化の起きる方向に関する法則である熱力学の第 2 法則の 2 つの表現を理解する．熱の関与する現象が不可逆変化である原因は物質を構成する分子の乱雑な運動であることを理解し，この乱雑さを表す物理量のエントロピーを理解する

可逆変化と不可逆変化　空気の抵抗や摩擦が無視できる場合の振り子の振動のように，ビデオで撮影して逆回転で再生すると，映像が現実に実現される運動である場合，この現象は可逆であるという．摩擦のある床の上を滑っている物体は減速して静止するが，この運動をビデオで撮影して逆回転で再生すると静止していた物体がひとりでに動きだし，加速していくように見える．このように逆回転で再生した映像が実際に実現しない運動である場合，この現象は不可逆であるという．

図 4.20　床の上に横たわっているこまが自然に起き上がって回りだすことはない．

*　無限に小さな温度差の物体間での熱伝導や無限に小さな圧力差による膨張のように，温度差や圧力差の無限に小さな変化で逆向きの変化が起きるときも可逆変化という．

厳密に可逆な変化は，摩擦や空気抵抗のないときの運動のように，理想化された状況でしか起こらない*．

高温の物体と低温の物体を接触させると，高温の物体から低温の物体に向かう熱の移動が必ず起こる．低温の物体から高温の物体への熱の移動は，エネルギー保存則からは禁止されないが，自然には決して起こらない．低温の物体から高温の物体へ熱を移動させて，低温の物体をさらに低温にし，高温の物体をさらに高温にするには，冷蔵庫やヒートポンプ型エアコンのように外部から仕事をする必要がある．したがって，高温の物体から低温の物体への熱伝導は不可逆変化である．

摩擦による熱の発生の逆過程は，1 つの熱源から熱を取り出して，それをすべて仕事に変える過程であるが，これも自然には決して起こらない．気体の真空への自由膨張，2 種類の気体の混合，水とアルコールの混合なども不可逆変化の例である．

熱力学の第 2 法則　経験からよく知られている，熱が関与する不可逆変化の起こる向きを法則にしたのが，**熱力学の第 2 法則**である．熱力学の第 2 法則には，上に示した 2 つの不可逆変化に基づいた，次の 2 つの表現がある．

> **クラウジウスの表現**　熱が他のところでの変化を伴わずに，低温の物体から高温の物体に移ることはない．
> **トムソンの表現**　1 つの熱源から取り出された熱が，すべて仕事に変換されるような循環過程はない．

一方の表現からもう一方の表現を導けるので，2つの表現は同等である（演習問題6参照）．

物理法則に2つの表現があるのは望ましくない．そこでクラウジウスはエントロピー（記号 S）という次の3つの性質をもつ物理量を導入した（本書では根拠を示さない）．

(1) 絶対温度 T の物体系から熱量 Q が可逆的に放出されると物体系のエントロピーは $\dfrac{Q}{T}$ だけ減少する．

(2) 絶対温度 T の物体系が熱量 Q を可逆的に吸収すると物体系のエントロピーは $\dfrac{Q}{T}$ だけ増加する．

(3) 物体系のエネルギーが仕事として系の外部に可逆的に移動しても，外部のする仕事が物体系のエネルギーに可逆的になっても，物体系のエントロピーは変化しない．

原子論ではエントロピーは系（対象とする物体あるいは物体の集まり）を構成する分子集団の乱雑さを表す量で，語源は変化を意味するギリシャ語である．(1)と(2)は，熱を吸収すれば分子集団の乱雑さは増加し，熱を放出すれば分子集団の乱雑さは減少し，乱雑さの変化は温度が低いほど著しい事実を反映している．(3)は仕事が分子の整然とした運動によるものである事実を反映している．

エントロピーを導入すると，**熱力学の第2法則**は，

> 外部と熱の出入のない閉じた系では，不可逆変化が起こると系のエントロピーは増加し，可逆変化が起こると系のエントロピーは一定である．閉じた系のエントロピーは決して減少しない．

と表され，**エントロピー増大の原理**ともよばれる．

例 4 熱量 Q が低温の物体（温度 $T_\text{低}$）から高温の物体（温度 $T_\text{高}$）に移動すれば，2つの物体のエントロピーの変化は $-\dfrac{Q}{T_\text{低}} + \dfrac{Q}{T_\text{高}} < 0$ である．エントロピーは減少するので，この現象は自然には起こらない（熱力学第2法則のクラウジウスの表現）．

例 5 熱源から取り出された熱が，すべて仕事に変換する過程では，エントロピーは減少するので，この現象は自然には起こらない（熱力学第2法則のトムソンの表現）．

基準の状態 P から状態 A まで系を可逆変化させ，上の3つの規則を使ってエントロピーの差 $S_\text{A} - S_\text{P}$ を求めれば，状態 A のエントロピー S_A が求められる．

絶対温度 T の物体が熱を不可逆的に放出，吸収するときには，規則(1), (2)は次のようになる．

$$S_\text{後} - S_\text{前} > \frac{Q_\text{吸収}}{T} \quad \text{あるいは} \quad -\frac{Q_\text{放出}}{T} \tag{4.9}$$

エントロピーの分子論に基づく統計的解釈

エントロピーは，19 世紀に原子論と無関係に，クラウジウスによって導入されたが，エントロピーは，物質を構成する分子の運動の乱雑さと結びついた量である．エントロピーの増加は，分子の運動はなるべく乱雑になるような方向に一方的に進む事実に基づいている．

袋の中に大量の 10 円硬貨を入れてよくかき混ぜてから，床の上にばらまくと，表が上を向いている枚数と裏が上を向いている枚数はほぼ同数である．これはそのようになる場合の数が大きいからである．気体分子の場合にも同じようなことが起こる．

図 4.21 に示す断面をもつ容器中の，N 個の分子を含む気体を考える．時間平均をとると，各分子が右側の領域にいる確率も左側の領域にいる確率も $\frac{1}{2}$ である．分子の運動には相関がないとすると，左側の領域に n 個の分子が存在する確率は，$n = \frac{N}{2}$，つまり，左側の領域に $\frac{N}{2}$ 個，右側の領域にも $\frac{N}{2}$ 個の分子が存在する確率がもっとも高い．これは分子の配置がそのようになる場合の数が圧倒的に多いからである．

図 4.22 には $N = 10$ と 100 の場合を示したが，$N = 6 \times 10^{23}$ 個の分子を含む 1 mol の気体の場合，「左右の領域の分子数の差」÷「全分子数」は約 1 兆分の 1 なので，左領域の気体分子数と右領域の気体分子数の差は無視できる．また，一方の領域の気体分子数が 0 になる確率は実質的に 0 である．

実際には，分子の位置分布以外に運動状態も考慮しなければならない．物体の 1 つのマクロな状態（物体のエネルギー，圧力，体積，温度，モル数などのマクロな状態量で決まる状態）には，非常に多数のミクロな状態（全分子の配置や速度分布の異なる状態）が属する．ボルツマンは，ミクロな状態の 1 つ 1 つは，すべて等しい実現確率をもつと仮定し，ミクロな状態数を W として，マクロな状態のエントロピー S を，

$$S = k \log W \tag{4.10}$$

と表した．k は 4.1 節に出てきたボルツマン定数である．したがって，W が大きく，分子が乱雑な状態はエントロピー S が大きい状態である．これがエントロピー増大の原理の分子論的な基礎である．分子集団の乱雑さがなくなる絶対零度では $S = 0$ になると考えられる．

熱力学の第 2 法則は統計的な法則である．図 4.21 の一方の領域にすべての分子が集まるというような確率の小さな現象が起こるかもしれない．しかし，きわめてまれで，実現した直後には確率が大きい乱雑な状態になる．

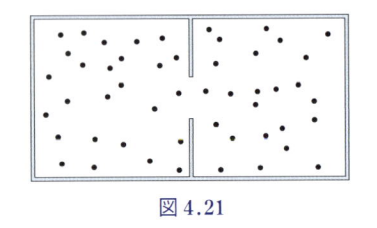

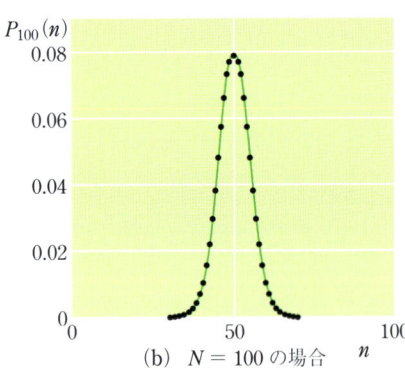

図 4.21

図 4.22 気体分子の総数が N の場合に，左側の領域に n 個の気体分子が存在する確率 $P_N(n)$

(a) $N = 10$ の場合

(b) $N = 100$ の場合

参考　等温定圧変化の進む方向とギブズの自由エネルギー

熱の関与する変化には向きがあり，孤立した系の不可逆変化はエン

トロピーが増大する向きに起こる．しかし，多くの化学変化は，孤立系の変化ではなく，周囲の環境と熱や仕事のやり取りをする開いた系の等温定圧変化である．この場合の自発的な変化は，系と環境のエントロピーの和が増加する向きに起こる．

温度と圧力が一定な等温定圧変化が自発的に進む方向を示し，環境のエントロピーが表に現れない物理量が

　　ギブズの自由エネルギー
　　＝内部エネルギー＋圧力×体積－温度×エントロピー
$$G = U + pV - TS \tag{4.11}$$

である．この式に現れる量はすべて系の状態だけで決まる量である．等温定圧変化が自発的に起こる方向は，ギブズの自由エネルギーが減少する方向，すなわち，

$$G_{後} < G_{前} \tag{4.12}$$

である．この不等式は，熱力学の第 1 法則，pV は系の膨張収縮と結びついた位置エネルギーである事実（演習問題 3 参照）と (4.9) 式から導かれる（証明略）．なお，$S+S_{環境}$ が増加すれば，系のエントロピー S は減少してもよい．

(4.11) 式を $U+pV = G+TS$ と表すと，この式は膨脹と収縮に伴うエネルギー pV を内部エネルギー U にくり入れた総エネルギー $U+pV$ が

　　総エネルギー ＝ 利用可能なエネルギー＋利用不能なエネルギー
　　＝ ギブズの自由エネルギー＋(温度×エントロピー)

と解釈できる．

自由エネルギーとは，自由に仕事に使えるエネルギーという意味で，等温定圧変化で利用可能なエネルギーであるギブズの自由エネルギーが減少する方向に反応は進行し，系はギブズの自由エネルギーの減少分だけの仕事をする．

4.5　熱機関とその効率

学習目標　熱機関は高温熱源，低温熱源，作業物質の 3 つの構成要素からなり，高温熱源が供給する熱の一部を仕事に変える装置であることを理解する．熱機関の効率の理論的上限を記憶する．

蒸気機関，ガソリン・エンジン，ディーゼル・エンジンなどのように，熱を仕事に変換する装置を**熱機関**という．図 4.23 に断面が示してある蒸気機関を考えよう．この蒸気機関の動作については図の下に説明してある．この蒸気機関には水を加熱して高温高圧の蒸気にするボイラーと蒸気を冷却水で冷却して水に戻す凝縮器がある．

一般に，熱機関には，(1) ボイラーのように熱を出す高温の部分（高温熱源）と，(2) 凝縮器のように熱を吸収する低温の部分（低温熱源）の 2 つの熱源がある．さらに，(3) 水蒸気のように膨張と収縮を行って

図 4.23 蒸気機関 ボイラーから管 S を通って入ってきた高温高圧の蒸気は管 N (あるいは M) を通ってピストン P を動かす．反対側の蒸気は M (あるいは N)，E を通って外部に放出される．T は冷却水を使った凝縮器で，排出される蒸気を冷却し，凝縮させる．

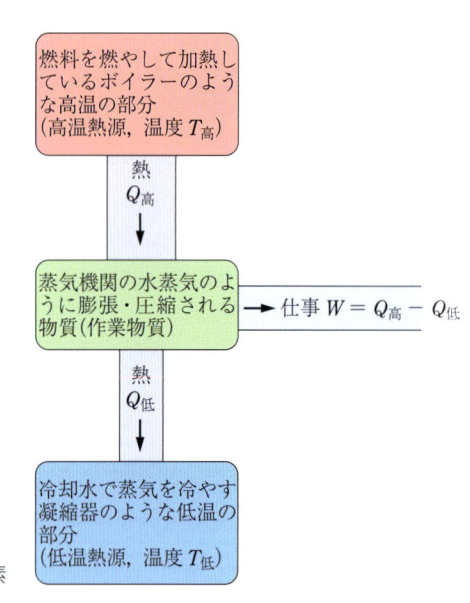

図 4.24 熱機関の 3 つの構成要素

図 4.25 蒸気機関車

* 熱力学の第 2 法則のトムソンの表現は低温熱源の必要性を示す．

外に仕事をする作業物質があるので，熱機関には高温熱源，低温熱源，作業物質の 3 つの構成要素がある (図 4.24)．

この 3 つの要素は，蒸気機関以外の熱機関もすべてもっている．ガソリン・エンジンやディーゼル・エンジンでは，作業物質として空気を使っていて，作業物質の加熱はエンジンの中で燃料を燃して直接に加熱しており，作業物質を冷却せずに大気中に放出しているが，低温熱源を大気として 3 つの構成要素をもっていると考えてよい*．

熱機関は，作業物質が高温熱源から受け取った熱 $Q_高$ の一部を仕事 $W(=W_{外部←熱機関})$ に変換し，残りの熱 $Q_低$ を低温熱源に放出する装置であるが，高温熱源から受け取った熱 $Q_高$ をなるべく多くの仕事 W に変えるものが望ましい．熱 $Q_高$ のうち仕事 $W = Q_高 - Q_低$ になる割合

$$\text{効率} \quad e = \frac{W}{Q_高} = \frac{Q_高 - Q_低}{Q_高} \tag{4.13}$$

を熱機関の効率という．

「1 つの熱源から取り出された熱が，すべて仕事に変換されるような

循環過程はありえない」という熱力学の第2法則のトムソンの表現によって，熱機関の効率は1にはなり得ないが，どこまで高くできるのだろうか．理想的な熱機関では，作業物質が

(1) 温度 $T_高$ の高温熱源から熱 $Q_高$ を受け取りつつ等温膨張しながら外部に仕事を行い，
(2) つづいて，高温熱源から離れて，断熱膨張しながら外部に仕事を行うとともに温度を低温熱源の温度まで低下させ，
(3) 温度 $T_低$ の低温熱源に熱 $Q_低$ を放出しつつ等温圧縮しながら外部から仕事をされ，
(4) 最後に，低温熱源から離れて，断熱圧縮しながら外部から仕事をされるとともに温度を高温熱源の温度まで上昇させる，

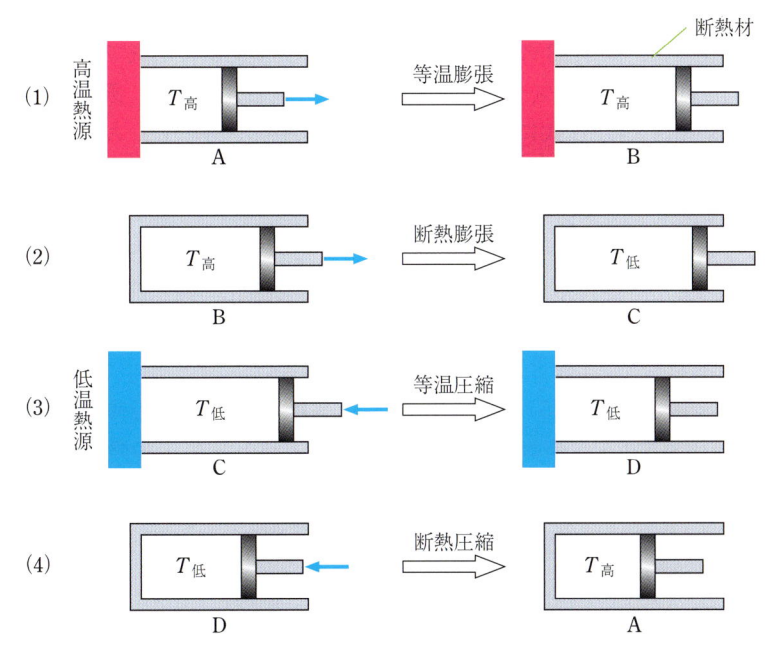

図 4.26 カルノー・サイクルの4つの過程

という循環過程（サイクル）を行う．

過程(1)で高温熱源のエントロピーは $\dfrac{Q_高}{T_高}$ だけ減少し，過程(3)で低温熱源でのエントロピーは $\dfrac{Q_低}{T_低}$ だけ増加し，断熱過程(2),(4)ではエントロピーは変化しない．その結果，エントロピー増大の原理から

$$\frac{Q_低}{T_低}-\frac{Q_高}{T_高} \geq 0 \quad \therefore \quad \frac{Q_低}{Q_高} \geq \frac{T_低}{T_高} \tag{4.14}$$

が導かれるので，熱機関の効率 e に対する上限

$$e = \frac{W}{Q_高} = \frac{Q_高-Q_低}{Q_高} = 1-\frac{Q_低}{Q_高} \leq 1-\frac{T_低}{T_高} = \frac{T_高-T_低}{T_高}$$

$$\therefore \quad 熱機関の効率 \quad e \leq \frac{T_高-T_低}{T_高} \tag{4.15}$$

図 4.27 蒸気タービン．蒸気タービンは外燃機関の一種で，外部で発生させた高温の蒸気をタービン（羽根車）に吹きつけて回転させ，動力や推進力を発生させることのできる機関．蒸気タービンは，蒸気往復機関（ピストンを往復させて回転する力を得る機関）に比べて重量が軽く，大きな出力を得ることができる．

が導かれる．この熱機関の効率の上限はエネルギーやエントロピーが提案される前の 19 世紀前半に，ボイル・シャルルの法則にしたがう理想気体を作業物質とする熱機関の理論的研究によって，カルノーによって発見された．

熱機関の効率を高くするには $\dfrac{T_{低}}{T_{高}}$ を小さくする必要がある．つまり，低温熱源の温度 $T_{低}$ を低くし，高温熱源の温度 $T_{高}$ を高くする必要がある．ところで，低温熱源は作業物質を冷却する冷却水や大気なので，その温度 $T_{低}$ を 270〜300 K 以下にはできない．そこで効率を上げるには高温熱源の温度 $T_{高}$ を上げる可能性しかない．ところで，高温熱源の温度を上げると，高温熱源での作業物質の圧力が高くなるので，高温高圧に耐えられる材料で熱機関を作らなければならない．

現在では，図 4.23 のような熱機関より，高温高圧の蒸気でタービンの羽を回転させる蒸気タービンが使用される場合が多いが，蒸気タービンの効率も (4.15) 式にしたがう．大きな熱機関を運転し，大きな仕事をさせようとすると，大量の石油，天然ガス，石炭，核燃料などで大量の熱を発生させなければならない．しかし，その熱の一部しか仕事にならないので，大量の熱が大気，河川，海などの環境に放出されることになる．また，化石燃料を使用する場合には，2 酸化炭素の排出量を減らすためにも，効率を上げることが望まれる．

熱力学温度　(4.15) 式の不等号 ≦ が等号 ＝ になる理想的な熱機関（可逆熱機関）を，基準の温度 T_0 の熱源と未知の温度 T の熱源の間で運転したときに，熱源との間でやりとりする熱量を Q_0, Q とすると，$\dfrac{Q}{Q_0} = \dfrac{T}{T_0}$ という関係が成り立つので，未知の温度 T は $T = \dfrac{Q}{Q_0} T_0$ である．このように可逆熱機関を利用して定義された温度を**熱力学温度**という．国際単位系では，基準の温度 T_0 として水の三重点[*1]の温度を 273.16 K に選んでいた[*2]．熱力学温度は理想気体の状態方程式 $pV = nRT$ に出てくる絶対温度 T と同じものである．

*1　水と氷と水蒸気の 3 相の平衡状態．

*2　現在は，熱力学温度の単位ケルビン K は，69 頁に現れるボルツマン定数 k を正確に，$1.380\,649 \times 10^{-23}$ J/K と定めることによって設定されている．

冷暖房機の仕組み　熱機関は，熱が高温熱源から低温熱源に移動する際にその一部を仕事として取り出す機械であるが，熱機関を逆に運転して，熱機関に外から仕事 W をして熱を低温熱源から高温熱源に移動させると冷房機や冷凍機になる（図 4.28）．たとえば冷蔵庫は，食料品や製氷室の氷が低温熱源で，高温熱源は室内の空気である．冷房機の場合は，室内の空気が低温熱源で，屋外の空気が高温熱源である．ヒート・ポンプ型の暖房機の場合は，室内の空気が高温熱源で，屋外の空気が低温熱源である．

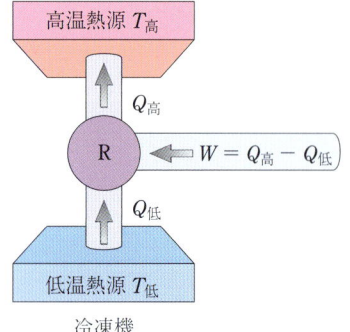

図 4.28　冷凍機・暖房機

冷蔵庫（冷凍機，冷房機）の性能を $\dfrac{Q_{低}}{W}$ と定義すると

$$冷蔵庫の性能 = \dfrac{Q_{低}}{W} = \dfrac{Q_{低}}{Q_{高}-Q_{低}} < \dfrac{T_{低}}{T_{高}-T_{低}} \quad (4.16)$$

で*，ヒート・ポンプ型の暖房機の性能を $\dfrac{Q_{高}}{W}$ と定義すると，

$$暖房機の性能 = \dfrac{Q_{高}}{W} = \dfrac{Q_{高}}{Q_{高}-Q_{低}} < \dfrac{T_{高}}{T_{高}-T_{低}} \quad (4.17)$$

である．ニクロム線に電流を流してジュール熱を発生させる電気ヒーターでは，消費電力量と同じ熱量が発生するだけだが，ヒート・ポンプ型の暖房機の場合には低温熱源から熱を高温熱源にもってくるので，消費電力量 W よりも大きな熱量 $Q_{高}$ が得られる．

冷暖房機（エアコン）では，作業物質が断熱圧縮と断熱膨張を繰り返している．この過程の原動力はコンプレッサーがする仕事である．

図 4.29　エアコン

＊（4.16）式は，絶対零度に近づくと，この方式の冷凍機の性能が低下することを示している．

4.6　熱　放　射

学習目標　高温の物体からの熱放射の特徴を表すウィーンの変位則とシュテファン-ボルツマンの法則はどのような法則かを説明できるようになる．

高温の物質からはエネルギーが光，赤外線，紫外線などの電磁波として放射され，空間を伝わって低温の物質にあたって吸収される．高温の物体から低温の物体へエネルギー（熱）が電磁波によって移動する現象を**熱放射**という．電磁波は真空中を光の速さで伝わるので，熱放射の場合にはエネルギーは光速で伝わる．

鉄をアセチレン・バーナーで加熱する場合，温度が上がるとまず赤くなり，さらに温度が上がると青白く光る．このように高温の物体は光を放射するが，放射する光の波長は温度とともに変化し，温度が高くなるほど物体は波長が短い電磁波を放射する（赤外線 → 赤色光 → 紫色光 → 紫外線の順に波長が短くなる）．気体を高温に加熱すると，各気体に特有な色の光を放射するので，ここでは固体と液体だけを考える．

1900 年にプランクは，いろいろな温度の炉から出てくる可視光線，赤外線，紫外線などの電磁波について，波長ごとにエネルギーを測定した実験結果（図 4.32 の緑色の曲線）をうまく表す**プランクの法則**を発見した．

プランクの法則から 2 つの重要な結論が導かれる．第 1 の結論は，図 4.32 の曲線のピークに対応する波長 $\lambda_{最強}$，つまり，各温度でもっとも強く放射される電磁波の波長は絶対温度 T に反比例し，

$$\lambda_{最強} T = 2.9 \times 10^{-3} \, \text{m·K} \quad (4.18)$$

という関係である．高温の物体ほど波長の短い電磁波を放射するので，われわれの経験と一致している．この関係は，プランクの法則が発見さ

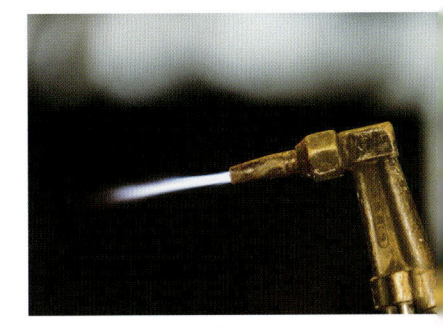

図 4.30　バーナー

図 4.31　溶鉱炉

れる前にウィーンが発見したので，**ウィーンの変位則**という．

太陽や遠方の星のような非常に高温な物体の温度は，放射される電磁波のエネルギーを波長ごとに測定してプランクの法則と比較して決めることができる．太陽の場合 $\lambda_{最強}$ は緑色に対応する $500\,\text{nm} = 5\times10^{-7}\,\text{m}$ なので，(4.18) 式を使うと，太陽の表面温度は 5800 K であることがわかる．電灯のタングステンフィラメントの温度は約 2000 K なので，$\lambda_{最強} = 1.5\times10^{-6}\,\text{m}$ であり，電灯からは光よりも赤外線の方が多く放射され，光源としては効率が悪い．

第 2 の重要な結論は，図 4.32 の曲線の下の面積の計算から導かれる，絶対温度 T の物体の表面 $1\,\text{m}^2$ から 1 秒間に放射される電磁波の全エネルギー W は T の 4 乗に比例する，

$$W = \sigma T^4 \qquad (4.19)$$

$$\sigma = 5.67\times10^{-8}\,\text{W}/(\text{m}^2\cdot\text{K}^4) \qquad (4.20)$$

という関係である．この関係式は，プランクの法則が発見される前にシュテファンとボルツマンによって発見されていたので，**シュテファン-ボルツマンの法則**という．

太陽の表面温度がわかると，(4.19) 式から太陽が 1 秒間に放射する全エネルギー量がわかり，そのうち地球に到達するエネルギー量も計算できる．太陽の表面温度は 5800 K なので，太陽表面の $1\,\text{m}^2$ から 1 秒間に放射されるエネルギー量は $5.67\times10^{-8}\times5800^4 = 6.4\times10^7\,\text{J}$ である．半径が 70 万 km の太陽から 1 億 5000 万 km 離れた地球まで，このエネルギーがやってくると，エネルギー密度は距離の 2 乗に反比例して減少するので，地球上で太陽に正対する面積が $1\,\text{m}^2$ の面が 1 秒間に受ける太陽からのエネルギー量は，6400 万 J の $(70 万/15000 万)^2 = 1/46000$ 倍の 1400 J になる．

測定によると，地球の大気圏外で太陽に正対する面積 $1\,\text{m}^2$ の面が 1 秒間に受けるエネルギー量は 1.37 kJ である．これを**太陽定数**という．

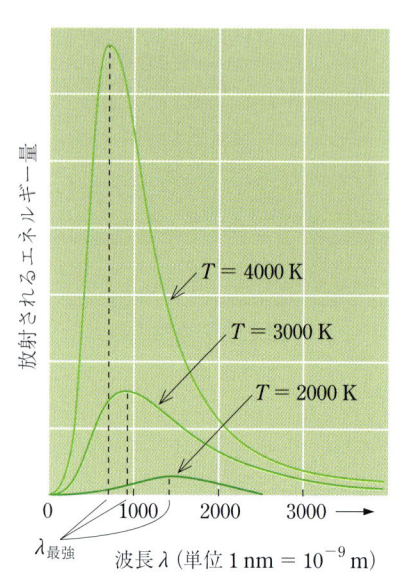

図 4.32 プランクの法則　横軸は波長 λ，縦軸は放射されるエネルギー量．

演習問題 4

1. 熱が移動してきたとき，物体の温度がどれだけ上昇するかは，物体の種類や質量によって異なる．物体の温度を 1 K（= 1 ℃）上昇させるために必要な熱量をその物体の**熱容量**という．熱容量は物体の質量に比例する．質量 1 g の物質の熱容量をその物質の**比熱容量**という．

   (1) 質量 m の物体に熱量 Q が移動してきたときに，温度が T_1 から T_2 に $T_2 - T_1$ だけ上昇したら，熱容量 C と比熱容量 c は

   $$C = \frac{Q}{T_2 - T_1} \qquad c = \frac{Q}{m(T_2 - T_1)} \qquad C = cm \tag{1}$$

   であることを示せ．

   (2) 比熱容量の小さい物質ほど温まりやすく，冷めやすいか，それとも温まりにくく，冷めにくいか．

   (3) $Q = cm(T_2 - T_1)$ という式は何を意味している式か（どういうときに使う式か）．

   (4) 約 6×10^{23} 個の分子を含む 1 モル (mol) の物質の熱容量を**モル熱容量**という．同じ物質でもモル熱容量は温度によって異なる．たとえば，固体のモル熱容量は，常温では物質によらずおよそ 25 J/(K·mol) であるが，低温ではそれより小さい値をとる．常温での比熱容量が 0.877 J/(K·g) のアルミニウム（原子量 27.0），0.380 J/(K·g) の銅（原子量 63.5），0.437 J/(K·g) の鉄（原子量 55.8）のモル熱容量を計算し，比較せよ．なぜ似た値にな

るのだろうか．

2. 次の文章が正しいか正しくないかを答えよ．
   (1) 温度の異なる2つの物体を接触させると，熱平衡に達したとき，2物体は最初の温度の平均の温度になる．
   (2) 熱容量が等しく温度の異なる2つの物体を接触させると，熱平衡に達したとき，この2物体は最初の温度の平均の温度になる．
   (3) 温度の等しい2つの物体を接触させると，比熱容量の大きい物体から比熱容量の小さな物体に熱が移動する．

3. 圧力 p の容器の気体の体積が $V_前$ から $V_後$ に膨張した（図1）．このとき気体が外部にした仕事 W は
   $$W = p(V_後 - V_前) \tag{2}$$
   であることを示せ．

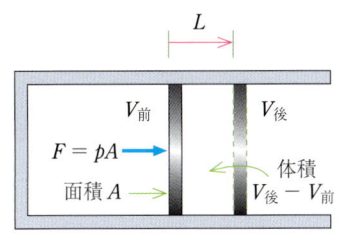

図1 $W = p(V_後 - V_前)$

4. ある気体1モルの温度を1K上昇させるのに必要な熱量は，体積を一定に保つ場合（定積比熱容量）と，圧力を一定に保つ場合（定圧比熱容量）では異なるか（図2）．

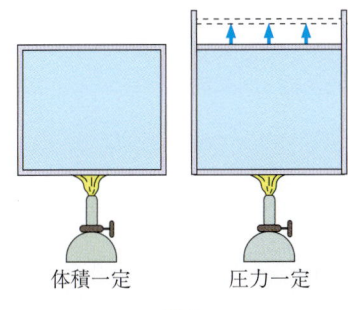

図2

5. 次の文章が正しいか正しくないかを答えよ．
   (1) 熱力学の第1法則は熱エネルギーを含むエネルギー保存則である．
   (2) 熱力学の第2法則は熱を完全に仕事に変換できることを意味する．
   (3) 摩擦や熱伝導を伴う現象は不可逆過程である．
   (4) 外部から仕事をしなくても，熱は低温の物体から高温の物体に移動できる可能性がある．
   (5) 熱の一部を仕事に変える装置を熱機関という．
   (6) 熱を完全に仕事に変換することはできない．

6. 図3(a),(b)を見て，熱力学の第2法則の2つの表現の1つが成り立たなければ，残りの表現も成り立たないこと，すなわち2つの表現が等価であることを示せ．

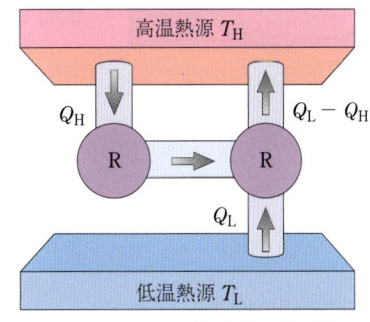

(a) トムソンの表現が成り立たなければ(左)，冷凍機・暖房機(右)を利用してクラウジウスの表現が成り立たないことが示される．

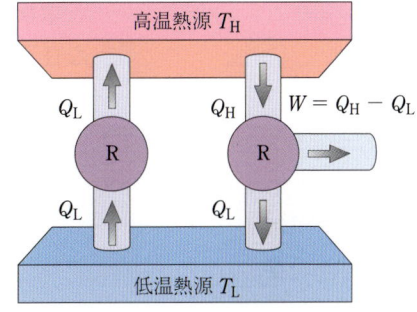

(b) クラウジウスの表現が成り立たなければ(左)，熱機関(右)を利用してトムソンの表現が成り立たないことが示される．

図3

7. 400℃の高温熱源と50℃の低温熱源の間で働く熱機関の最大の効率はいくらか．

8. 次の文章が正しいか正しくないかを答えよ．
   (1) 熱放射は電磁波の形で熱が伝わる現象である．
   (2) 熱は真空中を放射によって伝わる．
   (3) 人間も熱放射の形で体温にみあった遠赤外線を出す．
   (4) 高温の物体ほど波長の長い電磁波を出す．

5 波

　水面を波が伝わり，空気を音波が伝わる場合，水や空気はもともとの位置の近くで振動するだけで，遠くまでは移動しない．伝わるのは水や空気の振動とそれに伴うエネルギーである．

　水面に2つの小石を投げると，2つの落下点のそれぞれから半円形の波面が広がっていく．2つの波が出会うと，波は重なり合い，2つの波の山と山，谷と谷は強め合い，山と谷は弱め合う．これを波の干渉という．干渉は波の示す代表的な性質の1つで，粒子にはない性質である．

　光は干渉するが，振動する物質のない真空中を伝わる．

　本章では，このように多様な波が存在することと，これらの波に共通な性質を学ぶ．

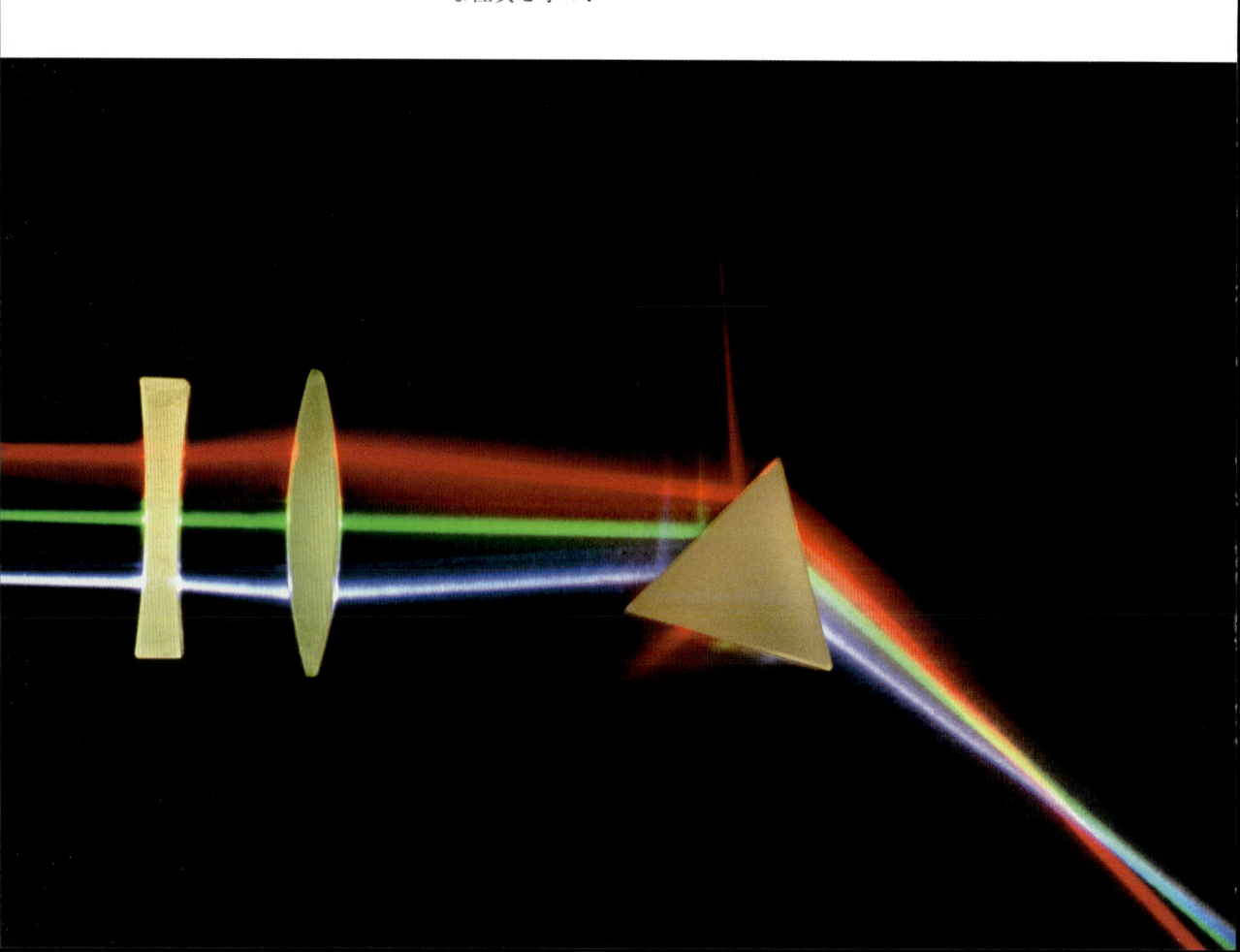

5.1 波の性質

学習目標 波とは何か，波には縦波と横波があること，波を表すいろいろな物理量，波の特徴である重ね合わせの原理と干渉，波の伝わり方，定在波などを学び，波の理解を深める．

波とは 静かな水面に石を投げ込むと，水面は振動し始め，水面の振動は石の落ちた点を中心とする丸い波紋になって広がっていく．このように，連続体の一箇所（波源）に生じた振動がその周囲の部分での振動を引き起こし，つぎつぎと隣の部分に伝わっていく現象を波という．

図5.1 水面の波紋

太鼓をたたくと太鼓の面が振動する．面が振動するとその近傍の空気が圧縮と膨張を繰り返し，空気の密度の振動が次々と周囲に伝えられ，遠くまで伝わっていく．これが太鼓の音の伝搬である．音は波である．

水面波の場合の水や音の場合の空気のように，波を伝える性質をもつものを媒質という．波が媒質を伝わるときに，媒質の各部分はもともとの位置の近くで振動するが，媒質が波といっしょに移動することはない．波動とは媒質の変位が伝わっていく現象である．波が伝わるといままで静止していた媒質が振動し始めるので，波とともにエネルギーも伝わっていく．

縦波と横波 長いひもを水平にして一端を固定し，他端をひもに垂直な方向に往復運動させると，ひもの端に生じた振動は，次々に隣の部分へ一定の速さで伝わっていく（図5.2）．このように媒質（ひも）の振動方向が波の進行方向に垂直な波を横波という．

つるまきばねの一端を固定し，他端をばねの方向に往復運動させると，ばねの中を振動が一定の速さで伝わっていく（図5.3）．このように

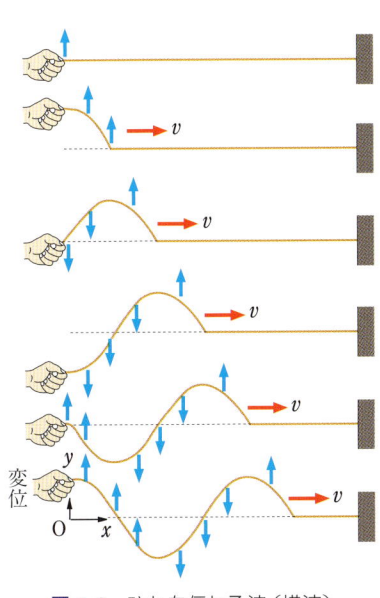

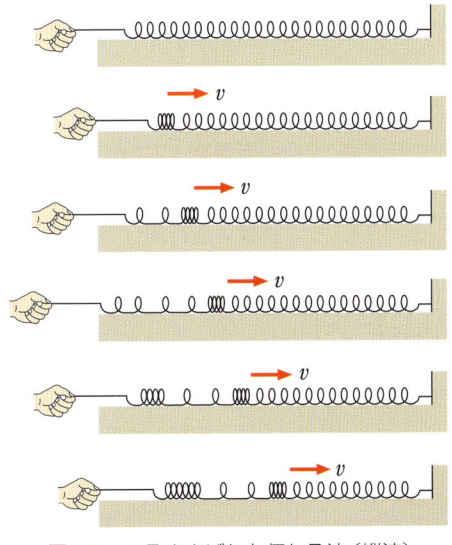

図5.2 ひもを伝わる波（横波）   図5.3 つるまきばねを伝わる波（縦波）

媒質の振動方向と波の進行方向が一致する波を**縦波**という．

縦波は媒質の圧縮や膨張の変化が伝わっていく現象なので，縦波は固体，液体，気体のすべての中を伝わる．横波は固体の中を伝わるが，横波は横ずれに対する復元力のない液体と気体の中は伝わらない．液体と気体の中を伝わる波は，圧縮と膨張に対する復元力によって生じる縦波だけである．したがって，空気中を伝わる音波は縦波である．

波の表し方と波形　　波を表すには，横軸に媒質のもともとの位置，縦軸に媒質の変位（位置の変化）を選べばよい．縦波を表すには，図5.4(b)に示すように，変位の方向を90°回転させ，変位が波の進行方向に垂直になるようにすればよい．図の場合，右方向への変位を正の変位として表している．

図5.4(b)のように，ある時刻での媒質の各点の変位を連ねた曲線を**波形**という．波形の高いところを山，低いところを谷という．媒質の変位の最大値を波の**振幅**という．

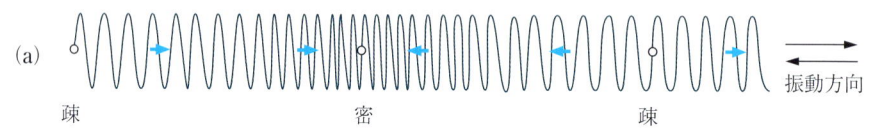

(a) ある時刻での媒質の変位(矢印は変位を示す).

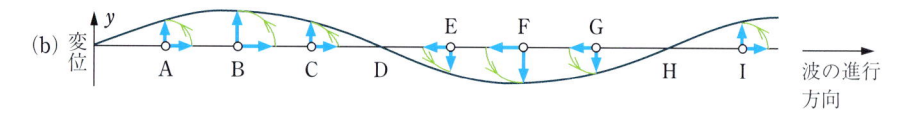

(b) 縦波の波形(媒質が密なところも疎なところも変位が0であることに注意).

図 5.4　つるまきばねを伝わる縦波の表現.

振動数，周波数の単位

Hz = 1/s

波の性質を表す物理量　　波源が連続的に振動すると，波の列ができる．波源が1秒間あたりf回振動すると，媒質の各点も次々に1秒間あたりf回振動し始める．この単位時間(1秒間)あたりの振動回数fを波の**振動数**または**周波数**という．振動数の単位は1秒間あたり1振動する場合の1/sで，これを**ヘルツ**（記号Hz）という．電磁波の発生と検出に成功したヘルツにちなんでつけられた単位名である．媒質の各点が1振動する時間Tを波の**周期**とよぶ

波源が1回の振動で発生させる波の山から次の山までの距離，つまり，山と谷1組の長さを**波長**といい，λ（ラムダ）という記号で表す(図5.5)．

波源が1秒間にf回振動すると，長さがλの山と谷の組がf個発生する．つまり，1秒間に長さが$f\lambda$の波が発生する．長さ$f\lambda$は，波の山と谷が1秒間に進む距離なので，**波の速さ**である．したがって，波の速さvは

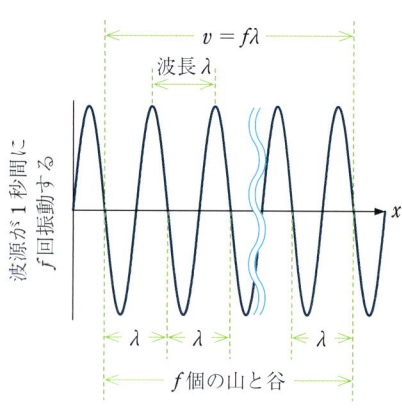

$$v = f\lambda \quad \text{波の速さ} = \text{振動数} \times \text{波長} \tag{5.1}$$

図 5.5　波長λ，振動数fと波の速さvの関係 $v = f\lambda$

である（図 5.5）.

波が媒質を伝わる速さは，媒質の変形を元に戻そうとする復元力と，媒質の変位の変化を妨げようとする慣性つまり媒質の密度で決まる．一般に，波の速さは復元力が強いほど速く，媒質の密度が大きいほど遅い．

地震波は地殻を伝わる波である．地殻の伸び縮みに対する復元力は，ねじれに対する復元力より大きい．したがって，地殻を伝わる縦波は横波より速い．そこで，地震が発生したとき最初に到達する地震波で初期微動を起こす P 波は縦波で，遅れて到達し大きな揺れを起こす S 波は横波である．

図 5.6 琴

> **参考　弦を伝わる横波の速さ**
>
> 張力 S で引っ張られている弦を伝わる横波の速さ v は，弦の質量の線密度（単位長さあたりの質量）が μ であれば，
>
> $$v = \sqrt{\frac{S}{\mu}} \qquad 波の速さ = \sqrt{\frac{弦の張力}{弦の線密度}} \qquad (5.2)$$
>
> である．したがって，弦を強く張れば弦を伝わる波は速くなり，弦を太くして線密度を大きくすれば，波は遅くなる（弦の固有振動を参照）．

波の重ね合わせの原理と干渉　静かな池の面に同時に石を 2 個投げ込むと，図 5.7 のように石の落ちた 2 点 A, B から同心円の波が出て行き，2 つの波が出会うので，縞模様ができる．水面のようすを観察すると，両方の波の山と山が重なると山はさらに高くなり，両方の波の谷と谷が重なると谷はさらに深くなり，一方の波の山と他方の波の谷が重なるところでは振動が止まることがわかる．このように，2 つの波が同時にきたときの媒質の変位は，それらの波が単独にきたときの媒質の変位を加え合わせたものになる．これを**波の重ね合わせの原理**という．2 つの波が出会うとき，合成波はそれらの波を重ね合わせたものになり，強め合ったり弱め合ったりする現象を波の**干渉**という．2 つの波が出会っても，波がはね返ったり，散乱されることはない．

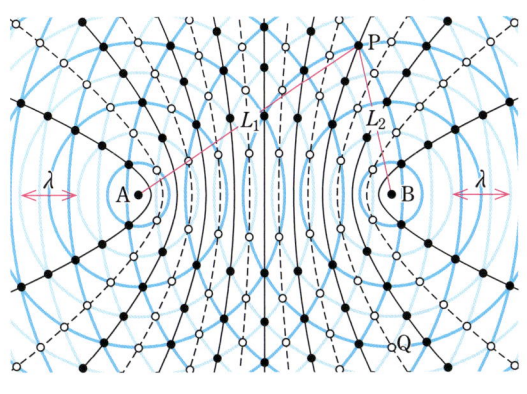

図 5.7　水面波の干渉

例題 1 図 5.7 で，干渉のために媒質が激しく振動するところとまったく振動しないところはどのようなところか．

解 2 つの波源 A, B からある点までの距離を L_1, L_2 とする．点 P のように距離 L_1, L_2 の差が波長 λ の整数倍

$$|L_1-L_2| = n\lambda \qquad (n=0,1,2,\cdots) \quad (5.3)$$

のところでは，山と山，谷と谷というように，2 つの波の振動状態が同じなので，振幅が 1 つの波の場合の 2 倍の大きさの振動をする．

これに対して，点 Q のように，距離 L_1, L_2 の差が半波長の奇数倍

$$|L_1-L_2| = (2n+1)\frac{\lambda}{2} \qquad (n=0,1,2,\cdots)$$
$$(5.4)$$

のところでは山と谷，谷と山というように，2 つの波の振動状態が逆なので，変位はつねに打ち消し合い，振動しない．

(5.3) 式は，$|L_1-L_2| = 0$，あるいは λ，あるいは $2\lambda, \cdots$ を意味し，(5.4) 式は，$|L_1-L_2| = \dfrac{\lambda}{2}$，あるいは $\dfrac{3\lambda}{2}$，あるいは $\dfrac{5\lambda}{2}, \cdots$ を意味する．

図 5.8 葛飾北斎画「神奈川沖浪裏」

参考　非線形波動

葛飾北斎の版画「神奈川沖浪裏」(図 5.8) にデフォルメされて描かれている大浪のような振幅の大きな水の波には重ね合わせの原理は成り立たない．重ね合わせの原理が成り立たない波を**非線形波動**という．非線形波動として**ソリトン**がある．ソリトンとは波形と速度を変えずに伝わる孤立した波で，衝突してもたがいに波形が変わらずに通り抜けるという粒子のような性質をもつ波である．いろいろな媒質を伝わるソリトンが発見されている

波面と波の進行方向，反射と屈折　　水面を伝わる波を上から見ると，波の山や谷は円や直線になって進んでいく．これらの円や直線を波面という．波面の各点での波の進行方向は波面に垂直である．

プールの水面を伝わる波は，プールのふちにあたると反射する．境界面 (この場合はプールのふち) に入射する波を**入射波**といい，境界面で反射された波を**反射波**という．波の反射では

$$\theta_1 = \theta_1' \qquad \text{入射角} = \text{反射角} \qquad (5.5)$$

という**反射の法則**が成り立つ (図 5.9)．入射波と反射波の振動数，波長，速さは等しい．

水を伝わる波は水深 (h) が浅くなるほど遅く進む (波長 $\lambda > h$ の場合 $v = \sqrt{gh}$，g は重力加速度)．水槽の中に板を沈め，浅い部分と深い部分をつくって波を送ると，波の進行方向が変化する (図 5.10)．速さが異なる媒質の境界面を波が透過するときに，波の進行方向が変化する現象を波の**屈折**といい，屈折した波を**屈折波**という．屈折波の進行方向と境界面の法線のなす角 θ_2 を**屈折角**という．

波が 2 種類の媒質の境界面に入射すると，一部は境界面で反射されるが，残りは境界面を透過する．透過するときに波は屈折する．波が媒質 1 (波の速さ v_1) から媒質 2 (波の速さ v_2) へ屈折して進むとき，図 5.11 からわかるように，入射角 θ_1 と屈折角 θ_2 の間に**屈折の法則**

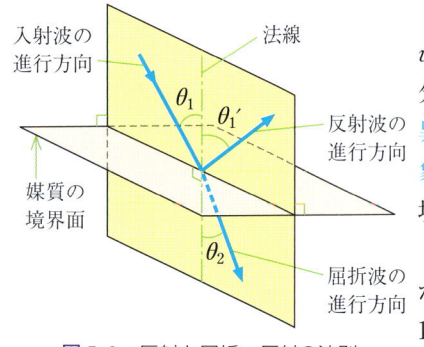

図 5.9　反射と屈折　反射の法則
入射角 = 反射角 $\theta_1 = \theta_1'$

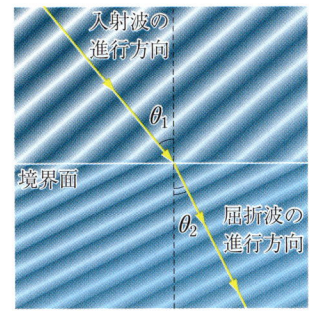

図 5.10 波の屈折の説明図 境界は水の深さが変化する位置（反射波は省略してある）

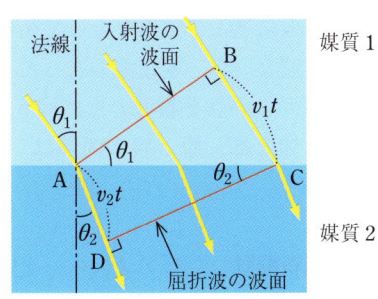

図 5.11 屈折の法則
$v_1 t = \mathrm{BC} = \mathrm{AC} \sin\theta_1$,
$v_2 t = \mathrm{AD} = \mathrm{AC} \sin\theta_2$
∴ $\dfrac{\sin\theta_1}{\sin\theta_2} = \dfrac{v_1}{v_2}$

$$\frac{\sin\theta_1}{\sin\theta_2} = \frac{v_1}{v_2} = n_{1\to 2}\,(=一定) \tag{5.6}$$

が成り立つ．定数 $n_{1\to 2}$ を媒質1に対する媒質2の**屈折率**という．

回折 海面の波は防波堤の陰に回りこむ．音は物の陰でも聞こえる．このように進路に障害物があるときには，波は直進せず，直進すれば影になる場所に波が回り込む（図 5.12）．この現象を**回折**という．回折現象は，波長が障害物の大きさや障害物に開いた隙間の大きさとほぼ同じかそれより長い場合に著しい．光が回折せず，直進するように見えるのは，光の波長が音波や水面波の波長に比べてはるかに短いからである．音でも，振動数が大きい超音波は光波のように1本に絞られ，たとえば，0.5 mm の血管まで見分けられるので，3〜12 MHz の超音波は人体の検査に使われている（光は屈折率の異なる物質の境界で反射されるが，音波は「密度」×「音速」の異なる物質の境界で反射される．超音波検査ではこの反射波を調べて人体内部の組織を検査している）．

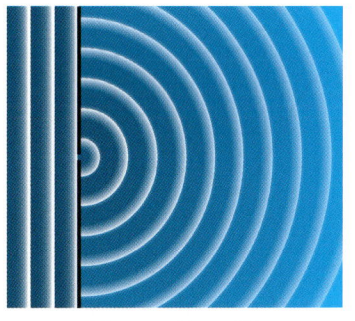

図 5.12 波の回折

定在波 図 5.2 のひもを波が右向きに伝わってひもの右端まで到達すると，反射波が生じてひもを左向きに伝わっていく．媒質（ひも）が固定されているので固定端とよばれる右端では，入射波の変位と反射波の変位が打ち消しあう．したがって，固定端に入射波が届くと，入射波の変位と大きさが等しく逆向きの反射波が発生する．

図 5.13 に示すように，発生する反射波（青点線）は，入射波（青線）が固定端を越えて進んでいくと考えた仮想の波を，固定端に関して点対称に移した波である．このような入射波と反射波を合成した波（赤線）が，媒質を実際に伝わる波になる．

図 5.13 に示した方法を使って，時刻 0, $\dfrac{T}{8}$, $\dfrac{2T}{8}$, $\dfrac{3T}{8}$, $\dfrac{4T}{8}$ でのひもの波形を描いたのが図 5.14 である．この波形を見ると，最下段に示したように，場所によって決まった一定の振幅で振動することがわかる．これらの合成波のように，波長も振動数も振幅も等しい2つの波が

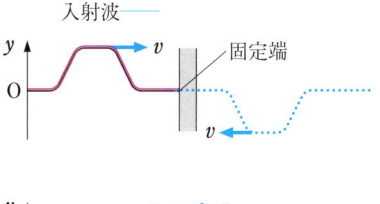

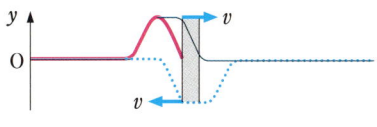

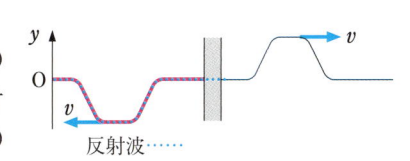

図 5.13 固定端での反射
入射波と反射波の合成波を描くには，入射波（青線）は媒質の端を越えて右の方まで進むと仮想し，また図のような反射波（青点線）が媒質のないところから媒質の方に左に進むと仮想して，媒質上で合成すればよい．赤線が実際に伝わる合成波を表す．

反対向きに進んで重なり合って生じる同じところで振動して進まない波を定在波という．定在波のまったく振動しない点を節といい，振幅のいちばん大きい点を腹という．図 5.14 から明らかなように，定在波の隣り合う節と節，腹と腹の間隔は，入射波と反射波の波長 λ の半分である．

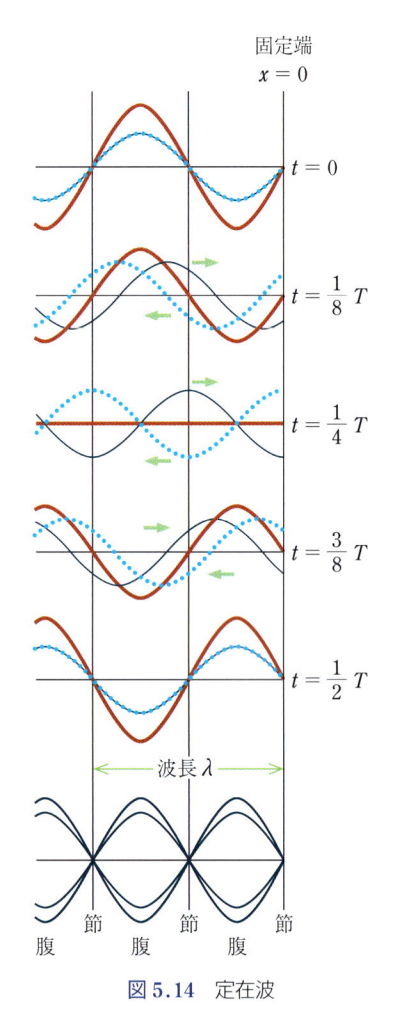

弦の固有振動 ピアノのキーを叩くと，キーごとに決まった高さの音が出る．バイオリンの 1 本の弦からはいろいろな高さの音が出る．どうしてなのだろう．

図 5.15 に示す，両端を固定した長さが L の弦の中点を指ではじくと，図 5.15 (a) に示すように，固定端である両端が節の定在波が生じる．波長は $\lambda_1 = 2L$ である．

弦の端から $\frac{1}{2}$，$\frac{1}{3}$，… の点を指で押さえて，その点に近いほうの端との中点を指ではじくと，図 5.15 (b)，(c) などに示すように，指で押さえた点と両端が節の定在波が生じる．弦に生じる定在波の振動を弦の**固有振動**という．それぞれの弦に固有の振動だからである．腹の数 $n = 1$ の固有振動を**基本振動**，$n > 1$ の固有振動を**倍振動**という．定在波の波長はとびとびの値，$\lambda_1, \lambda_2, \lambda_3, \cdots$ に限られ，腹が n 個ある定在波の波長は

$$\lambda_n = \frac{2L}{n} \qquad (n = 1, 2, 3, \cdots) \tag{5.7}$$

である*．振動数 f と波長 λ の関係 $\lambda f = v$ と弦を伝わる波の速さ (5.2) 式を使うと，腹が n 個ある定在波の振動数 f_n

$$f_n = \frac{v}{\lambda_n} = \frac{nv}{2L} = \frac{n}{2L}\sqrt{\frac{S}{\mu}} \qquad (n = 1, 2, 3, \cdots) \tag{5.8}$$

が導かれる．$n = 1$ の基本振動の振動数 f_1 を**基本振動数**という．

(5.8) 式は弦を強く張れば（弦の張力 S を大きくすれば）振動数は増

---

* (5.7) 式は，$\lambda_1 = 2L$，$\lambda_2 = L$，$\lambda_3 = \frac{2L}{3}$，… を意味する．

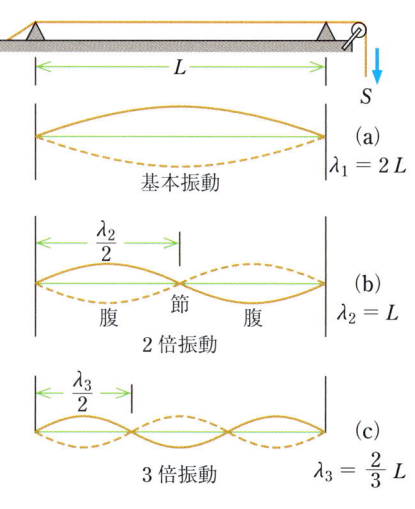

図 5.14 定在波

図 5.15 弦の固有振動

加し，弦を太くして線密度 μ を大きくすれば振動数は減少し，弦を長くすれば振動数は減少することを示す．

一般に，弦は固有振動を重ね合わせた振動を行う．倍振動の振動数は基本振動数の整数倍なので，弦は基本振動の周期で同じ振動を繰り返す．したがって，弦の振動の周期は基本振動の周期と同じで，弦の振動によって生じる音の周期と基本音の周期は同じである．

例題 2 長さ 50 cm，質量 5 g のピアノ線が張力 400 N で張ってある．基本振動数を計算せよ．

解 ピアノ線の質量の線密度 μ は

$$\mu = \frac{5 \times 10^{-3} \text{ kg}}{0.5 \text{ m}} = 10^{-2} \text{ kg/m}$$

である．波の速さは

$$v = \sqrt{\frac{S}{\mu}} = \sqrt{\frac{400 \text{ kg}\cdot\text{m/s}^2}{10^{-2} \text{ kg/m}}} = 200 \text{ m/s}$$

なので，基本振動数は

$$f_1 = \frac{v}{2L} = \frac{200 \text{ m/s}}{2 \times 0.5 \text{ m}} = 200 \text{ s}^{-1} = 200 \text{ Hz}$$

5.2 音波

学習目標 音波の基本的な性質を理解する．音波に関わる親しみ深い現象であるうなりと，運動物体の速度の測定に使われているドプラー効果を理解する．

音波 空気を伝わる縦波のうちで，耳で知覚できる振動数がおよそ 20～20000 Hz の範囲にあるものを**音**とよんでいる．しかし，振動数が 20000 Hz 以上の**超音波**や 20 Hz 以下の超低周波音は，人間の耳では知覚できないだけで，可聴音と同じ空気中の縦波である．また，水中でも，薄い壁越しでも，音は聞こえる．そこで，一般に，気体，液体および固体を伝わる縦波を総称して**音波**とよぶ．物質の存在しない真空中では，音波は伝わらない．

音の高さ，音の強さ，音色を音の 3 要素という．

振動数の大きな音を高い音，振動数の小さな音を低い音という．ピアノの中央右寄りの A（ラ）の音の振動数は 440 Hz である．1 オクターブ高い音とは振動数が 2 倍の音である．

同じ高さの音でも，ピアノとバイオリンの音色は違う．これは，同じ周期の音波でも，楽器によって波形が違うためである．楽器の音色の違いは，倍振動による倍音の混ざり方の違いによって生じる．

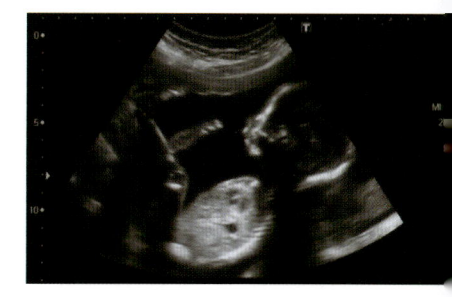

図 5.16 超音波検査の写真

音波の速さ 空気中の音波の速さは，気圧と振動数には無関係で，温度によって決まる．0 °C 付近での実験結果によると，気温 t °C，1 気圧の乾燥した空気中での音波の速さ V は

$$V = (331.45 + 0.61\,t) \text{ m/s} \tag{5.9}$$

である（本書では音波の速さを記号 V で表す）．たとえば，気温が 14 °C の場合，音波の速さは約 340 m/s である．超音波の伝わる速さも，可聴音の音波と同じ速さである．

図 5.17 幼児用鉄琴の出す音の階名と振動数（単位は Hz）

※単位は Hz

表 5.1 音の速さ

物　　質	音速 (0 °C) [m/s]
空気 (乾燥) (1 気圧)	331.45
水素 (1 気圧)	1269.5
蒸留水 (25 °C)	1500
海水 (20 °C)	1513
水銀 (25 °C)	1450
アルミニウム[1]	6420
鉄[1]	5950

[1] 自由固体中の縦波の速さ．

液体中の音波の速さは，わずかな例外を除いて，1000〜1500 m/s である．表 5.1 にいくつかの物質中での音の速さを示す．

音波は媒質に対して一定の速さで伝わり，音源の動く速さにはよらない．したがって，風が吹いているときには，音は風下には風上よりも速く伝わる

うなり　振動数がほぼ等しい 2 つのおんさを同時にたたくと（図 5.18），2 つのおんさの振動数 f_1, f_2 のどちらでもない振動数のうなるような音が聞こえる．図 5.19 に示すように，2 つの音波が重なり合うと，合成波の振動は周期的に強弱を繰り返す．これがうなりとして聞こえる．うなりの周期を T_0 とすると，1 周期 T_0 の間の振動数 f_1 の波の山の数 $f_1 T_0$ と振動数 f_2 の波の山の数 $f_2 T_0$ は，ちょうど 1 だけ違うので，$|f_1 T_0 - f_2 T_0| = |f_1 - f_2| T_0 = 1$ となる．うなりの周期 T_0 と 1 秒間あたりのうなりの回数（うなりの振動数）F は $F T_0 = 1$ という関係を満たすので，

$$F = |f_1 - f_2| \qquad うなりの振動数 = 振動数の差 \qquad (5.10)$$

である．うなりの振動数は 2 つの音の振動数の差に等しい．

ドップラー効果　運動物体の速さの測定に使われる，ドップラー効果を学ぼう．

サイレンをならしながら高速道路の対向車線を走ってきたパトカーが通り過ぎると，サイレンの音の高さは急に低くなる．このように音源 S (source) と音を聞く観測者 L (listener) の一方または両方が運動しているときに聞こえる音の高さ（振動数）は，音源の振動数とは異なる．この現象は，1842 年に音波と光波に対して起こる可能性があることを指摘したドップラーにちなんで，**ドップラー効果**とよばれる．

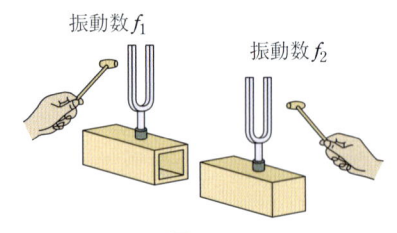

図 5.18

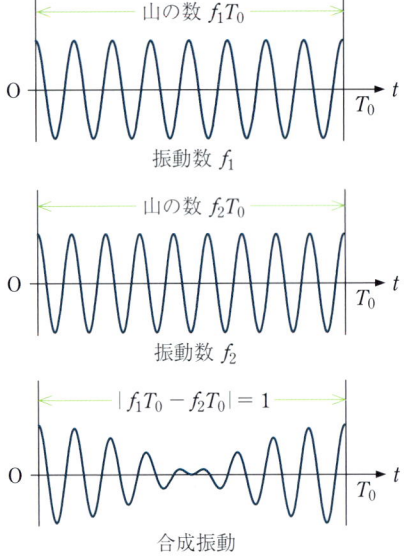

図 5.19　振動数 f_1, f_2 の振動が重なり合うときのうなりの振動数 F は $F = |f_1 - f_2|$

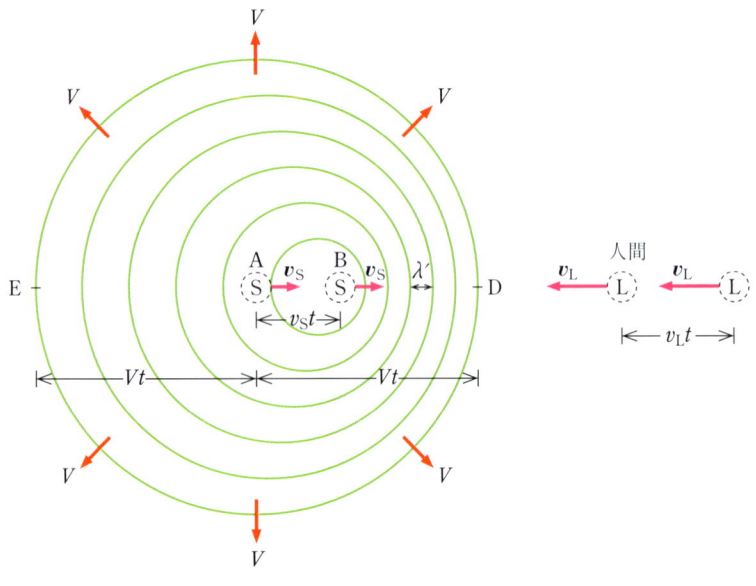

図 5.20　ドップラー効果

簡単のために，音源 S の速度 $\boldsymbol{v}_S$ と観測者 L の速度 $\boldsymbol{v}_L$ が図 5.20 のように一直線上にある場合を考える．無風状態なので，音波の媒質の空気は静止していて，音源 S の速さ v_S は音速 V より遅いものとする．

(1) 観測者は静止し，音源が速さ v_S で観測者に近づく場合：図 5.20 で，時刻 $t=0$ に点 A にあった音源は，時間 t が経過した時刻 t には距離 $v_S t$ だけ動き，点 B にくる．音は媒質に対して一定の速さ V（符号はつねに正）で伝わるので，音源が $t=0$ に点 A で出した音の波面は点 A を中心とする半径 Vt の球面になる．音源の出す音の振動数を f_S とすると，音源が 2 点 A,B の間でだした $f_S t$ 個の波が，長さ $(V-v_S)t$ の区間 BD に入っている．したがって，音源の前方での波長 λ' は

$$\lambda' = \frac{(V-v_S)t}{f_S t} = \frac{V-v_S}{f_S} \tag{5.11}$$

と短くなり，音源が静止している場合の波長 $\lambda = \dfrac{V}{f_S}$ の $\dfrac{V-v_S}{V}$ 倍になる．したがって，媒質に対して静止している観測者の観測する「振動数 f_L」＝「音速 V」÷「波長」は音源の出す音の振動数 f_S より増加して，

$$f_L = \frac{V}{V-v_S} f_S \tag{5.12}$$

になる．

観測者は静止し，音源が観測者から速さ v_S で遠ざかる場合に観測者に聞こえる音の振動数 f_L は，(5.12) 式の分母の $-v_S$ を $+v_S$ で置き換えた式で与えられ，音源が静止している場合に比べ低くなる．

(2) 音源は静止し，観測者が速さ v_L で音源に近づく場合：音源は静止しているので，音波の波長 $\lambda = \dfrac{V}{f_S}$ は変わらない．観測者 L は媒質に向かって速さ v_L で運動しているので，観測者に対する相対的な音波の速さは V から $V+v_L$ に増加する．したがって，観測者の観測する振動数 f_L は音源の出す音の振動数 f_S より大きくなり

$$f_L = \frac{V+v_L}{\lambda} = \frac{V+v_L}{V} f_S \tag{5.13}$$

になる．音源は静止し，観測者が音源から速さ v_L で遠ざかる場合に観測者に聞こえる音の振動数 f_L は，(5.13) 式の分子の $+v_L$ を $-v_L$ で置き換えた式で与えられ，観測者が静止している場合に比べ低くなる．

(3) 音源が速さ v_S, 観測者が速さ v_L でたがいに近づく場合：この場合に観測者の観測する振動数 f_L は，観測者に対する音波の速さ $V+v_L$ を波長 λ' [(5.11) 式] で割った

$$f_L = \frac{V+v_L}{V-v_S} f_S \tag{5.14}$$

である．音源と観測者の一方または両方の運動方向が図 5.20 とは逆向き（遠ざかる向き）の場合は，(5.14) 式で v_S と v_L の一方または両方の符号を逆にすればよい．

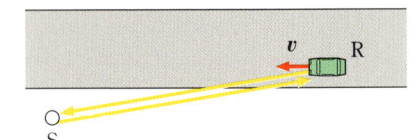

図 5.21

運動している物体による反射音の示すドップラー効果　図 5.21 のように直線道路を速さ v で等速運動している自動車に向けて，道路際の地面に設置されている超音波源 S から振動数 f_S の超音波を発射した．自動車に反射された超音波を音源 S のところにある受信機で検出する．検出された反射波の振動数 f_L を求めよう．検出された反射波を反射したときの自動車の位置を R とし，$\overrightarrow{\mathrm{RS}}$ と自動車の速度 $\boldsymbol{v}$ はほぼ平行で，無風状態とする．

速さ v で音源に近づく自動車に設置された検出器が測定する超音波の振動数 f_R は

$$f_R = \frac{V+v}{V} f_S \tag{5.15}$$

である [(5.13) 式参照]．自動車が発射する反射音波の振動数も f_R である．反射音源は静止している検出器に対して速さ v で近づくので，検出器の観測する振動数 f_L は f_R の $\dfrac{V}{V-v}$ 倍である [(5.12) 式参照]．

$$f_L = \frac{V}{V-v} f_R = \frac{V+v}{V-v} f_S \tag{5.16}$$

ドップラー効果を利用して，近づいてくる物体の速さ v を測定できる．(5.16) 式から導かれる振動数の差 $\Delta f = f_L - f_S$ に対する近似式

$$\Delta f = f_L - f_S = \frac{2v}{V-v} f_S \approx \frac{2v}{V} f_S$$

を利用すれば，近づいてくる物体の速さ v は

$$v \approx \frac{\Delta f}{2f_S} V \quad 速さ \approx \frac{振動数の差}{2 \times 音源の振動数} \times 音速 \tag{5.17}$$

を使って求められる．

この節で導いた音波のドップラー効果の公式は，力学的に振動する媒質が存在しない電磁波に対しては成り立たない．しかし，電磁波のドップラー効果を利用して光速よりはるかに遅い物体の速さを測定する場合には，近似式である (5.17) 式の音速 V を光速 c で置き換えた式が成り立つ．市販のスピードガンは，2.4×10^{10} Hz の電磁波（マイクロ波）のドップラー効果を利用している．なお，スピードガンで，マイクロ波のかわりに超音波を使う場合には，測定結果への風や温度の影響を考慮しなければならない．

図 5.22　スピードガン

> **例1　音波のドップラー効果の最初の検証**　高速の交通機関が普及している現在では，日常生活で音波のドップラー効果をしばしば体験する．しかし，昔は違った．音波のドップラー効果が最初に実験で確かめられたのは 1845 年のことであった．バロットは 2 年前に開通したばかりのオランダのユトレヒトとアムステルダムの間の鉄道の機関車にホルン奏者を乗せ，機関車を時速 40 マイル，つまり，$v = 64$ km/h $= 18$ m/s で走らせた．線路の側で演奏するホルン奏者には，機関車のホルン奏者の出す音は，機関車が近づくときには半音高くなり，機関車が通り過ぎると半音低くなった．半音高い音とは，振

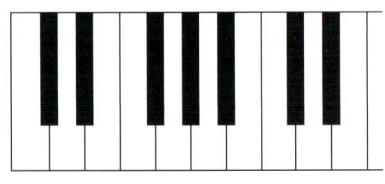

図 5.23　ピアノの音の振動数の比. 1 つ右の鍵盤をたたくと振動数が 1.059 倍の音が出る．1 オクターブには半音が 12 あるので，1.059 を 12 個掛け合わせると 2 になる．数学ではこのような数を 2 の 12 乗根とよび，$2^{1/12}$ と表す．

動数が $2^{1/12}$ 倍 = 1.059 倍の音である．(5.12) 式から，機関車が近づくときに聞こえる音の振動数 f_L は

$$f_L = \frac{V}{V-v_S} f_S = \frac{340}{340-18} f_S = 1.056 f_S$$

なので，耳で測定したことを考えると，満足すべき実験結果である．

5.3　光　波

学習目標　光が示すいろいろな現象およびそれらの現象が意味することを定性的に理解する．

光とは何か

光は直進するように見える　暗幕の小さな穴から暗い部屋に入ってくる太陽の光は直進するように見える．直進する細い光を光線という．光線は，金属板にあたると反射し，ガラス板に入射すると屈折し，一部は反射する．光線が反射や屈折するようすはレーザー光線を使えばよくわかる．

光は回折し，干渉するので波として空間を伝わる　しかし，直進するように見える光は，回折格子にあけた狭い隙間（スリット）を通ると，直進すれば影になる部分に回折し，隣接する隙間からの光は干渉することが発見され，この事実から光は波長が $(3.8\sim7.7)\times10^{-7}$ m の波として空間を伝わることがわかった（本節の回折格子の項を参照）*．光は波長が短い波なので，波長に比べて大きな隙間では回折が無視できるのである．

光は横波である　偏光現象が発見され，光は横波であることがわかった（節末参照）．

光は真空も伝わり，真空中の光速は一定である　5.1, 5.2 節で学んだ波動は，弾性体や弦や空気などの力学的振動の伝搬である．ところが，太陽や星の光は，ほぼ真空の宇宙空間を伝わってきた光波である．

　光は 1 秒間に約 30 万 km も伝わるので，日常生活では光は瞬間的に伝わると感じられ，光の速さの測定は難しかった．しかし，演習問題 11 に示す方法やその他の方法によって空気中を伝わる光の速さが測定された．その後，真空中の光の速さ（記号 c）が精密に測定され，波長や光源の運動状態や観測者の運動状態に関係なく，つねに

$$c = 2.99792458\times10^8 \text{ m/s} \quad \text{（定義）} \tag{5.18}$$

という値になることが確かめられている．そこで，1983 年から (5.18) 式の数値が光の速さの定義として使われている．なお，光速一定を基本原理とする理論がアインシュタインの特殊相対性理論である．

光は電磁波である　光波が真空中を伝わるのは，光波は真空中を電場と磁場の振動がからみ合って伝わる電磁波だからである（**7.6** 節参照）．

　電磁波は単なる波ではなく，物質によって吸収，放射される場合には粒子的性質を示す（**8.2** 節参照）．なお，光ばかりでなく，電子や陽子な

---

* 2 本の鉛筆（あるいは 2 本の指）の間の狭い隙間を通して，電灯や窓の外を見ると，隙間に明暗の平行な縞が見える．これは光が回折し，干渉したことを示す．

真空中の光の速さ
　$c = 2.99792458\times10^8$ m/s

どの素粒子も，粒子的性質と波動的性質の両方を示す（**8.4**節参照）．

光の屈折　光は波長の短い波なので，細い光線に絞ることができる．光は物質の境界面で反射し，屈折する．

ある物質中の光の速さ c_n が

$$c_n = \frac{c}{n} \qquad 物質中の光速 = \frac{真空中の光速}{屈折率} \tag{5.19}$$

であるとき，$n = \dfrac{c}{c_n}$ をその物質の**屈折率**という．相対性理論によれば，物質中の光の速さ c_n は真空中の光の速さ c より大きくなることは決してないので，屈折率 $n \geqq 1$ である．

電磁波が屈折率 n_1 の物質 1 から屈折率 n_2 の物質 2 に入射するときには，電磁波の速さの比が $\dfrac{c/n_1}{c/n_2} = \dfrac{n_2}{n_1}$ なので，屈折の法則 (5.6) 式は，

$$\frac{\sin \theta_1}{\sin \theta_2} = \frac{n_2}{n_1} \qquad （屈折の法則） \tag{5.20}$$

である（図 5.24）．いくつかの物質の屈折率を表 5.2 に示す．真空の屈折率は 1 である．

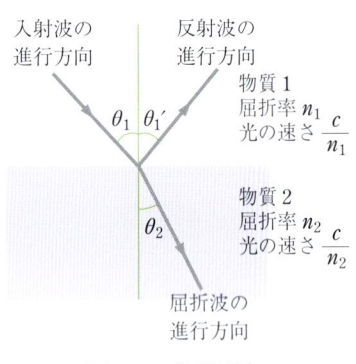

図 5.24 光の屈折
$\dfrac{\sin \theta_1}{\sin \theta_2} = \dfrac{c_{n_1}}{c_{n_2}} = \dfrac{n_2}{n_1}$

表 5.2　屈折率 [ナトリウムの黄色い光（波長 5.893×10^{-7} m）に対する]

気体 (0 °C, 1 気圧)		液体 (20 °C)		固体 (20 °C)	
空　気	1.000292	水	1.333	ダイヤモンド	2.42
二酸化炭素	1.000450	エタノール	1.362	氷 (0 °C)	1.31
ヘリウム	1.000035	パラフィン油	1.48	ガラス	約 1.5

［注］　屈折率は波長によってわずかに変化する．

全反射　光が水やガラスから空気中へ入射する場合のように屈折率の大きな物質から屈折率の小さな物質へ進むときには，つまり，$n_1 > n_2$ のときには，$\dfrac{\sin \theta_2}{\sin \theta_1} = \dfrac{n_1}{n_2} > 1$ なので，屈折角 θ_2 は入射角 θ_1 より大きい．入射角 θ_1 が増していき，屈折角 θ_2 が 90° になるときの入射角 θ_c，すなわち，

$$\sin \theta_c = \frac{n_2}{n_1} \tag{5.21}$$

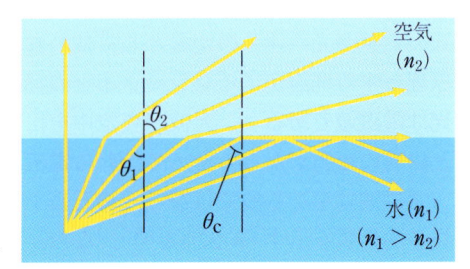

図 5.25　全反射

で定義される**臨界角**（屈折角が 90° になるときの入射角）θ_c より大きくなると，屈折の法則からは $\sin\theta_2 = \dfrac{\sin\theta_1}{\sin\theta_c} > 1$ となる．しかし $|\sin\theta| \leqq 1$ でなければならないので，この場合には屈折角 θ_2 が存在しない．このようなときには，光は境界面を透過せず完全に反射される（図 5.25）．$n_1 > n_2$ の場合に，入射角が臨界角より大きいと，光が境界面で完全に反射される現象を**全反射**という．

光を遠方に伝える**光ファイバー**は光の全反射を利用している．細長いガラス線である光ファイバーの太さは人間の髪の毛の太さ位（100 μm 程度）であるが，中心部（コア）の屈折率は外側（クラッド）の屈折率より大きくしてある．そのため光ファイバーの一端から入った光はコアの中から外に出ることなく他端まで伝わっていく（図 5.26）．光ファイバーは光通信に利用されており，胃カメラなどの内視鏡にも利用されている．

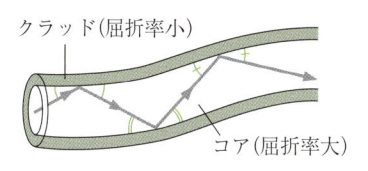

図 5.26 光ファイバーの概念図

図 5.27 光ファイバー

> **例 2** 図 5.28 のように，ガラスの 2 等辺三角柱で光が全反射する条件は，$\sin 45° > \sin\theta_c = \dfrac{1}{n}$ なので，ガラスの屈折率 n が次の条件を満たすことである
> $$n > \dfrac{1}{\sin 45°} = \sqrt{2}$$

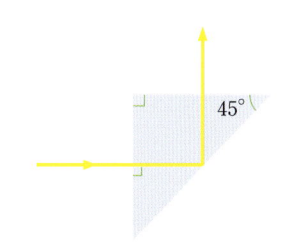

図 5.28 ガラスの 2 等辺三角柱での光の全反射

光の分散　ガラスや水の屈折率は，光の波長によってわずかではあるが異なっていて，波長の短い光ほど屈折率が大きい．図 5.29 のように，細く絞った太陽光をプリズムに入射して屈折させ，出てきた光をスクリーンにあてると，小さく屈折した方から順に，赤橙黄緑青紫の色模様が生じる．このように，屈折率の違いによる屈折角の違いによっていろいろな色の光に分かれる現象を光の**分散**という．光を波長によって分けた（分光した）ものを**スペクトル**という．分光装置として回折格子がよく使われる．回折格子による分光によって，光の色の違いは波長（振動数）の違いであることがわかった．1 つの波長だけからなる光を単色光といい，太陽光のように，いろいろな波長の波からなっていて，色合いを感じさせない光を白色光という．

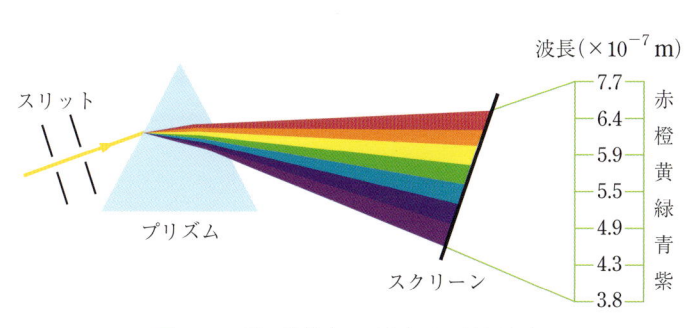

図 5.29 光の分散とスペクトルの波長と色

図 5.30 虹は空中の水滴による反射と屈折と分散である．

光の回折と干渉—光は波として伝わる

電灯の光を CD の面で反射させると虹色に見える．この現象は，光が波であり，何万本もの CD のトラックで反射された光の波が干渉して強めあう方向が光の波長によって違うためだとして説明される．光は直進するように見えるが，光は干渉するので，波として伝わる．

図 5.31 CD による光の反射と干渉

光以外の電磁波も回折する．波長が 190～560 m の AM 放送の電波は山の陰にも回り込むので，山の陰でも受信できるが，FM 放送 [波長は (3.3～3.9) m] は山頂に中継塔を立てて，そこから直進する電波を受信するようにしないと，山の陰では受信しにくい．このように波長が短くなると回折は起こりにくくなり，直進するように見えるのである．

回折格子

光が回折し，干渉することを示すとともに，いろいろな波長の混ざった光を単色光に分解し，その波長を決める装置に回折格子がある．

回折格子は，ガラス板の片面に，1 cm につき 500～10000 本の割合で，多数の平行な溝（格子）を等間隔に刻んだものである．溝の部分では乱反射してしまい不透明になるので，溝と溝の間の透明な部分がスリット（隙間）の働きをする．

平行光線（波長 λ）を回折格子（格子間隔 d，格子数 N）のガラス面に垂直に入射させる（図 5.32）．このとき，透過光の進行方向と格子面の法線のなす角 θ が，

$$d \sin \theta = m\lambda \quad (m = 0, \pm 1, \pm 2, \cdots) \tag{5.22}$$

を満たす場合には，スクリーンの点 P から隣り合うスリットまでの距離の差 $d \sin \theta$ は波長 λ の整数倍なので，すべてのスリットから点 P へ到達する光波の位相は一致し，点 P での光波の振幅はスリットが 1 本の場合の N 倍になる．したがって，点 P での光波の強さは，スリットが 1 本の場合の N^2 倍になり，きわめて明るくなる．

格子数が N の回折格子の全体を通過する光の量は N に比例する．「N に比例する光の量」は「N^2 に比例する線の明るさ」と「線の幅」

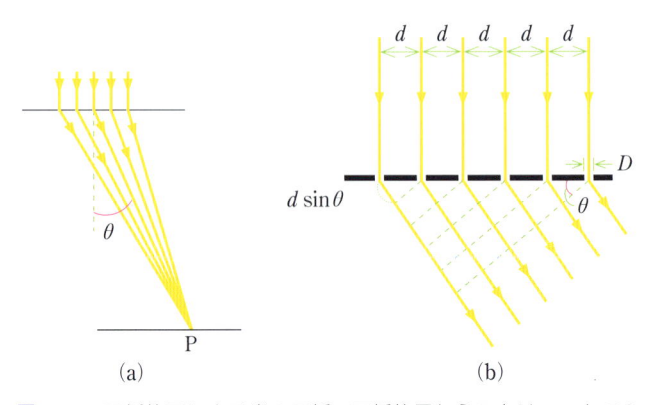

図 5.32 回折格子による光の回折．回折格子からスクリーンまでの距離が Nd に比べて大きいと，点 P に集まる光は平行と考えてよい．

の積に比例するので，明るい線の幅は $\frac{N}{N^2} = \frac{1}{N}$，つまり，$N$ に反比例して狭くなる．角 θ が (5.22) 式を満たす角度からわずかにずれると，たちまち多くのスリットからの光波は打ち消し合うので，明るい線の幅はきわめて細くなる．このため，回折格子による回折角 θ を測定して光の波長を正確に決められる．波長が異なると回折光が強め合う回折角は異なるので，太陽光のように波長の異なった波の混ざった光を回折格子にあてると，回折によって分光する．回折格子を使うと，光の波長は $(3.8 \sim 7.7) \times 10^{-7}$ m であることがわかる．

偏光—光は横波である 波には横波と縦波の2種類がある．媒質の振動方向が波の進行方向に垂直な波が横波で，平行な波が縦波である．光は横波であることは，ポラロイドとよばれる偏光板を2枚使えばわかる．ポラロイドは，ある有機化合物の針状結晶の向きを揃えて，プラスチック板に埋めこんだものである．図5.33のように2枚の偏光板を重ねて，一方を回してみる．両方の向きが同じときに透過光はもっとも明るく [図5.33(a)]，回していくうちに暗くなり，90°回したときにもっとも暗くなる [図5.33(b)]．この偏光板の実験結果は，光が横波，つまり振動方向が進行方向に垂直な波だとすれば容易に理解できるが，振動方向が進行方向に平行な縦波だとすれば理解できない．

光（一般に電磁波）は電場と磁場が進行方向に垂直な方向に振動している横波である（図5.34）．自然光は電場がいろいろな方向を向いた光のランダムな重ね合わせであるが，ポラロイド偏光板を通過すると，針状結晶の方向の電場成分は吸収され，電場と磁場が特定の方向に振動している偏光になる．

太陽光はガラス板で反射されると偏光になる．電場と磁場の振動方向

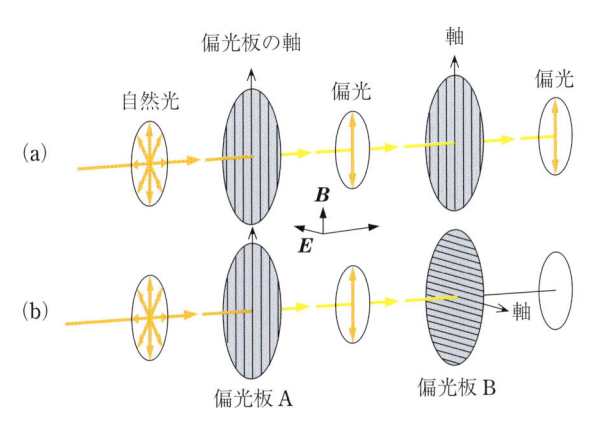

図5.33 偏光板による偏光．自然光は，電場と磁場が進行方向に垂直に振動しながら伝わる横波の電磁波である．自然光は振動方向（矢印）が進行方向に垂直な面内のいろいろな向きを向いている光である．電場 E の振動方向が偏光板の軸方向（針状結晶の方向）を向いていると，電場の振動のエネルギーは結晶に吸収される．そこで，偏光板は磁場 B が軸方向に振動している光（電場が軸に垂直に振動している光）だけを通す．したがって，最初の偏光板を通過した光の磁場の振動方向は偏光板の軸方向を向いている．

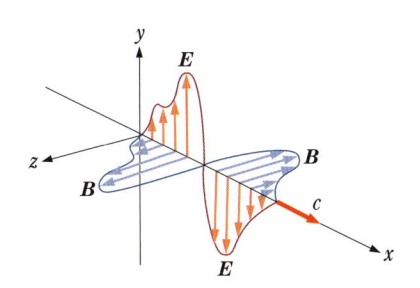

図5.34 電磁波の伝搬．電磁波は電場 E と磁場 B が横方向に振動する横波である．

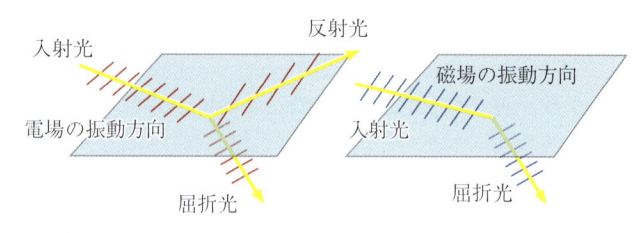

図 5.35 反射光は偏光．電場の振動方向がガラス面に平行な光だけが反射される．

図 5.36 液晶ディスプレーから出てくる光が偏光であることは偏光サングラスを使って確かめられる．

によって光の反射率が大きく異なるからである．図 5.36 に示すように，磁場がガラス面に平行に振動している光はほとんど反射されず，ほとんど全部がガラスの表面で屈折されて透過していく．ガラス面で反射されるほとんどすべての光は，電場がガラス面に平行に振動している光である．したがって，このような偏光を透過させない向きのサングラスをかければ，反射光はサングラスを透過しないので，ショーウィンドーの中の商品を屋外から見やすくなる．

演習問題 5

1. 図 1 に示すように，2 つのパルスが左右から 1 m/s の速さで近づいている．図に示した瞬間から 1 s，1.25 s，1.5 s 後の波の形を作図せよ．

2. 次の問に答えよ．
   (1) 媒質の振動方向が波の進行方向と一致する波を何というか．
   (2) 空気中を伝わる音波は縦波か横波か．
   (3) 波の速さ v を，振動数 f と波長 λ で表せ．
   (4) 弦を伝わる横波の速さは，弦を引っ張る張力が弱いほど速いか．それとも遅いか．
   (5) 同じ強さの張力で張られた弦を伝わる横波は，弦の線密度が小さいほど速いか．それとも遅いか．

3. 周期 T と振動数 f を掛けると 1 になること．つまり，$fT = 1$ を示せ．

4. 水を伝わる波は，波長と水の深さの大小関係によって違う性質を示す．波長 λ が水の深さ h に比べてはるかに長いとき（$h \ll \lambda$）には，水は上下方向にはあまり動かず，水平方向に単振動する．しかも，水面から底までほぼ同じ運動を行う．波の速さ v は

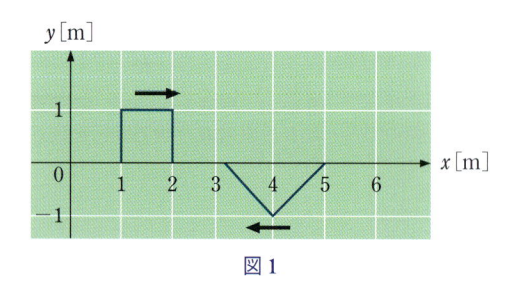

$$v = \sqrt{gh}$$

（$h \ll \lambda$ のとき，g は重力加速度）で，波長には無関係で，浅いほど遅い．水深 4000 m の太平洋での速さはジェット機なみの速さで，水深 200 m の大陸棚での速さは新幹線なみの速さだという．それぞれの場合の波の速さを求めよ．結果を km/h を単位にして表せ．

5. 図 2 の円柱の下端のおもりをねじると，ねじれは瞬間的に円柱の上端に伝わるか．

6. 図 5.14 で，$t = \dfrac{T}{4}$ では波は消えている．波のエネルギーはどうなったか．

7. 図 3 の B の部分は左右に動かせる．B を左右に動かすと音の出口から出てくる音の強さは変化する．音の強さが極小の状態から B を右に 3.4 cm 動かしたら音の強さが極大になった．音源の振動数 f を求

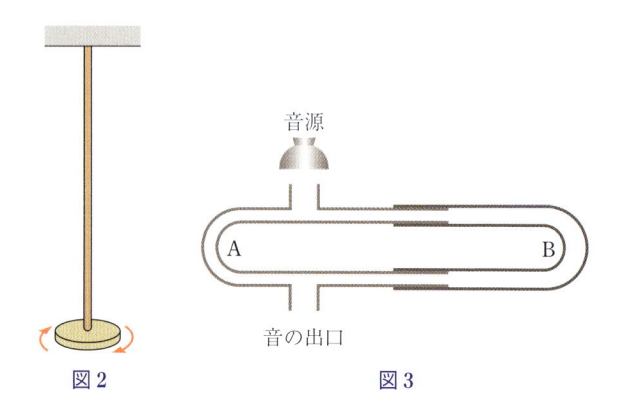

図 1

図 2

図 3

めよ．音速は 340 m/s とせよ．極小とはその付近で最も小さく，極大とはその付近で最も大きいことを意味する．

8. バイオリンの弦と 440 Hz の音叉を同時に鳴らしたら，6 Hz のうなりが聞こえた．弦の張力を少し減少させたら，うなりの振動数は減少した．弦の振動数はいくらか．

9. どちらも時速 72 km で走ってきた電車がすれ違った．一方の電車が振動数 500 Hz の警笛を鳴らしていた．もう一方の電車の乗客は何 Hz の音として聞いたか．音速を 340 m/s とせよ．

10. 超音波血流計では，超音波を血管中の赤血球で反射させ，ドップラー効果を利用して，血液の流速を測定する．$f_S = 5 \times 10^6$ Hz のとき，$f_S - f_L$ の平均は 100 Hz であった．血管中の平均血液速度 v はいくらか．血液中の音速 V は 1570 m/s である．

11. **フィゾーの実験** 図 4 の装置で歯車（歯数 $N = 720$）の回転数を調節すると，歯の間を通りぬけて鏡 M で反射された光が，すべて回転してきた次の歯で妨げられる．フィゾーは歯車の回転数 n を 0 から徐々に増していったところ，$n = 12.6$ 回/s のときに，観測者 O の視野が最初にいちばん暗くなった．この実験結果から光の速さ c を求めよ．

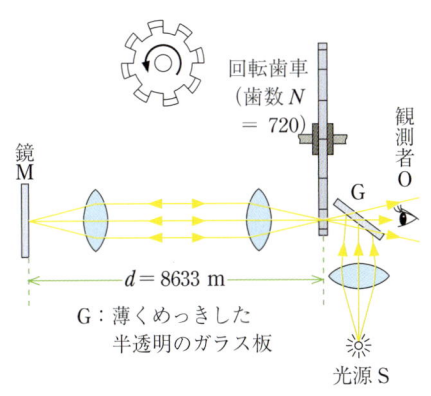

図 4

12. 図 5 で人 A は，ガラスの直方体の反対側にある物体 B がどのような方向にあると感じるか．

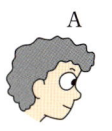

図 5

13. 波が媒質 1 から媒質 2（$n_{1\to 2} = 1.41$）へ，入射角 $\theta_1 = 45°$ で入射した．屈折角 θ_2 はいくらか．

14. 空気中にあるダイヤモンド（$n = 2.42$）の全反射の臨界角はいくらか．

15. 音波が空気（$V_1 = 340$ m/s）から水（$V_2 = 1500$ m/s）へ入射する場合，臨界角はいくらか．

16. 水中の魚は太陽の動きをどう観察するか．

17. 格子間隔が 2.5×10^{-6} m の回折格子を白色光［波長は $(3.8 \sim 7.7) \times 10^{-7}$ m］で垂直に照らした．$m = 1$ のスペクトルはどの角度の範囲に現れるか．

18. 白色光を回折格子で分光すると，赤色光の方が青色光より明るい線の進行方向と格子面の法線のなす角が大きい．赤色光の波長と青色光の波長のどちらが長いか．

19. 1 cm あたり 4000 本の格子の引いてある回折格子に，波長が 6.0×10^{-7} m の橙色光をあてた．どの角度に明るい線が現れるか．

20. 回折格子に垂直に波長 0.5 μm の単色光をあてたところ，格子面の法線と 30° の角の方向に最初の明るい線が見えた．回折格子のスリットは 1 cm に何本引いてあるか．

21. 図 6 のような 3 枚の鏡を互いに垂直になるように組み合わせた，キューブコーナー型反射材に入射した光は光源の方向に逆戻りすることを示せ．

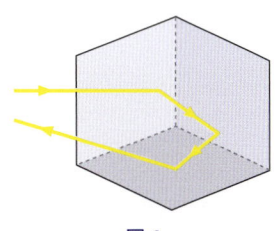

図 6

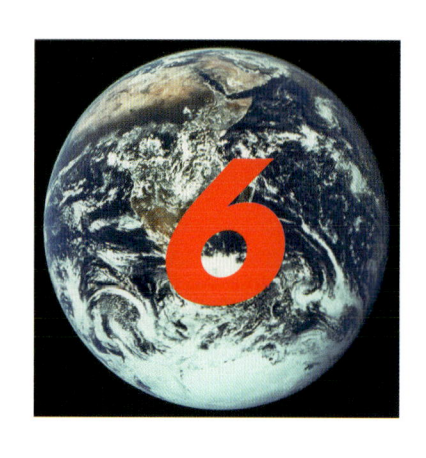

電荷と電流

　現代の日本人にとって電気は動力源，光源，情報交換手段などとして不可欠であるが，電気の学問である電磁気学の本格的な研究が始まったのは1800年に電池が発明されてからであり，日常生活や社会活動で電気の利用が始まったのは実用的な白熱電灯，発電機，モーターなどが発明された今から百数十年前のことである．

　本章では，電気現象を理解する鍵になる電荷と電流を電子と関連づけて学ぶとともに，電子に力を作用し電流を流す原動力になる電場（工学では電界）と電位を学ぶ．次章で学ぶように，携帯電話で受信できるのは，空中の電場と磁場を伝わってくる振動である電磁波をアンテナ中の電子が感じてアンテナの中に電流が流れるからである．

6.1 物質の構造と電荷の保存則

学習目標 電荷には正電荷と負電荷が存在し，電荷は保存することを，物質が陽子，中性子と電子から構成されている事実と結び付けて理解する．物質には電流を流す導体と流さない絶縁体があることを理解する．

* 静電防止加工してある場合は帯電しないので，注意する必要がある．

英語のエレクトリックの語源はギリシャ語のコハク―こすられたものが軽い物を引き付ける原因になるもの　人類が最初に出会った電気現象は摩擦電気であった．現代の私たちには，摩擦電気はプラスチックの下敷きやファイル入れをわきの下でこすって髪の毛に近づけると，髪の毛がプラスチックに引きつけられる現象としてなじみ深い*．こすったので，プラスチックは電気を帯び，帯びた電気が髪の毛を引きつけているのである．

　プラスチックが発明される 2000 年以上前から，毛皮や毛織物で擦られたコハク（松の樹脂の化石）の棒が，近くのほこりや髪の毛などの軽い物を引きつけることが知られていた．英語のエレクトリック（electric）という言葉の語源はコハクのギリシャ語のエレクトロンである．英語の電気という言葉は『こすられたものが軽い物を引き付ける原因になるもの』という意味だったのである．

摩擦電気には 2 種類ある　ガラス棒を絹布でこすり，ゴム棒を毛皮でこすると，ガラス棒とゴム棒は引きつけあい，ガラス棒とガラス棒，ゴム棒とゴム棒は反発しあう（図 6.1）．これはこすり合った物体が摩擦で電気を帯びたため（帯電したため）である．物理学では，あらゆる電気現象の根源と考えられる実体を**電荷**という．電荷とよぶ理由は，電気現象の原因になる何物かが物体に荷われているという意味である．

　いろいろな材質の物体の摩擦で発生する電荷の研究から，
(1) 電荷には 2 種類あり，同種類の電荷の間には反発力が働き，異種類の電荷の間には引力が働くこと，
(2) 2 種類の物体をこすり合わせたり，貼り合わせた 2 つの物体をはがしたりすると，2 つの物体には異なる種類の電荷が発生すること，異なる種類の電荷を帯びた物体を接触させると，電荷の作用は打ち消し合うこと
がわかった．

電荷保存則　2 番目の性質に注目したフランクリンは，2 種類の電荷を正電荷，負電荷とよび，ガラス棒を絹布でこするときガラス棒が帯びる電荷を正電荷，ゴム棒を毛皮でこするときゴム棒が帯びる電荷を負電荷とよんだ．電荷はクーロン（記号 C）という単位で計られる物理量である．

　2 種類の電荷を正電荷，負電荷とよぶ理由は，2 種類の電荷は無関係

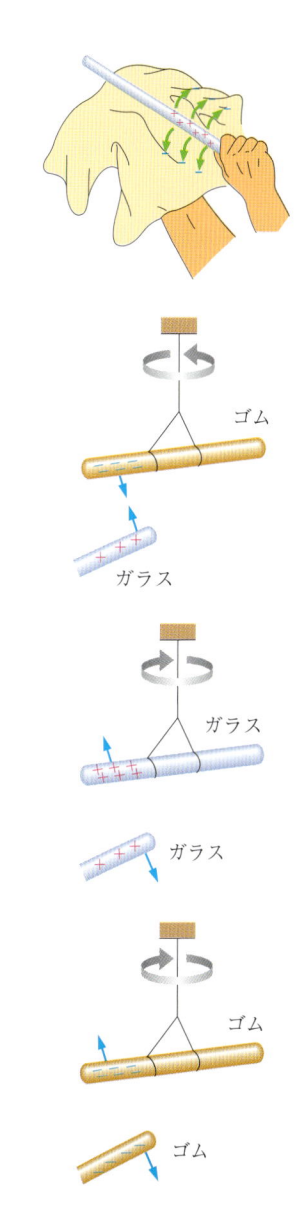

図 6.1　ガラス棒を絹布でこするとガラス棒は正に帯電し，絹布は負に帯電する．ゴム棒を毛皮でこするとゴム棒は負に帯電し，毛皮は正に帯電する．

電荷の単位　C

図 6.2 原子の中では，電子は原子核を雲のように囲んでいるという描像の方が適切である．

* 陽子と中性子はクォークという基本粒子から構成されていると考えられているが，クォークは陽子と中性子の中に閉じ込められていて外には出てこない（第 9 章参照）．

電気素量
$$e \approx 1.60 \times 10^{-19} \text{ C}$$

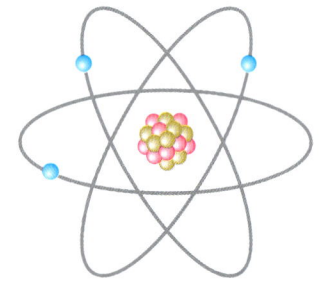

図 6.3 原子の中では点状の電子が原子核のまわりの軌道を運動しているという描像は不適切である．

ではなく，正電荷（5 C）と負電荷（−5 C）を接触させると，5 C + (−5 C) = 0 のように，その効果は打ち消し合い，電気を帯びていない 2 つの物体をこすり合わせると 2 つの物体は異符号で等量の電荷（たとえば，5 C と −5 C）を帯びるからである．つまり，正電荷と負電荷は中和したり，正電荷と負電荷は分離したりするが，

全電荷，つまり正と負の符号を考慮した電荷の和，は増加も減少もせず，一定である

とフランクリンは考えた．これを**電荷保存則**という．この法則はつねに成り立ち，自然の基本的な法則の 1 つである．

電荷の保存は，物質の構造に基づいて理解できる．物質は原子の集まりであり，原子は中心にある正電荷を帯びた原子核とそのまわりを囲む負電荷を帯びた電子から構成され（図 6.2），原子核は正電荷を帯びた陽子と電荷を帯びていない中性子が結合した複合粒子である*．電子の電荷の大きさと陽子の電荷の大きさは等しく，**電気素量**とよばれる電荷の最小単位 $e \approx 1.60 \times 10^{-19}$ C なので，

$$\text{物体が帯びる電荷} = \text{陽子数} \times e - \text{電子数} \times e$$
$$= (\text{陽子数} - \text{電子数}) \times \text{電気素量 } e \quad (6.1)$$

つまり，物体が帯びる電荷は電気素量 e の整数倍である．摩擦などの物理現象や化学反応では，原子核と電子は消滅も生成もせず，陽子数も電子数も不変なので，物体が帯びる電荷が不変であるという電荷保存則が導かれた．2019 年から，国際単位系では，電荷の単位クーロン（記号 C）は，電気素量 e を正確に，

$$e = 1.602\,176\,634 \times 10^{-19} \text{ C} \quad \text{（定義値）} \quad (6.2)$$

と定めることによって設定されている．

電気現象の主役は電子　物質構造の基本粒子である，電子，陽子，中性子の電荷と質量を表 6.1 に示す．電子の質量は陽子と中性子の質量の約 2 千分の 1 である．そこで，惑星が太陽のまわりを回転している図 6.3 のような原子模型が想像されるかもしれない．確かに，電子は構造も大きさももたない点のような物体だと考えられている．しかし，原子中の電子の位置を検出しようとすると，電子は原子の中に雲のように広がっているので，原子核のまわりを電子の雲が囲んでいる図 6.2 のような原子の描像が，量子論の立場では適切である（8.5 節参照）．

電子は原子核よりもはるかに軽いので，電子は物体表面に薄い電子の雲になって滲み出している．物質によって，電子を物体に結びつける力

表 6.1　原子を構成する基本粒子の電荷と質量

	電荷	質量
電子	-1.60×10^{-19} C	9.11×10^{-31} kg
陽子	1.60×10^{-19} C	1.6726×10^{-27} kg
中性子	0	1.6749×10^{-27} kg

が違うので，2つの物体を摩擦したとき，接触面で電子の移動が起こり，電子が移動してきた物体が負，電子が移動していった物体が正に帯電する．質量が軽い電子は電気現象の主役である．

導体と絶縁体　物質には，金属のように電気をよく通す**導体**とよばれる種類のものと，ガラスやアクリルのように電気を通さない**絶縁体**（または**不導体**）とよばれるものがある．

金属では電子の一部が原子を離れて，規則正しく配列した正イオンの間を動き回っている．これらの電子を自由電子という．金属が電気を通すのは，自由電子が金属中を移動するためである［図 6.4 (a)］．

食塩水のような電解質溶液が電気を通すのは，溶液中を（電子が不足しているので正電荷を帯びた原子の）正イオンと（余分の電子があるので負電荷を帯びた原子の）負イオンが移動するためである．

このように，導体にはその中を自由に動き回れる電荷（自由電荷）が存在する．これに対して，絶縁体ではすべての電子が原子に強く結合していて，電子は自由に動き回ることができない［図 6.4 (b)］．

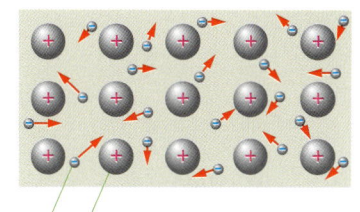

正イオンは規則正しく並んでいる．
自由電子はその間を動きまわる．
(a) 金属の構造

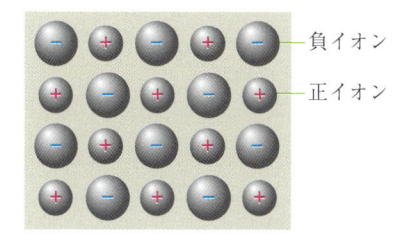

(b) 絶縁体（イオン結晶）の構造

図 6.4　金属と絶縁体の構造

6.2　クーロンの法則

学習目標　2つの点電荷の間に作用する電気力のクーロンの法則を理解する．

点電荷とは，他の帯電物体への距離に比べて帯電物体の大きさが小さな物体の帯びている電荷である．2つの点電荷の間に働く電気力の法則を発見したのは図 6.5 に示す装置を使って実験を行ったクーロンで，1785 年に

2つの点電荷 Q_1 と Q_2 の間に働く電気力の大きさ F は，電荷の積 $Q_1 Q_2$ に比例し，電荷の距離 r の 2 乗に反比例する

ことを発見した．これを**クーロンの法則**という．式で表すと

$$F = k \frac{Q_1 Q_2}{r^2} \qquad 電気力 = 比例定数 \frac{電荷_1 \times 電荷_2}{(距離)^2} \qquad (6.3)$$

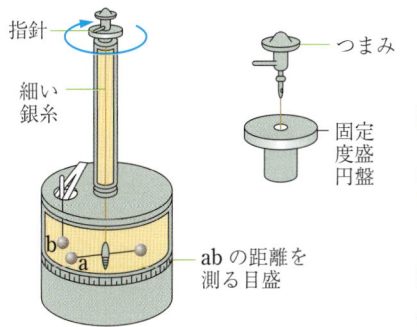

図 6.5　クーロンの実験　細い銀線の一端を固定して他端をねじると，復元しようとする力が現れる．この力はねじれの角に比例する．a, b 間の距離を測定後，a, b に同種の電荷を与える．a, b は反発力によって離れるが，頭部のつまみを回してもとの距離にもどす．このつまみの回転角（ねじれの角）で a と b の間に働く電気力がわかる．

帯電した金属球をそれと同一の帯電していない金属球に接触させると，第 1 の球の電荷の半分が第 2 の球に伝わり，2 つの球ははじめの電荷の半分ずつを分け合う．このようにしてクーロンは最初の電荷の $\frac{1}{2}$, $\frac{1}{4}$, $\frac{1}{8}$ などの電荷をつくることに成功した．

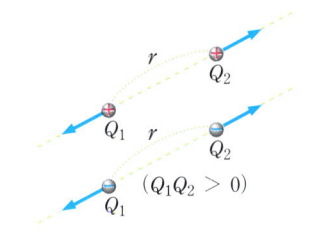

(a) Q_1, Q_2 が正と正，負と負の場合

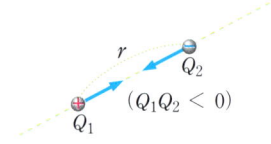

(b) Q_1, Q_2 が正と負，負と正の場合

図 6.6 電荷の間に作用する力
$$F = k\frac{Q_1 Q_2}{r^2}$$

* 国際単位系では比例定数 k を $\frac{1}{4\pi\varepsilon_0}$ と記し，ε_0（イプシロン・ゼロ）を電気定数とよぶ．

電気力の定数
$$k = 9.0 \times 10^9 \, \text{N·m}^2/\text{C}^2$$

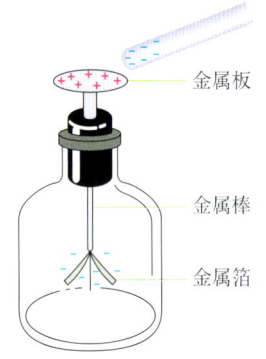

図 6.7 箔検電器と静電誘導

となる．各点電荷には，2つの点電荷を結ぶ線分の方向に力が働く．Q_1 と Q_2 が同符号なら（正と正，あるいは負と負なら）反発力が働き [図 6.6 (a)]，Q_1 と Q_2 が異符号なら（正と負，あるいは負と正なら）引力が働く [図 6.6 (b)]．

クーロンの法則の右辺に現れる k は比例定数で，電荷の単位をクーロン C，長さの単位をメートル m，力の単位をニュートン N とすると，
$$比例定数\, k = 9.0 \times 10^9 \, \text{N·m}^2/\text{C}^2 \quad (真空中) \quad (6.4)$$
である*．

> **例1** 5 cm の間隔で，それぞれが，1 μC（= 10^{-6} C）の正電荷を帯びた2つの小さなガラス玉がある．その間に働く電気力の大きさは
> $$F = 9 \times 10^9 \frac{\text{N·m}^2}{\text{C}^2} \times \frac{(10^{-6}\,\text{C})^2}{(5 \times 10^{-2}\,\text{m})^2} = 3.6\,\text{N} \quad (反発力)$$
> で，この電気力の大きさは質量が 0.37 kg の物体に働く重力の大きさに等しい．1 C はきわめて大きな電気量であることがわかる．

参考　静電誘導

図 6.7 に示す箔検電器の上端の金属板に帯電した棒を近づけると箔が開く．この現象はつぎのように説明される．検電器の上端の金属板に負に帯電した棒を近づけると，金属板中の自由電子が電気力（反発力）を受けて金属板から遠い金属箔の方へ移動するので，金属箔は負に帯電し，金属箔は負電荷の間の反発力で開く．このように，絶縁体で支えられた金属に，帯電物体を近づけると，金属の表面には，帯電物体に近い側の面に帯電物体の電荷と異符号の電荷が現れ，遠い側の面に同符号の電荷が現れる．この現象を**静電誘導**という．2物体の間は空気によって絶縁されているので，電荷は物体の間を移動しないが，2物体の間の電圧が大きかったり，距離がきわめて近かったり，空気が湿っていたりすると，2物体間を電荷が移動することがある．この現象を放電という．

絶縁体に帯電した物体を近づけても，絶縁体ではすべての電子が分子に束縛されているので，絶縁体の全体にわたる電子の移動は起こらない．しかし，個々の分子の中では電子が帯電物体からの電気力を受けて，分布が一方に偏る．これを分子の**分極**という．絶縁体の内部で

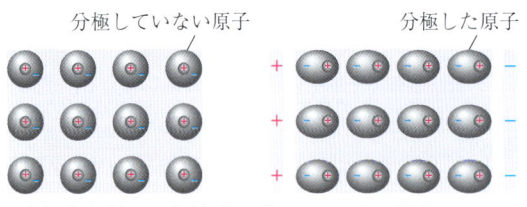

(a) 無極性分子（電気力が作用していない場合には分極していない分子，例：O_2, CO_2）の場合

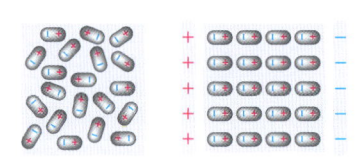

(b) 極性分子（電気力が作用していない場合でも分極している分子．熱運動のために物質全体としては分極していない，例：CO, H_2O）の場合

図 6.8　誘電分極（絶縁体の分極）

は正負の電荷が平均すると打ち消しあっている．しかし，絶縁体の表面の帯電物体に近い側に帯電物体と異符号の電荷が，遠い側に帯電物体と同符号の電荷が現れる（図6.8）．この現象を**誘電分極**という．導体の表面に現れる電荷とは異なり，誘電分極によって絶縁体の表面に現れる電荷は，外部に取り出せない．

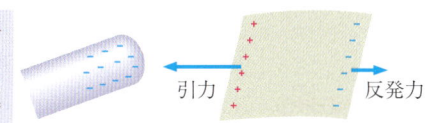

図6.9 紙片の誘電分極

帯電物体が近くの紙のような軽い物を引きつけるのは誘電分極のためである．近くの電荷との間の引力が遠くの電荷との間の反発力より強いので，紙片は帯電物体に引き寄せられる（図6.9）．

誘電分極を利用している例として，帯電させたスクリーンに空気中のほこりやちりを吸いつけさせて空気を清浄にする静電式のエアクリーナーがある．電子コピー（静電複写）やレーザープリンターも静電気による粉末（トナー）の付着の応用例である．

6.3 電 場

図6.10 トンネル工事用電気集塵機

学習目標 電気力は電荷の間で直接に作用し合うのではなく，電場を仲立ちにして作用し合うという考え方を理解する．電場を表す電気力線とその性質を理解する．

電場 電場とは「電気力が作用する場所」という意味である（工学では電場を電界とよぶ）．力学では粒子が主役で，粒子同士が直接に作用し合うと考える．クーロンの法則にしたがう電気力も帯電物体の電荷同士が直接に作用し合うと考えた力である．

それでは，電気力は2つの電荷の間をどのように伝わるのだろうか．2つの電荷が遠く離れている場合に，一方が移動すると，電気力の大きさや向きが変化するはずである．この変化はもう一方の電荷に瞬間的には伝わらない．物理学では，電気力の作用は

(1) 第1の電荷がその周囲の空間に電場とよばれる電気的性質をもつ状態をつくり，
(2) 電場の変化は空間を光の速さで第2の電荷のところに伝わり，
(3) 第2の電荷のところの電場が第2の電荷に電気力を作用する，

という3段階の過程で伝わる，と考える．「帯電した物体の周囲の空間は，そこに置かれた電荷に電気力を作用するような性質をもつ」と考え，「このような性質をもつ空間を電場とよぶ」と考えてよい．

第1の電荷が動く場合には，それに伴って，まわりの電場が変化する．この電場の変化は瞬間的にではなく，光の速さで周囲に伝わるので，第2の電荷に作用する電気力の変化は，有限な時間が経過したあとで起こる．電場は仮想的なものではない．家庭でラジオが聞け，テレビを視聴できるのは，送信所のアンテナの中での電子の振動による電場の振動が電波として家庭まで，秒速30万kmの速さ（光の速さ）で伝わってきて，受信機のアンテナの周囲の振動する電場がアンテナの中の電子に電気力をおよぼして，アンテナに振動する電流を発生させるからであ

図6.11 テレビのアンテナ塔

電場の単位　N/C

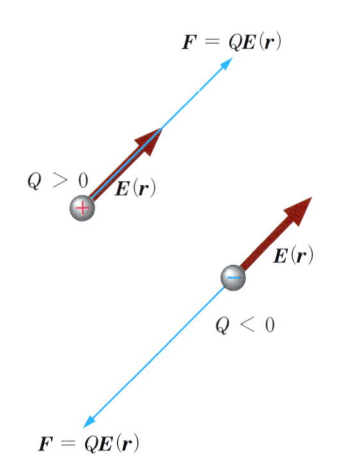

図 6.12　点 r の電場 $E(r)$ と点 r にある電荷 Q に作用する力 F の関係．$F = QE(r)$

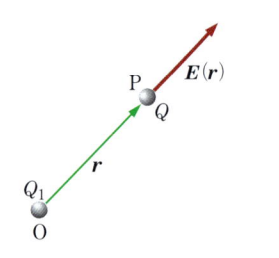

図 6.13　原点 O にある電荷 Q_1 が点 r につくる電場 $E(r)$．$Q_1 > 0$ の場合．$Q_1 < 0$ の場合の E は逆向き

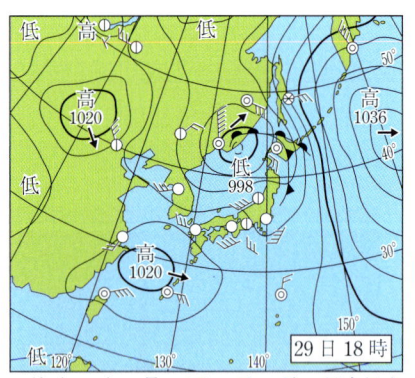

図 6.14　天気図の例
　等圧線は地表付近の気圧（スカラー量）の場（スカラー場）を表し，風の向きと風速を表す矢印は地表付近の風の速度の場（ベクトル場）を表す．

る．電波は宇宙空間も伝わるので，真空中にも電場は存在する．電場は，電荷と並ぶ，電磁気学の主役である．帯電物体が静止している場合には，電場は変化しないので，帯電物体が直接に作用し合うと考えても同じ結果になる．

電場と電気力　クーロンの法則が示すように帯電物体に作用する電気力は帯電物体の電荷に比例する．つまり，点 r に点電荷 Q を持ち込む場合，この電荷に作用する電気力 F は電荷 Q に比例するので

$$F = QE(r) \quad 電気力 = 電荷 \times 電場 \tag{6.5}$$

と表せる．このように定義された電荷 Q に無関係な物理量

$$E(r) = \frac{F}{Q} \tag{6.6}$$

を点 r の**電場**とよぶ．つまり，+1 C の電荷に作用する電気力の強さがその点の電場の強さで，この電気力の向きが電場の向きである．ただし，電荷 Q を持ち込んだために，周囲の電荷分布が変化しないものとする．力の単位はニュートン N，電荷の単位はクーロン C なので，電場の単位は N/C である．

（6.5）式から，正電荷は電場と同じ向きの電気力を受け，負電荷は電場と逆向きの電気力を受けることがわかる（図 6.12）．各点の電場 $E(r)$ は，周囲の電荷の配置によって場所ごとに決まるベクトル量である．

点電荷 Q_1 がその周囲につくる電場　点電荷 Q_1 はその周囲に電場をつくる．点電荷 Q_1 から距離 r の点 P に電荷 Q を置いたとき，この電荷に働く電気力の強さは，（6.3）式から

$$F = k\frac{QQ_1}{r^2} \tag{6.7}$$

なので，点 P の電場の強さ E は

$$E = \frac{F}{Q} = k\frac{Q_1}{r^2} \quad 電場の強さ = 比例定数 \frac{電荷_1}{(距離)^2} \tag{6.8}$$

である．電場 E の向きは図 6.13 に示した．点電荷のつくる電場の強さは電荷の大きさに比例し，電荷からの距離の 2 乗に反比例する．

2 つ以上の電荷のつくる電場は，おのおのの電荷が（6.8）式にしたがってつくる電場のベクトル和である．

> **参考　場（field）とは**
>
> 物理学では，各点に「物理量」が指定されている空間をその物理量の**場**という．たとえば，大気圏の各点では温度，気圧，風の速度などが決まっているので，大気圏を温度の場，気圧の場，そして風の速度の場とみなせる（図 6.14）．これらの場は，気体分子の集団である大気の状況を表す．
>
> 空間の各点ではその点に持ち込まれた電荷 Q に作用する電気力

$F = QE(r)$ が決まっているので，空間は電気力の場である．そこで，$E(r)$ を電場という*．真空中でも電気力は作用するので，真空中の電場は真空の性質である．

* 質量 m の物体に重力 $m\boldsymbol{g}$ が作用する地表付近を，重力場と見なせる．重力場はベクトル場で，各点での強さは重力加速度 g で向きは鉛直下向きである．

電気力線 空間の各点に，その点の電場を表すベクトルの矢印を描き [図 6.15(a)]，線上の各点で矢印が接線になるような向きのある曲線 [図 6.15(b)] を描くと，これが**電気力線**である．つまり，電気力線は，線上の各点での接線がその点での電場の向きを向いている線である．電気力線を描くときには，電気力線の密度が電場の強さに比例するように図示する．電気力線を使うと，電気力線の向きで電場の向きを知り，電

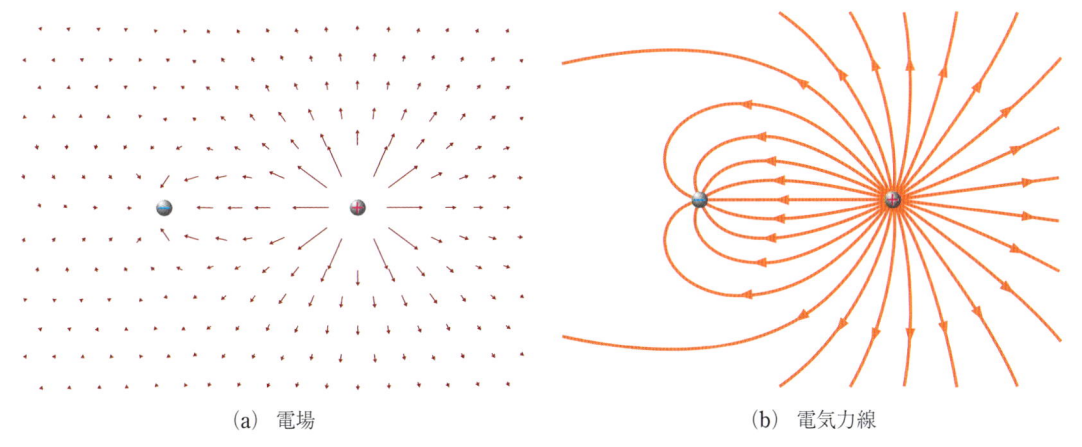

(a) 電場　　　　　　　(b) 電気力線

図 6.15　正負の点電荷 +3 C と −1 C がつくる電場と電気力線

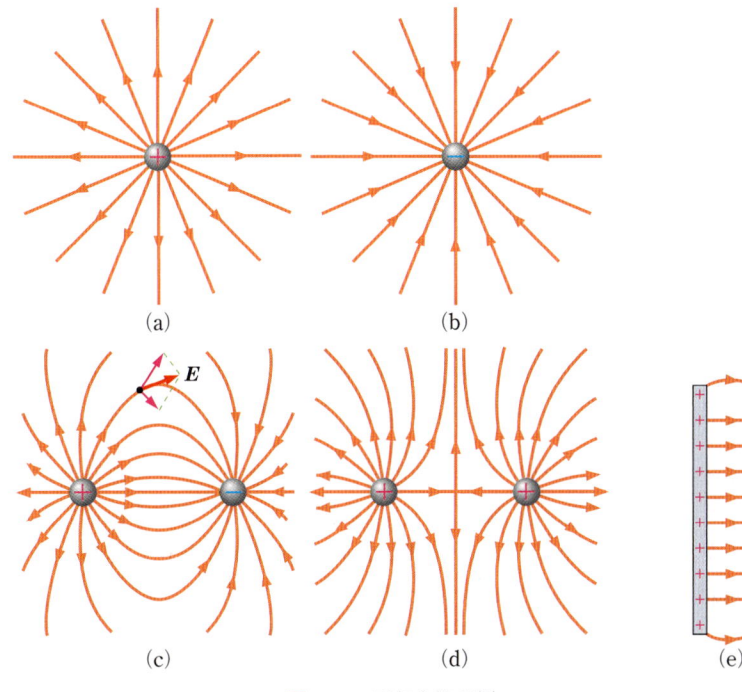

図 6.16　電気力線の例

気力線の密度を比べて電場の強さの大小を比べられる．つまり，電場のようすは電気力線によって図示できる．いくつかの場合の電気力線を図 6.16 に示す．

電気力線は正電荷で発生し，負電荷で消滅する．2 本の電気力線が交わると，交点で電場の方向が 2 方向あることになるので，電荷のあるところと電場が 0 のところを除いて，電気力線は決して交わらないし，枝別れしない．つまり，電気力線は正電荷で発生し，負電荷で消滅するが，途中で途切れたり，新しく発生したりはしない．ただし，電荷の和が 0 でない場合には，どこまでも伸びている電気力線がある [図 6.16 (a), (b), (d)]．

向きも強さも場所によらない一定な電場を一様な電場という．一様な電場の電気力線は平行で，間隔が一定である [図 6.16 (e) 参照]．

参考　電場のガウスの法則

正電荷 Q [C] が $4\pi kQ$ 本の電気力線の始点になり，負電荷 $-|Q|$ [C] が $4\pi k|Q|$ 本の電気力線の終点になるように電気力線を描くと，強さが E [N/C] の電場に垂直な面を $1\,\mathrm{m}^2$ あたり E 本の電気力線が貫く．これを**電場のガウスの法則**という．

例 2　電荷の分布が対称な場合には，電気力線を簡単に描ける場合がある．たとえば，電荷 Q が半径 R の球殻上に一様に分布している場合の電気力線は，電荷が電気力線の始点である事実と電荷分布の回転対称性から，図 6.17 (a) のようになる．したがって，
(1) 電気力線の存在しない球殻の内部では電場は **0** で，
(2) 電気力線が放射状に分布している球殻の外部での電場は，図 6.17 (b) に示す球殻上の全電荷 Q が球面の中心にある場合の電場と同じである．すなわち，

$$E = 0 \qquad r < R \text{ の場合}$$
$$E = k\frac{Q}{r^2} \qquad r \geq R \text{ の場合} \tag{6.9}$$

ここで，r は中心からの距離である．

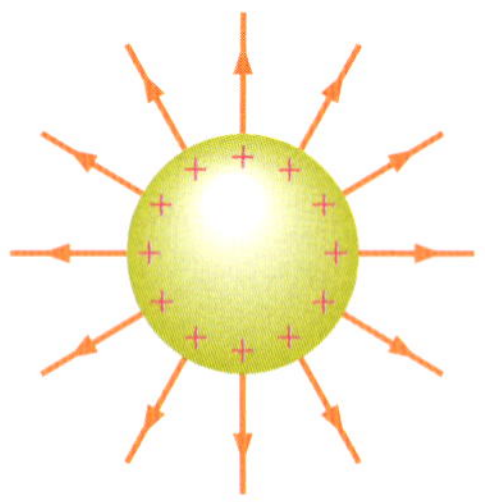

(a) 金属球殻内部の電場は 0

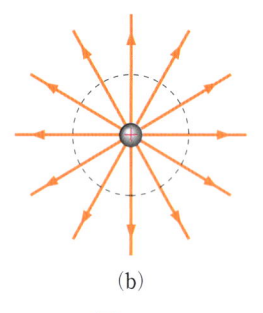

(b)

図 6.17

6.4　電　流

学習目標　電流は電荷を帯びた電子やイオンの流れであることを理解する．

導体中あるいは真空中での荷電粒子（電荷を帯びた粒子）の移動によって生じる電荷の流れを**電流**という．導線の中では負電荷を帯びた自由電子が移動する [図 6.18 (b)]．電流は電解質溶液の中でも流れる．電解質溶液の中では，正イオンと負イオンが移動する [図 6.18 (a), (b)]．電流の向きは正電荷を帯びた粒子の移動の向きと同じで，負電荷を帯びた自由電子などの移動の向きとは逆である．

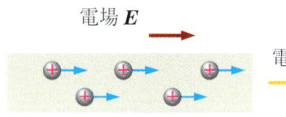

(a) 正イオン

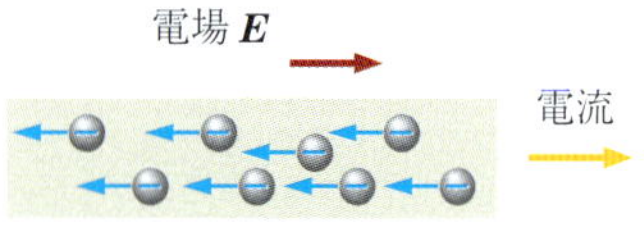

(b) 自由電子，負イオン

図 6.18　電流の向き

電流は荷電粒子の流れなので，導体を流れる電流の強さは，導体の断面を単位時間（1 秒間）に荷電粒子に伴って通過する電気量で表す．したがって，導体の断面を時間 t に通過する電気量を Q とすると，このときの電流の強さ I は，

$$I = \frac{Q}{t} \quad 電流 = \frac{流れる電気量}{時間} \tag{6.10}$$

である．電流の単位はアンペア（記号 A）で，A = C/s である．

電流 I が時間 t 流れたときに導線の断面を通過する電気量 Q は，

$$Q = It \quad 流れる電気量 = 電流×時間 \tag{6.11}$$

であることが (6.10) 式からわかり，C = A·s であることがわかる．

国際単位系では，2018 年から，電流の単位アンペア A は，電気素量 e を正確に，$1.602\,176\,634×10^{-19}$ C と定めることによって設定されている．

電流が荷電粒子の流れであることを肉眼で見ることはできない．電流が流れていることは，電流による発熱現象［図 6.19 (a)］や化学現象（電気分解）［図 6.19 (b)］などで知ることができるが，学生実験で電流の有無やその強さを知るために使用する電流計では電流の磁気作用を利用している［図 6.19 (c)］．

電流の単位　A

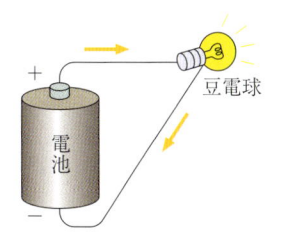

(a) 電流の発熱作用
（発熱による光の放射）

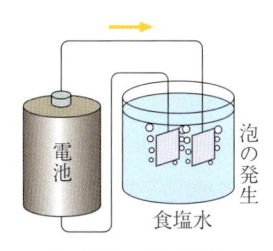

(b) 電流の化学作用
（水の電気分解）

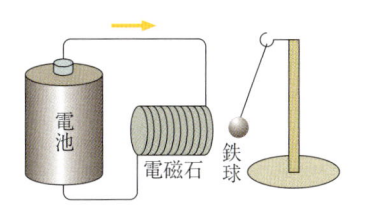

(c) 電流の磁気作用
（電磁石が鉄球を引きつける）

図 6.19 電流の 3 つの作用

6.5　電位

学習目標　電位差と電荷と電気力のする仕事の関係を理解する．電場は電位の勾配（傾き）であることを理解する．

電磁気学でもエネルギーは重要である．

高い所にある貯水タンクと低い所にある貯水タンクをパイプでつなぐと，水は高い方から低い方へと流れる（図 6.20）．高い所にある水の水位は高いといい，低い所にある水の水位は低いという．水は水位の高い方から低い方へと流れる．高さが h の所にある質量が m の物体は重力による位置エネルギー mgh をもつ．質量 m の物体が高さ h だけ落下すると，このとき重力 mg が物体にする仕事の量 mgh だけ重力による位置エネルギーは減少する．

電気にも電位があり，電流は電位の高い方から低い方へと流れる．たとえば，単 1 乾電池に導線と豆電球をつなぐと，電流は電池の正極から導線と豆電球を通って電池の負極へ流れる（図 6.21）．この乾電池の電圧が 1.5 ボルト（1.5 V）であるということは電池の正極は負極より電位が 1.5 V 高いことを意味する．

電池に豆電球をつなぐと電流が流れる原因は，導線と豆電球の中に電池の正極から負極の向きに電場 E が生じ，導線中の自由電荷 Q（実際には電荷 $-e$ の自由電子）に電気力 QE が作用するからである．自由電荷 Q が正極から負極まで移動するとき，電気力 QE は仕事を行い，電気力が行う仕事の量だけ電気力による位置エネルギー $U^{電気}$ は減少する．

水位 (h) は重力による位置エネルギー (mgh) に比例するが，2 つは

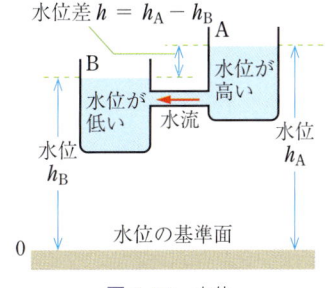

図 6.20　水位

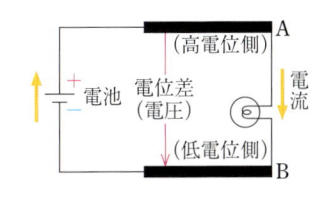

図 6.21　電流は電位の高い所から電位の低い所に流れる．

異なる量であるように，電磁気学に登場する電位（記号 V）は，単位電荷（1 クーロン）あたりの電気力による位置エネルギーで，$U^{電気} = QV$（電気力による位置エネルギー ＝ 電荷×電位）という関係で結ばれている．そこで，点 A から点 B まで電荷 Q が移動するとき，電気力 QE が電荷 Q に行う仕事を $W_{A \to B}$ とすると，エネルギー保存則は

$$Q(V_A - V_B) = W_{A \to B} \quad 電荷 \times 電位差 ＝ 電気力のする仕事 \quad (6.12)$$

となる（図 6.22）．$V_A - V_B$ を 2 点 A, B の**電位差**とよぶ．電位差は電圧ともよばれる．電位と電圧の単位はボルト（記号は V）である．

逆に，電場 E の中で電荷 Q の帯電物体に電気力 QE 以外の力を作用させて，電位が V_B の点 B から電位が V_A の点 A までゆっくり移動させるとき，外力がする仕事は $Q(V_A - V_B)$ である．

各点の電位を決めるには，電位を測る基準の点を決めなければならない．実際的な場合には，地球（アース）を基準点（$V = 0$ の点）として選ぶことが多い．

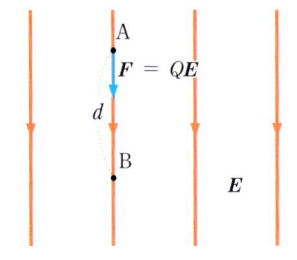

図 6.22 電荷 Q が点 A から点 B に移動するときに電気力 QE がする仕事 $W_{A \to B}$ は途中の道筋によらず一定で，$W_{A \to B} = Q(V_A - V_B)$．この図の場合 $W_{A \to B} = QEd$ である．

電位，電圧の単位　V

一様な電場の電位　一様な電場の中を点 A から点 B まで電荷 Q が移動する図 6.22 の場合には，電気力 QE のする仕事 $W_{A \to B}$ は，力の大きさが QE で力の方向への荷電物体の移動距離が d なので，

$$W_{A \to B} = QEd \quad (6.13)$$

したがって，2 点 A, B の電位差 $V = V_A - V_B$ は，(6.12) 式を使うと

$$V = V_A - V_B = \frac{W_{A \to B}}{Q} = Ed$$

$$電位差 ＝ 電場の強さ \times 距離 \quad (6.14)$$

である．つまり，電気力線に沿って電場の向きに移動すると電位は下が

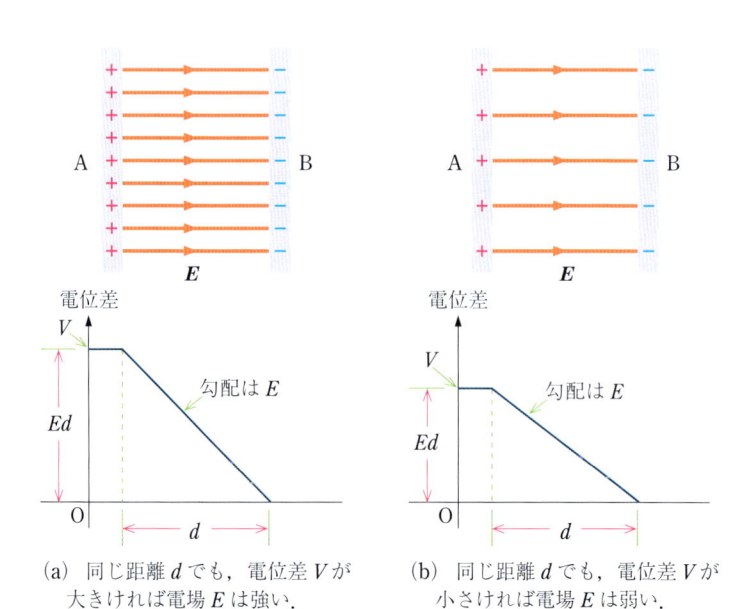

(a) 同じ距離 d でも，電位差 V が大きければ電場 E は強い．

(b) 同じ距離 d でも，電位差 V が小さければ電場 E は弱い．

図 6.23 電位 V と電場 $E = \dfrac{V}{d}$

り，電場の強さが E で，移動距離が d ならば，始点と終点の電位差 V は $V = Ed$ である．

(6.14) 式を変形すると，

$$E = \frac{V}{d} \quad 電場の強さ = \frac{電位差}{距離} \tag{6.15}$$

となるので，ある点での電場の強さ E はその付近での電位の勾配に等しい．同じ移動距離でも電位差 V が大きいと電場の強さ $E = \frac{V}{d}$ は大きく [図 6.23 (a)]，電位差 V が小さいと電場の強さ E は小さい [図 6.23 (b)]*．このように電場のようすを知るのに電位は便利である．

* (6.15) 式から電場の単位 N/C は V/m と表すこともできることがわかる．

> **問 1** 図 6.24 は電位が等しい点を連ねた等電位線の図である．点 P と点 Q の電場はどちらが強いか．また，点 P と点 Q での電場の向きを図示せよ．

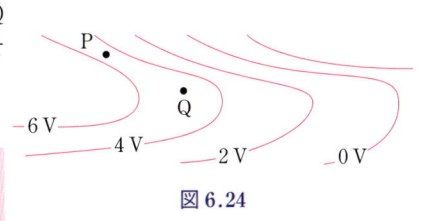

図 6.24

> **注意** 質量はつねに正であるが，電荷には正と負がある．負電荷の場合はわかりにくい．電場 E の中で負電荷 ($Q = -|Q|$) を帯びた粒子は，電場 E の逆方向を向いた電気力 $QE = -|Q|E$ を受けて，電場 E の逆方向に運動する，つまり，低電位から高電位の向きに運動する．しかし，この場合の電流の向きは負電荷を帯びた粒子の移動の向きとは逆と定めたので，この場合も電流の向きは高電位から低電位の向きである．

6.6 導体と電場

学習目標 導体中の電場がどのような特徴的な性質をもつのかを理解する．

導体を電場の中に置くと，導体中に電場が生じるので，導体中の正の自由電荷は電場の方向に動き，負の自由電荷は電場と逆の方向に動いて，導体の表面に正と負の電荷が現れる．自由電荷の移動は，表面上の電荷のつくる電場が導体の外部にある電荷のつくる電場と打ち消し合って，導体内部の電場が **0** になるまでつづく (図 6.25)．この現象は 6.2 節で学んだ静電誘導である．つまり，導体の中に電場があると，導体中で自由電荷の移動が起こってそれを打ち消すので，平衡状態では，導体中の電場は **0** ($E = 0$)．

したがって，導体内部のすべての点の電位は等しい．つまり，平衡状態では，ひとつの導体のすべての点は等電位である．

そこで，地面に導線でつないだ導体，つまり，アース (接地) した導体の電位は，つねに地面の電位に等しい．

平衡状態では導体中の電場は **0** なので，導体中に電気力線は存在しない．正電荷は電気力線の始点，負電荷は電気力線の終点である．したがって，平衡状態では，導体の内部では，正・負の電荷が打ち消し合って

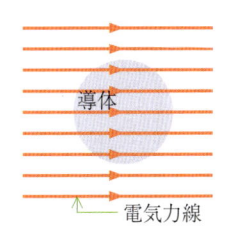

(a) 外部から加わる電場

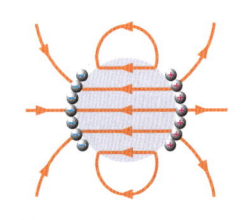

(b) 導体表面に誘起した電荷がつくる電場

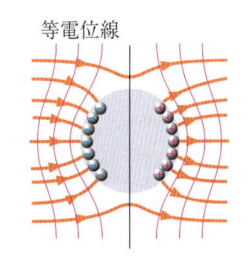

(c) 一様な電場中に導体を置いたときの電場

図 6.25 平衡状態の導体中では電場は **0** である．

いて，電荷の密度は 0 である．

静電シールド（静電遮蔽）　　導体内部では電場は **0** で，電荷の密度も 0 である．導体の内部に空洞がある場合も，空洞の中に電荷がなければ空洞の壁に電荷は現れず，空洞の内部の電場は **0** で，空洞と導体は等電位である［図 6.26 (a)］．この性質は，導体で囲まれた空間には外の電場が影響しないことを示す．このように，導体で囲み，その導体を接地することを**静電シールド（静電遮蔽）**するという［図 6.26 (b)］．

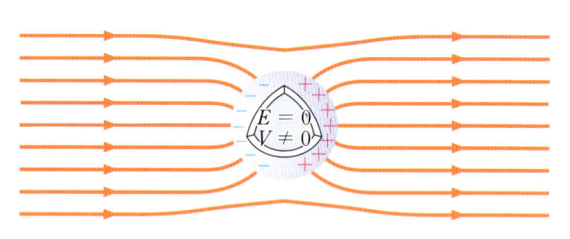

(a) 中空導体を接地しないと，導体および空洞では電場 $E = 0$，$V \neq 0$．

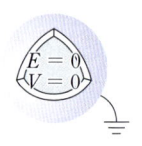

(b) 中空導体を接地すると，導体および空洞では電場 $E = 0$，電位 $V = 0$．

図 6.26　静電シールド

図 6.27　ライデン瓶　ガラス瓶の側面と底面の表と裏にスズ箔を貼り，絶縁体でつくった栓の中央から差し込んだ金属棒の下端にたらした鎖が瓶の内側のスズ箔と接触しているもの．

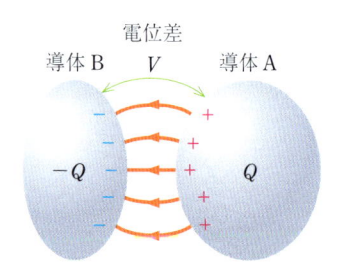

図 6.28　導体 A，B からなるキャパシター　電荷 Q は電位差 V に比例する．

電気容量の単位　F

参考　キャパシター（コンデンサー）

　導体を帯電させると，電荷がたがいに反発しあうので，1 個の導体に大きな電気量を蓄えることは難しい．2 個の導体を向かい合わせに近づけておき，一方に正，もう一方に負の電荷を与えると，正電荷と負電荷が引き合うので，大きな電気量を蓄えやすくなる．このような電荷を蓄えるための装置を**キャパシター**あるいはコンデンサーという．歴史的に最初に発明されたキャパシターは図 6.27 に示すライデン瓶であった．

　キャパシターの極板に蓄えられる電荷 Q，$-Q$ は極板間の電圧 V に比例し，

$$Q = CV \tag{6.16}$$

と表される（図 6.28）．比例定数 C を**電気容量**（あるいは静電容量）という．電気容量の大きなキャパシターほど，同じ電圧で大きな電気量を蓄えられる．電気容量の単位の 1 ファラド（記号は F）は，1 ボルト［V］の電圧によって 1 クーロン［C］の電気量が蓄えられるときの電気容量である．1 ファラドという単位は大きすぎるので，実際に

は，マイクロファラド μF (10^{-6} F) やピコファラド pF (10^{-12} F) がよく使われる．

簡単なキャパシターとして，2枚の平行な導体板（極板の面積 A，極板の間隔 d）で構成された**平行板キャパシター**がある（図 6.29）．極板の間が真空の場合の電気容量は，

$$C = \frac{A}{4\pi k d} = \frac{\varepsilon_0 A}{d} \qquad \frac{1}{4\pi k} = \varepsilon_0 = 8.85 \times 10^{-12} \text{ F/m} \qquad (6.17)$$

である．電気容量は極板の面積 A に比例し，極板間距離 d に反比例する．

キャパシターの極板の間に絶縁体を挿入すると，キャパシターの電気容量が増大する．その理由は，絶縁体の表面に誘電分極で正負の電荷が生じるので，絶縁体の中の電場が減少し，その結果，極板の電荷が同じでも電位差が減少するからである（図 6.30）．そこで，電気容量を大きくするために，多くのキャパシターでは，プラスチック膜やセラミックスなどの絶縁体を極板の間に挿入している．極板の間が真空の場合の電気容量が C_0 のキャパシターの極板間に絶縁体を挿入したときの電気容量を C とすると，増加率 $\varepsilon_r = \dfrac{C}{C_0}$ は絶縁体の物質によって決まった大きさである（たとえば石英ガラスの ε_r は 3.5〜4）．ε_r を絶縁体（誘電体ともいう）の比誘電率という．回路の中のキャパシターを表す記号として図 6.31 に示す記号が使われている．

キャパシターはエネルギーを蓄える装置でもある．キャパシターを充電するときに電池のする仕事が，電気力による位置エネルギーとしてキャパシターに蓄えられる．極板間の電圧が V で，極板に電荷 Q，$-Q$ が蓄えられている電気容量が C のキャパシターには，電気力による位置エネルギー U

$$U = \frac{Q^2}{2C} = \frac{1}{2}VQ = \frac{1}{2}CV^2 \qquad (Q = CV) \qquad (6.18)$$

が蓄えられている．

図 6.29 平行板キャパシター

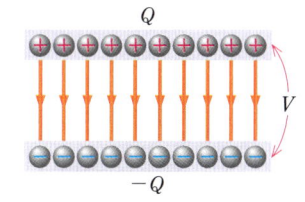

(a) 真空中のキャパシター

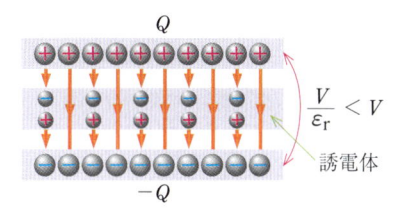

(b) 誘電体を挿入する

図 6.30

図 6.31 キャパシターの記号

6.7 回路と起電力

学習目標 電流の流れる回路は，電源が供給する電気エネルギーを回路素子の所に移動させ，他の形態のエネルギーに変換させる装置であることを理解する．

停電すると社会の活動は麻痺し，日常生活は不便になる．電力は動力源，エネルギー源だからである．電力は電源で生み出される．もう少し厳密にいうと，他の形態のエネルギーが電源で電気エネルギーに転換される．この電気エネルギーは電源から導線を通じて家庭や工場に運ばれ，そこで電灯を点灯させたり，スピーカーをならしたり，モーターを

図 6.32 回路基板のキャパシター

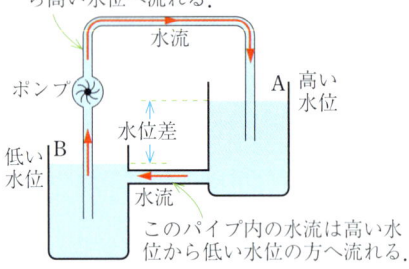

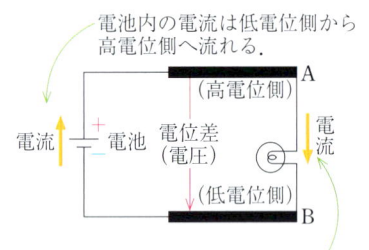

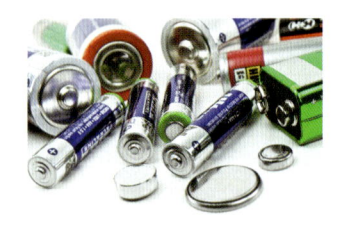

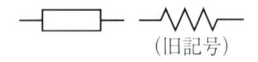

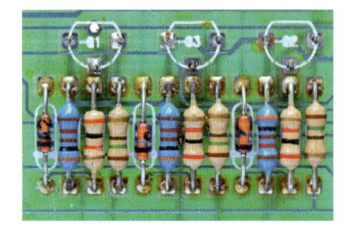

動かしたり，ヒーターで熱を発生させたりして，別の形態のエネルギーに転換する．この過程で重要な役割を果たすのは電流である．

電流の流れる通り路を**回路**という．回路には，エネルギーを供給する電源と，電気エネルギーを光，熱，音，化学エネルギー，仕事などに変換する電球，電熱器，スピーカー，電解質溶液，モーターなどが含まれている．電流が流れている電気回路は，電気エネルギーを別の場所に運ぶ装置であるとともに，電気エネルギーを別の形のエネルギーに変える装置でもある．電磁気学では，回路を導線で抵抗器，キャパシター，コイル，ダイオード，トランジスター，電源などを接続したものとみなし，抵抗器，キャパシター，コイル，ダイオード，トランジスターなどを回路素子という．

この章では，抵抗器と電池だけを接続した回路を考える．この回路には，定常電流とよばれる，一定の向きで一定の大きさの電流が流れ続けるので**直流回路**という．

水は高い所から低い所に流れる．水を流し続けるには，低い所から高い所へポンプなどを使って水を押し上げる必要がある［図6.33(a)］．電流が定常的に流れるには電源（起電力）が必要である．豆電球に電流を流して光りつづけさせるには，豆電球のソケットに電池を接続し，両端の電位差を一定に保つ必要がある［図6.33(b)］．

このように，電位差を一定に保ち続ける働きを起電力といい，起電力を発生させる装置を電源という．電源には電池（化学電池，太陽電池），発電機，熱電対などがある．電池の記号を図6.34に示す．長い線が正極，短い線が負極を表す．

電源の起電力の大きさは発生させる電位差で表す．この電位差を**電圧**ともいう．したがって，起電力の単位は電位差（電圧）の単位のボルト（記号V）である．

6.8 オームの法則

学習目標 オームの法則を理解し，記憶する．

オームの法則 電流が流れるのを妨げる作用を**電気抵抗**あるいは単に**抵抗**という．導線にもある程度の抵抗はあるが，抵抗の役割を担う部品（回路素子）が使用されていて，**抵抗器**とよぶが，単に抵抗とよぶことが多い．抵抗器はセラミックス，炭素，あるいは合金のコイルなどから作られている．抵抗器の記号として，図6.36に示されているものを使う．

図6.38に示すように，抵抗器の両端に電源を接続し，温度が一定になるようにして電源の電圧Vを変化させると，抵抗器を流れる電流Iは電圧Vに比例する，つまり，抵抗器を流れる電流Iは抵抗器の両端の電位差（電圧）Vに比例する．

この比例関係はオームによって1827年に発見されたので，**オームの**

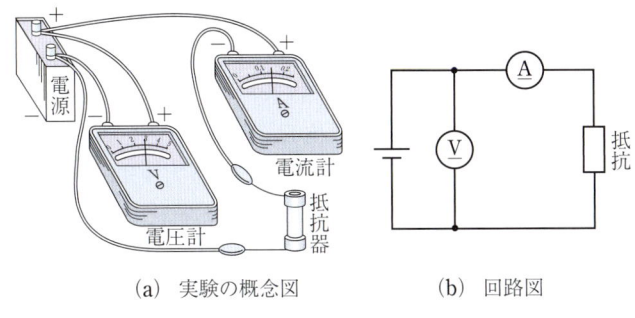

(a) 実験の概念図　　(b) 回路図

図 6.38　電流と電圧の測定

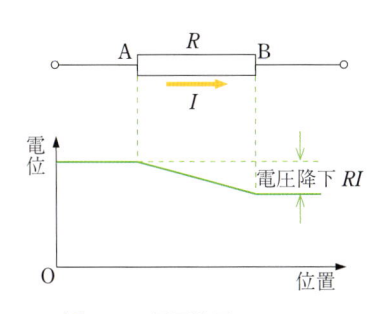

図 6.39　電圧降下　$V = RI$

電気抵抗の単位　Ω

法則という．この法則を

$$V = RI \quad 電圧 = 抵抗 \times 電流 \quad （温度一定のとき） \qquad (6.19)$$

と表し，比例定数 R をこの抵抗器の**電気抵抗**または**抵抗**という．抵抗の単位をオーム（記号 Ω）という．

オームの法則は，電圧と電流があまり大きくない場合に成り立つ近似的な関係である．オームの法則は金属ではよく成り立つが，電解質溶液，ダイオード，放電管などでは成り立たない．たとえば，ダイオードでは電流と電圧が比例しないばかりでなく，同じ電圧でも電圧をかける向きによって流れる電流の大きさが異なる．

電気抵抗をもつ物体の内部を電流 I が流れている場合，電流の向きに電位は低くなる．これを**電圧降下**という．電気抵抗が R の部分の電圧降下はもちろん RI である（図 6.39）．

金属の場合，温度が高くなると，正イオンの熱振動が激しくなり，自由電子と正イオンとの衝突が増加するので，金属の電気抵抗は温度とともに増加する．電球のタングステンのフィラメントに電流が流れて，フィラメントの温度が上昇し，光を放射しているときのフィラメントの抵抗は，室温のときの抵抗よりはるかに大きくなる．

電気抵抗が導体と絶縁体の中間の**半導体**とよばれる物質がある．温度が上昇すると，半導体の電気抵抗は減少する．

超伝導　　原子の世界の力学である量子力学によると，正イオンが結晶格子上に規則的に並んで静止していると，その中を伝わっていく電子の波（**8.5** 節参照）はそれに衝突して進行方向が曲げられるということはない．したがって，結晶格子上に並んでいる正イオンの熱振動がなくなる絶対零度（$-273.15\,°\mathrm{C}$）でのみ，金属の電気抵抗は 0 になることが予想される．しかし，実際には，水銀などの多くの金属や合金では，極低温ではあるが絶対零度以上の臨界温度とよばれる温度で抵抗が 0 になることが見出されている [図 6.40 (a)]．この現象を**超伝導**という．超伝導はカマリング・オネスによって 1911 年に発見された．

抵抗の接続　　2 つ以上の抵抗を接続して，それを 1 つの抵抗とみなす

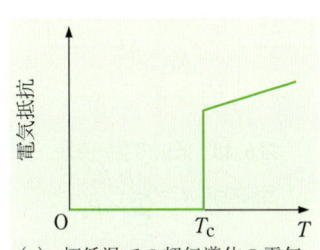

(a) 極低温での超伝導体の電気抵抗の温度変化の概念図（T_c は臨界温度）．

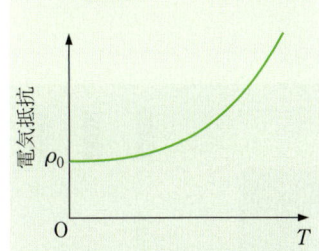

(b) 極低温での非超伝導体の電気抵抗の温度変化の概念図．Cu や Ag のように極低温で超伝導にならない金属の電気抵抗は，理論的には絶対零度（0 K）で消滅するはずであるが，不純物やイオン配列の乱れなどで，約 10 K 以下ではほぼ一定になる．

図 6.40　極低温での電気抵抗

図 6.41　磁気浮上

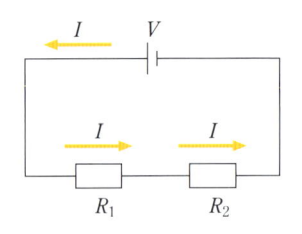

図 6.42 抵抗の直列接続
合成抵抗 $R = R_1 + R_2$

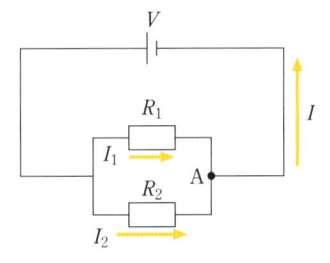

図 6.43 抵抗の並列接続
合成抵抗 $R = \dfrac{R_1 R_2}{R_1 + R_2}$

とき，その抵抗を合成抵抗という．

直列接続　いくつかの抵抗を一列に連ねて接続する方法を直列接続という．図 6.42 からわかるように，抵抗 R_1 を流れる電流と抵抗 R_2 を流れる電流は同じ電流 I である．抵抗 R_1, R_2 での電圧降下は $R_1 I, R_2 I$ で，2 つの抵抗による電圧降下の和が電池の起電力 V に等しいので，

$$V = R_1 I + R_2 I = (R_1 + R_2) I \tag{6.20}$$

になる．2 つの抵抗を 1 つの抵抗とみなし，(6.20) 式を $V = RI$ と記せば，2 つの抵抗を直列接続したものの合成抵抗 R は

$$R = R_1 + R_2 \tag{6.21}$$

となる．直列接続での合成抵抗は各抵抗の和なので，どちらの抵抗の値より大きい．直列接続ではどの 1 つの抵抗が作動しなくなっても電流が流れなくなる．

並列接続　いくつかの抵抗を並べ，それぞれの両端をまとめて接続する方法を並列接続という．図 6.43 の 2 つの抵抗 R_1 と R_2 での電位降下 $R_1 I_1$ および $R_2 I_2$ は電池の起電力 V に等しいので

$$V = R_1 I_1, \qquad V = R_2 I_2 \tag{6.22}$$

が得られる．したがって，抵抗 R_1, R_2 を流れる電流 I_1, I_2 は

$$I_1 = \frac{V}{R_1}, \qquad I_2 = \frac{V}{R_2} \tag{6.23}$$

である．電池を流れる電流 I は 2 つの抵抗を流れる電流の和なので，

$$I = I_1 + I_2 = \frac{V}{R_1} + \frac{V}{R_2} = \left(\frac{1}{R_1} + \frac{1}{R_2}\right) V \tag{6.24}$$

である．2 つの抵抗を 1 つの抵抗とみなし，(6.24) 式を $I = \dfrac{V}{R}$ と記せば，2 つの抵抗を並列接続したものの合成抵抗 R は

$$\frac{1}{R} = \frac{1}{R_1} + \frac{1}{R_2} \qquad \therefore \quad R = \frac{R_1 R_2}{R_1 + R_2} \tag{6.25}$$

となる．並列接続での合成抵抗は 2 つの抵抗のどちらよりも小さくなる．並列接続ではどの抵抗が作動しなくなっても，他の抵抗には同じ電流が流れつづける．各抵抗を流れる電流は他の抵抗の有無に無関係であり，各抵抗を流れる電流は抵抗の大きさに反比例する．

　家庭で電気製品を利用するために，電気製品のコードのプラグを壁のコンセントに差し込むが，これは並列接続である．あまり多くの電気製品を同時に使用すると，屋外からの引き込み線や屋内の配線を流れる電流が大きくなり過ぎて危険なので，限度以上の電流が流れると，電気製品と直列に入っているブレーカーが切れて電流が流れなくなるようにしてある．

図 6.44 ブレーカー

6.9　電源のパワーと電流の仕事率

学習目標　電源と電流の仕事率（パワー）の公式およびジュール熱の公式の導き方を理解する．

電池を電源とする直流回路に電流が流れるのは電池の起電力のする仕事による。起電力 V の電池の中を電荷 Q が負極から電位が V だけ高い正極へ移動するときに，電池は仕事 QV を行う [図 6.45 (a)]．電源が行った仕事は正極での電荷 Q の電気力による位置エネルギーになる．これはポンプで水を高い所の貯水池にくみ上げると，くみ上げる仕事が貯水池の水の重力による位置エネルギーになる事実に対応する．

貯水池の水門を開いて，水を下の発電所まで落下させると，発電機の水車が回転し，貯水池での水の重力による位置エネルギーは，落下して水車に仕事をすることを通して，電気エネルギーに変換される．これに対応して，電池に回路をつなぐと，回路に電流が流れるが，回路で電流はいろいろなタイプの仕事をし，この仕事はいろいろな形のエネルギーになる．たとえば，回路に電球があれば光や熱のエネルギーになり，モーターがあれば力学的な仕事になり，さらに別の形のエネルギーに変わる [図 6.45 (b)]．電池の正極から回路を通って電位が V だけ低い負極まで電荷 Q が移動するとき，電流がする仕事は，導線中の電場が電荷に作用する電気力がする仕事に等しく，やはり QV である．電源がする仕事と電流がする仕事が等しい事実は，エネルギーが一定に保たれるというエネルギー保存則を表す．

回路を電流 I が流れると，時間 t に移動する電荷は $Q = It$ である [(6.11) 式]．したがって，電源も電流も時間 t に $QV = ItV$ という仕事を行う．この仕事の仕事率 P，つまり，単位時間 (1 秒) あたりに行われる仕事は，仕事 $QV = ItV$ を時間 t で割った答の IV，つまり，

$$P = IV \quad \text{仕事率 = 電流×電圧} \tag{6.26}$$

である．したがって，起電力 V の電源が電流 I を回路に流しているとき，

1 秒間あたりに仕事 VI が電源の中でなされる (電源の仕事率)

それによって

1 秒間あたりに仕事 VI が回路の中でなされる (電流の仕事率)

ことがわかった．仕事率を**パワー**ともいう．仕事率 (パワー) の単位は**ワット**である (記号 W)．

電流の仕事率を**電力**といい，電流のする仕事を**電力量**という．電力量の実用単位として 1 kW の電力が 1 時間にする仕事の **1 キロワット時** (記号 kWh) を使うことが多い．

$$1 \text{ kWh} = (1000 \text{ W}) \times (3600 \text{ s}) = 3.6 \times 10^6 \text{ J} \tag{6.27}$$

ジュール熱 電気抵抗のある導体に電流を流すと，熱が発生し，導体の温度が上昇する．電熱器や白熱電灯はこの性質を利用している．石の空中での落下では，石が高い所にある場合にもつ重力による位置エネルギーは落下するにつれて運動エネルギーに変わる．しかし，雨滴が落下する場合には，雨滴は空気抵抗のために一定の速さで落下し，重力に

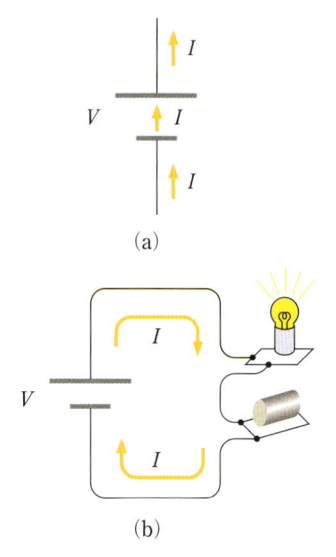

図 6.45 (a) 電源でなされた仕事は，(b) 電場が回路の中で自由電子にする仕事になり，それがいろいろな形のエネルギーになる．回路に電球があれば光や熱のエネルギーになり，モーターがあれば力学的な仕事になる．

仕事率 (パワー) の単位
$$W = A \cdot V$$

電力量の実用単位
キロワット時 (kWh)
$$1 \text{ kWh} = 3.6 \times 10^6 \text{ J}$$

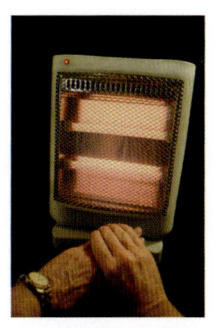

図 6.46 電気ストーブ

図 6.47 導線の中では自由電子が正イオンの間を，加速，熱振動している正イオンとの衝突，散乱，加速，…，という過程を繰り返し，平均としては一定の速度 v で電場 E の逆方向に移動する．電場のない場合（点線）と電場のある場合（実線）の時間 Δt での自由電子の変位の差が $v\Delta t$.

よる位置エネルギーは空気抵抗で生じる熱になる．

電池を導線の両端につなぐ場合，電池のする仕事は導線の中での電子の加速に使われるのではない．導線中では，自由電子は熱振動している正イオンや不純物と衝突を繰り返しながら一定の平均速度で運動している（図 6.47）．つまり，導線中の自由電子は，空気中での石の自由落下に対応する運動（加速運動）を行うのではなく，雨滴の落下に対応する運動（等速運動）を行う．この場合，電池の化学エネルギーは，導線中の正イオンの熱振動のエネルギーに転化して，導線の中で熱になり，導線の温度が上昇する．

抵抗 R の導線に起電力 V の電源を接続して，回路に電流 I が流れる場合，導線中で 1 秒間あたりに発生する熱量 Q は，電流の仕事率 P,

$$P = VI = RI^2 = \frac{V^2}{R} \qquad 仕事率 = 抵抗 \times (電流)^2 = \frac{(電圧)^2}{抵抗}$$
(6.28)

に等しい．ここでオームの法則 $V = RI$ を使った．

発生する熱量が電流の 2 乗に比例することを実験的に最初に発見したのはジュールだったので，この電流が発生する熱を**ジュール熱**とよぶ．t 秒間に発生するジュール熱 Q は

$$Q = Pt = VIt = RI^2 t = \frac{V^2 t}{R}$$
(6.29)

である．Q の単位はジュール [J] である．熱の単位にカロリー [cal] を使うときには，$1\,\text{cal} \approx 4.2\,\text{J}$ に注意すること．なお，1 g の水（1 cm³ の水）の温度を 1 ℃ 上昇させるのに必要な熱量が $1\,\text{cal} \approx 4.2\,\text{J}$ である．

電力会社の供給する電力は電圧が周期的に変動する交流であるが，電圧の値に対しても電流の値に対しても実効値を使うと，(6.19)，(6.26)，(6.28) 式は交流でも成り立つ．日常生活で利用している交流電源の電圧の 100 V という値は実効値が 100 V だという意味である（7.4 節参照）．

図 6.48 ヘアドライアー

例 3 家庭用の 40 W の電球に流れている電流 I は

$$I = \frac{P}{V} = \frac{40\,\text{W}}{100\,\text{V}} = 0.4\,\text{A}$$

なので，この電球の抵抗 R は

$$R = \frac{V}{I} = \frac{100\,\text{V}}{0.4\,\text{A}} = 250\,\Omega$$

である．

問 2 あるドライヤーを 100 V の電力線につなぐと 8 A の電流が流れる．
(1) どのくらいの電力が使われるか．
(2) 1 g の水を蒸発させるためには 2600 J が必要だとすると，0.5 kg の水を含んだ，湿った洗濯物を乾燥させるのにどのくらい時間がかかるか．

演習問題 6

1. 箔検電器は電荷の検出だけでなく，箔の開き方で電気量の測定に用いられることを説明せよ．

2. 図1のように1Cの電荷と4Cの電荷が一直線上に60 cm 離れて置かれている．この直線上に1Cの電荷を置いたときに，作用する電気力の総和が **0** となる位置はどれか．

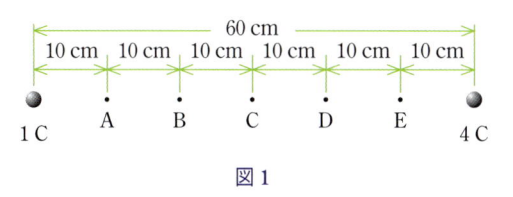

図1

3. (1) 電位差が1.5 Vの電池の正極から導線を通って負極まで10 Cの電荷が移動するとき，導線内の電場が電荷にする仕事はいくらか．
   (2) 10 Cの電荷が，この電池の負極から電池の中を正極まで移動するとき，電池が電荷にする仕事はいくらか．

4. 空間のある部分が等電位だとする．この部分での電場はどうなっているか．

5. 図2に示す回路の合成抵抗値は何Ωか．

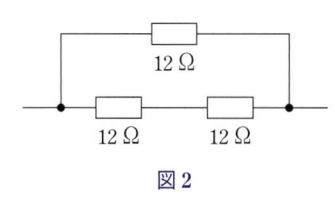

図2

6. 100 Ωの抵抗4本を図3のように接続する．AB間，AC間の合成抵抗を求めよ．

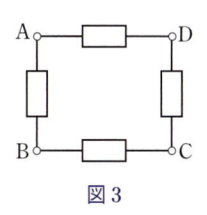

図3

7. 100 Wの電球と60 Wの電球ではどちらの方の抵抗が大きいか．

8. 100 Ωの抵抗について正しいのはどれか．
   ① 100 Vの電池に接続すると100 Wの電力を消費する．
   ② 実効値100 Vの交流電圧をかけると，実効値が約1.4 Aの電流が流れる．
   ③ 実効値が1 Aの交流電流を流すと抵抗両端の電圧の実効値は約140 Vになる．
   ④ 実効値が100 Vの交流電圧をかけたときに流れる電流の実効値は100 Vの電池のときの2倍になる．

9. 図4の回路で，すべての電球の抵抗は2Ωで，電源は6 Vである．電球3の消費電力を増加させるのは，次のどれか．
   ① 電球3の抵抗を減少させる．
   ② 電球3の抵抗を増加させる．
   ③ 電源の起電力を減少させる．
   ④ もう1つの抵抗をCに入れる．

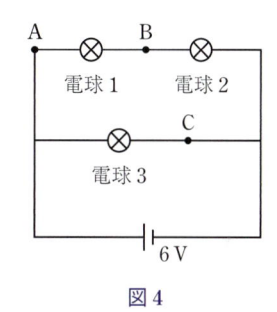

図4

10. 20 °Cの水500 mLの入った電気ポット（ヒーターの抵抗は100 Ω）に電流1 Aを1分24秒流した．水の温度は何 °Cまで上昇するか．ただし，1 cal = 4.2 Jとし，ヒーターで発生する熱はすべて水に均一に吸収されるものとする．

7 電磁気学

　電気現象も磁気現象も古くから知られていたが，電気と磁気は無関係だと考えられていた．電気と磁気の密接な関係が発見されたのは，1800年に化学電池が発明され，定常的に流れる電流が得られるようになってからであった．1820年に電流はそばにある磁石に力を作用することが発見され，1831年にはコイルに磁石を出し入れすると，コイルに電流が流れるという電磁誘導現象が発見された．このような実験結果から電磁気学が生まれ，電磁波が予言され，光は電磁波であることが明らかになった．電磁気学に基づく発見の成果が，現代社会に不可欠なモーター，発電機，変圧器，通信システムなどである．本章では電磁気学およびモーター，発電機，変圧器などの作動原理を学ぶ．

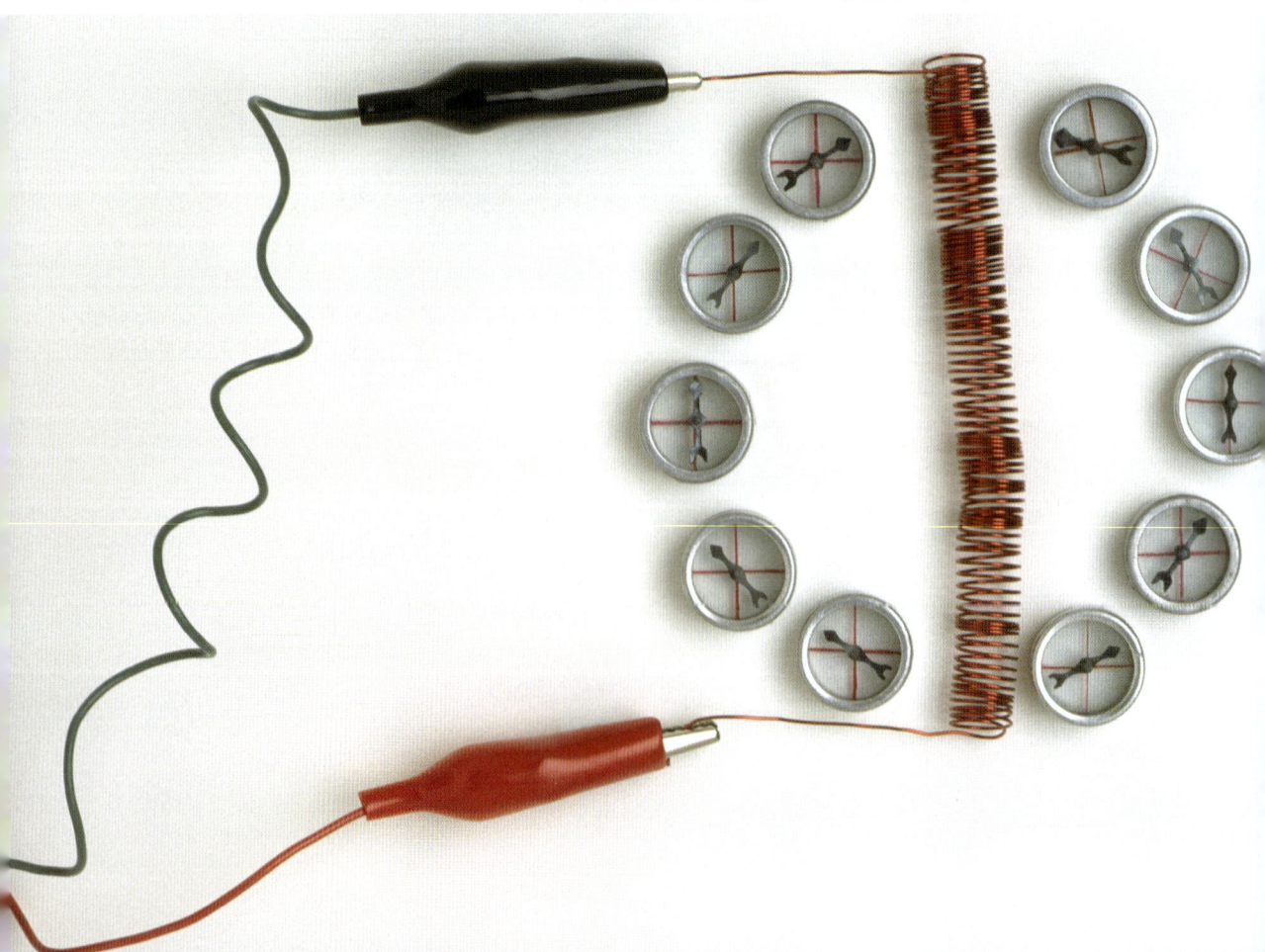

7.1 磁石と磁場

学習目標 磁気力は磁場を仲立ちにして作用し，磁場のようすは始点も終点もない閉曲線の磁力線によって表されることを理解する．地球は大きな磁石で，地球の北極の近くにある磁極はS極，南極の近くにある磁極はN極であることを理解する．

磁石と磁極 磁石は鉄を引きつける．棒磁石を調べると，鉄を引きつける力が最も強い部分が両端にあることがわかる．これを**磁極**という．方角を調べる磁針の北を指す磁極をN極（あるいは正極）といい，南を指す磁極をS極（あるいは負極）という．磁極の強さを磁荷という．

図7.1 方位磁石（コンパス）

1つの磁石の両端の磁極の強さは等しい．磁極の間に働く力には，電荷の間に働く力に似た性質があり，同種の磁極の間には反発力，異種の磁極の間には引力が働き，反発力あるいは引力の強さは磁極の磁荷の積に比例し，磁極の距離の2乗に反比例する（図7.2）．

しかし，電気の場合とは異なり，N極だけの磁石やS極だけの磁石をつくることはできない．図7.3のように，棒磁石を2つに切ると，切り口にN極とS極が現れて，2本の磁石になる．これまで単磁極（分離された磁極）は発見されていないので，電磁気学は単磁極が存在しないとして構成されている．

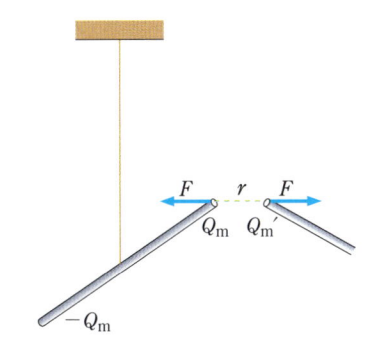

図7.2 磁荷 Q_m, Q_m' の磁極の間に働く力
$F = k' \dfrac{Q_m Q_m'}{r^2}$ （$Q_m Q_m' > 0$の場合）
k'は比例定数

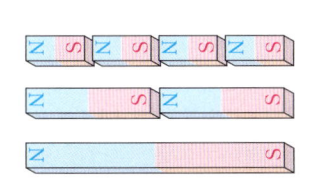

図7.3 磁石と磁極．磁石を切断してもN極やS極だけの磁石はつくれない．

＊ 歴史的な理由で，物理学では磁場の強さと向きを表すベクトル量を，**磁束密度**（単位はテスラ，記号は T）とよび，B という記号で表すが，本書では磁束密度ではなく磁場とよぶ．

磁場の単位　T

図7.4 磁気治療器．コリとは，日々の生活習慣による緊張や疲労が積み重なり，筋肉が収縮して太く，硬くなった状態．硬くなった筋肉は血管を圧迫し，血流が滞ることで老廃物が蓄積する．「磁気が体内成分に働きかけ，血行を改善し，老廃物を流し，コリをほぐす」とされている．

磁場と磁力線 電荷の間に働く力は電場が仲立ちするように，磁極の間に働く力は**磁場**＊が仲立ちする（工学では磁場を**磁界**とよぶ）．電場の場合，単位正電荷（+1Cの電荷）に作用する電気力の強さと向きで電場の強さと向きを定義した．磁場の場合はN極に作用する磁気力の向きが磁場の向きである．磁場の単位のテスラ（記号 T）は電流に作用する磁気力の強さを利用して 7.3 節で定義する．

磁場のようすは磁力線で表される．**磁力線**は線上の各点での接線が磁場 B の向きを向いている向きのある線である．N極には磁力線の向きに磁気力が働き，S極には磁力線の逆向きに磁気力が働くので，磁石の

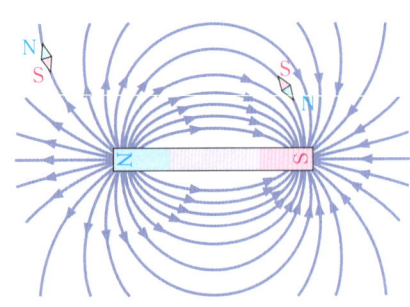

図 7.5 磁石の外側の磁力線のようす

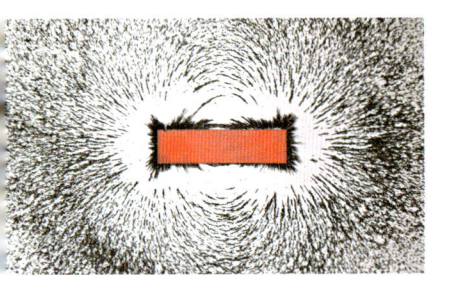

図 7.6 棒磁石の上の下敷に鉄粉をまく

＊ B [T] は磁場の強さをテスラ T を単位として表したときの数値部分．

磁束の単位　Wb ＝ T・m²

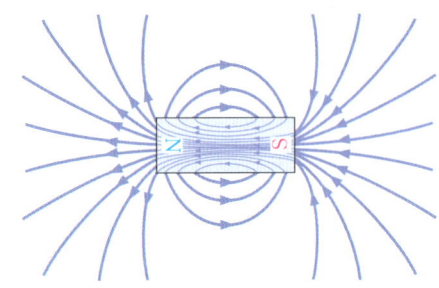

図 7.7 磁場 B の磁力線は始点も終点もない閉曲線である（磁石の中の磁力線は右から左の方を向いている）．

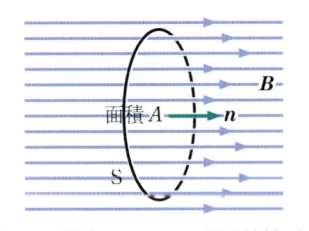

図 7.8 磁束 $\Phi = BA$　面の法線ベクトルは面の裏→表の向きを向いている．磁場の向きと面の法線ベクトルが逆向きだと $\Phi = -BA$．磁場の向きと面の法線ベクトルのなす角が θ の場合は $\Phi = BA\cos\theta$．

そばに小さな磁針（細い磁石）を置くと，磁針の指す向きが磁力線の向きである（図 7.5）．磁石のつくる磁場の磁力線のようすは，磁石の上にガラス板をのせ，その上に鉄粉をまいて板をゆすると，微小な磁石になった鉄粉が磁力線に沿ってつながるので，磁力線のようすが目に見えるようになる（図 7.6）．

磁石の中の磁力線をこの方法で観察することはできないが，磁場の変化によって誘導起電力が生じる電磁誘導現象の研究によって，図 7.7 に示すように，磁石の中の磁力線は S 極から N 極の方に向かい，磁力線は閉曲線，つまり，始点も終点もない閉じた曲線であることがわかった．電気力線の場合は，正電荷が電気力線の始点で，負電荷が電気力線の終点であるが，単磁極が存在しないので，磁力線には始点も終点も存在しないのである．磁力線が磁石の中から外に出るところが N 極で，磁力線が外から磁石の中に入るところが S 極である．

電気力線の場合と同じように，磁力線の密度が磁場の強さに比例するように磁力線を描く．磁場の強さが B [T] の場所では磁場に垂直な面積 1 m² の平面を B 本の磁力線が貫くように描くとき，面 S を裏から表の方へ（法線ベクトル $\boldsymbol{n}$ の向きに）貫く磁力線の正味の本数 Φ を面 S を貫く**磁束**とよぶ（図 7.8）＊．磁場 B [T] の磁力線が面積 A [m²] の面 S を裏から表へ垂直に貫く図 7.8 の場合，$\Phi = BA$ である．磁束の単位は T・m² で，ウェーバとよぶ（記号 Wb）．

地球の磁場　磁針が南北方向を向くのは地球が大きな磁石だからである．地球の北極の近くにある地球磁石の磁極は磁針の N 極を引きつけるので，磁極としては S 極であり，地球の南極の近くにある地球磁石の磁極は磁針の S 極を引きつけるので，磁極としては N 極である．図 7.9 に，磁力線を使って，地球周辺の磁場のようすを示した．われわれは地球の磁場の中で生活している．東京付近では地球の磁場の強さは約 2 万分の 1 テスラ（4.6×10^{-5} T）で，その向きは水平から約 49° 下の方向を向いている．なお，地磁気の強さは時間とともに変化しており，数十万年に一度くらいの頻度で地磁気の向きは反転してきた（図 7.10）．

地球磁場の原因は，液体状態で電気抵抗の小さい地球のコアの外核部を流れている大きな円電流によるものだと考えられている（図 7.11）．

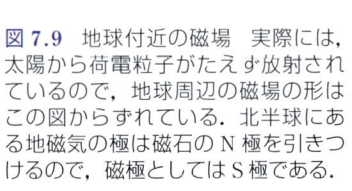

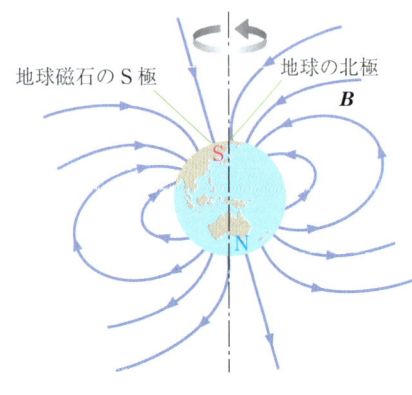

図 7.9 地球付近の磁場　実際には，太陽から荷電粒子がたえず放射されているので，地球周辺の磁場の形はこの図からずれている．北半球にある地磁気の極は磁石の N 極を引きつけるので，磁極としては S 極である．

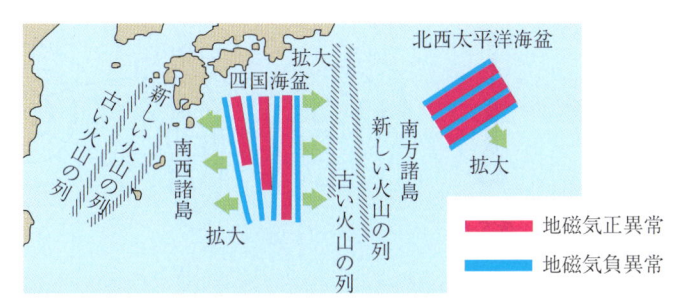

図 7.10 地磁気図（海上保安庁，1994年3月24日発表）
マグマは，上昇して海底で固まって岩石になるときに，そのときの地磁気の方向に磁化する．岩石が湧き出し口から両側にゆっくり移動してできた海底には，N極（正異常）の部分とS極（負異常）の部分が，間隔が数十kmの縞模様をつくっている．

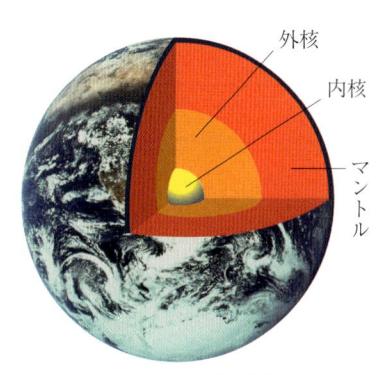

図 7.11 地球の構造

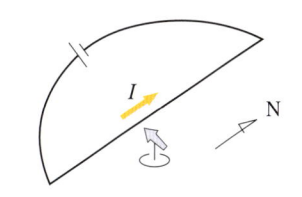

図 7.12 エルステッドの実験
南から北に電流を流すと，導線の下の磁針は図のように振れる．

$\mu_0 = 4\pi \times 10^{-7}$ T·m/A

7.2 電流のつくる磁場

学習目標 電流はその周囲に磁場をつくることを理解し，長い直線電流のつくる磁場，円電流のつくる磁場，長いソレノイドを流れる電流がつくる磁場の特徴を覚える．

磁石に力を作用するのは他の磁石だけではない．電流も近くの磁石に力を作用する．図 7.12 のように，電流のそばに磁針を置くと，磁針の向きは，電流の流れている間，一定の方向に偏りつづける．つまり，電流はその周囲に磁場をつくる．この事実は 1820 年にエルステッドによって発見された．図 7.12 の実験が示すように，磁極に働く力の向きは，電流の向きと，磁極から電流に下ろした垂線の向きのどちらにも垂直である．2 物体の間に働く力の向きが 2 物体を結ぶ線に沿っている他の力とは異なるタイプの力である．

長い直線電流のつくる磁場 電流の流れている長いまっすぐな導線に垂直な厚紙に砂鉄をまくと，砂鉄は導線を中心とする円状につながる [図 7.13 (a)]，したがって，長い直線電流のつくる磁場の磁力線は電流を中心とする円である．磁場の向きは，電流の向きに進む右ねじの回る向きである．これを**右ねじの規則**という [図 7.13 (b)]．磁場の強さ B は，電流の強さ I に比例し，電流からの距離 d に反比例する．

$$B = \frac{\mu_0 I}{2\pi d} \quad (7.1)$$

磁気定数とよばれる比例定数 μ_0（ミュー・ゼロと読む）は，磁場の単位としてテスラ [T]，電流の単位としてアンペア [A]，長さの単位としてメートル [m] を使うと*，

$$\mu_0 = 4\pi \times 10^{-7} \text{ T·m/A} \quad (7.2)$$

円電流がつくる磁場 円形の導線（コイル）を流れる電流がつくる磁

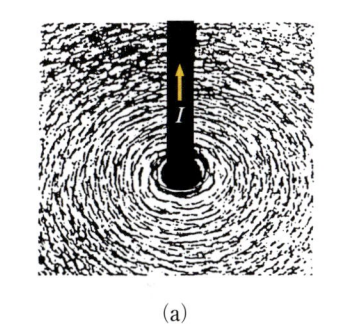

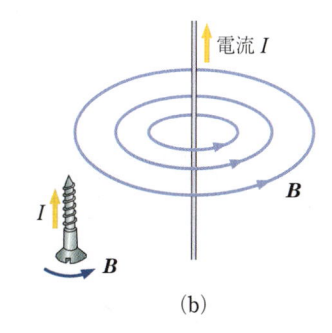

図 7.13 長い直線電流のつくる磁場．磁力線は電流を中心とする同心円である．電流の向きに進む右ねじの回転の向きが磁力線の向きである．

* 2018 年の電流の単位アンペアの定義の改定に伴い，磁気定数の値がわずかに変わった．簡単のために，本書の数値計算では，(7.2) 式の値を使う．

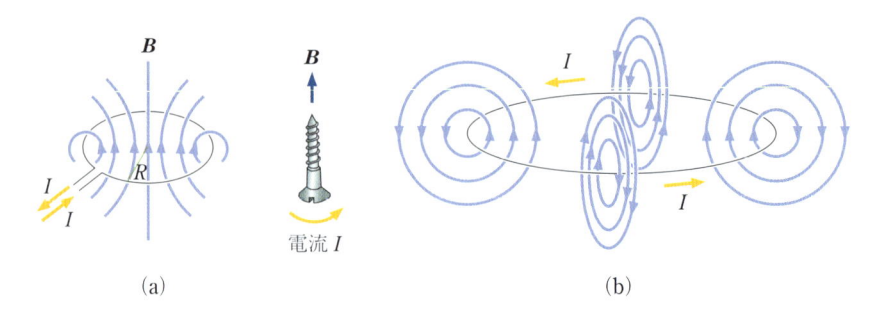

図 7.14 円電流のつくる磁場

場は図 7.14 (a) のようになる．このようになることは，コイルを短い部分に分けて考えると，各部分はそのまわりに直線電流の場合と同じような磁場をつくることと [図 7.14 (b)]，コイルを流れる電流がつくる磁場は，短い部分がつくる磁場の重ね合わせによって得られることからわかる．コイルを貫く磁場は，円電流の流れの向きに右ねじを回すとき，ねじの進む向きを向いている．

長いソレノイドを流れる電流がつくる磁場

絶縁した導線を密に円筒状に巻いたものをソレノイドという．ソレノイドに電流を流したときに生じる磁場は，多数の円電流のつくる磁場の重ね合わせなので，図 7.16 のようになる．ソレノイドの外部の磁場は棒磁石の外部の磁場（図 7.5）に似ている．

半径に比べて長いソレノイドに電流を流すとき，ソレノイドの内部に生じる磁場は，両端に近いところを除けばソレノイドの中心軸に平行で，強さはどこでもほぼ同じで，向きは電流の向きに右ねじを回したときに，ねじの進む向きになる（図 7.16）．ソレノイド内部の磁場は電流が強いほど強く，ソレノイドの巻き方が密なほど強い．つまり，中空の長いソレノイドの内部での磁場の強さは，電流 I に比例し，単位長さあたりの巻き数 n に比例し，コイルの半径に無関係である．

図 7.15 CERN（ヨーロッパの国際的な素粒子研究所）の陽子-陽子衝突型加速器 LHC の ATLAS 検出器に超伝導ソレノイドコイルを据え付ける作業をしているところ．

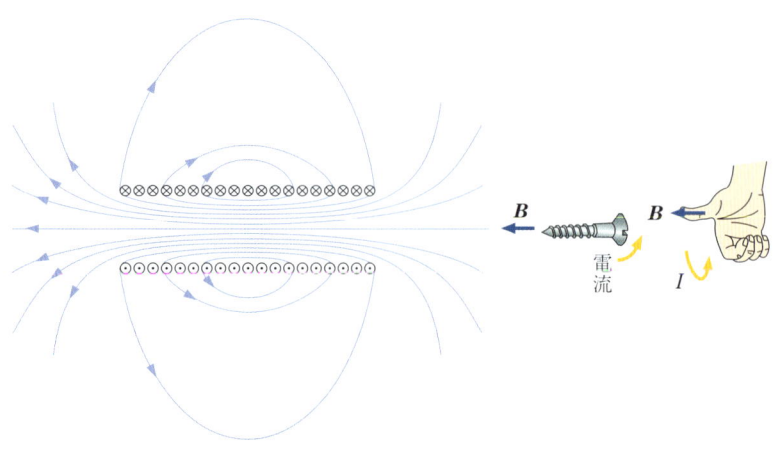

図 7.16 ソレノイドを流れる電流のつくる磁場　⊙ 印は紙面の裏から表へ電流が流れ，⊗ 印は紙面の表から裏へ電流が流れることを示す．磁場の向きは，右手の親指を伸ばし，他の 4 本の指を電流の向きに丸めたときに，親指の指す方向である．

$$B = \mu_0 n I \quad \text{(中空の長いソレノイドの内部)} \tag{7.3}$$

ソレノイドに電流を流すと電磁石になるが，ソレノイドに鉄心を入れると鉄が磁化して磁石になるので，電磁石のまわりの磁場ははるかに強くなる．ソレノイドの内部を物質で満たした場合に磁場の強さが μ_r 倍になる場合，μ_r をその物質の**比透磁率**という．

$$B = \mu_r \mu_0 n I \quad \text{(比透磁率 μ_r の物質で満たされた長いソレノイドの内部)} \tag{7.4}$$

鉄のように比透磁率が著しく大きい物質を**強磁性体**という*．物質を構成する負電荷を帯びている電子は，スピンとよばれる自転運動をしているので，微小な磁石である．強磁性体では，莫大な数の電子の微小な磁石の向きが同じ方向を向くので，強い磁石になるのである（図 7.17）．これが磁石の N 極と S 極を分離できない理由である．

図 7.17 磁石は自転している電子という向きの揃った超微小な磁石の集まりである．

＊ 磁力線は始点も終点もない閉曲線なので，ソレノイドの内部の磁力線の密度が μ_r 倍になれば，ソレノイドの近くの磁力線の密度も μ_r 倍になる．このために鉄心を入れると強い電磁石が得られる．

7.3 電流に働く磁気力

学習目標 磁場は磁極（磁荷）だけでなく，電流や運動する電荷などにも力を作用することを理解し，電流に作用する磁気力の向きに関するフレミングの左手の法則を覚える．モーターの作動原理を説明できるようになる．

電流に作用する磁気力 磁場の中の電流が流れていない導線には磁気力は作用しないが，磁場中の電流が流れている導線には磁気力が作用する．図 7.18 に示すように，磁石の両極の間に，磁場に垂直に導線を吊るして電流を流すと，導線は磁場と電流のどちらにも垂直な方向に振れる．

磁場の中の電流が流れている導線に働く磁気力の強さは，電流の強さ，磁場の強さ，磁場中の導線の長さのそれぞれに比例する．B [T（テスラ）] の磁場に垂直に張った導線に I [A] の電流を流すとき，磁場中の導線の長さ L [m] の部分が受ける磁気力の強さを F [N] とするとき，

$$F = ILB \quad \text{(磁場と導線が垂直な場合)}$$

$$\text{力} = \text{電流} \times \text{磁場中の導線の長さ} \times \text{磁場の強さ} \tag{7.5}$$

という関係が満たされるように磁場 B の単位の 1 テスラ（記号 T）を定義する．つまり，1 T は磁場に垂直に流れる 1 A の電流に 1 m あたり 1 N の磁気力が働くときの磁場の強さである．したがって，T = N/(A·m) である．

力の向きは，電流と磁場の両方に垂直で，左手の人差し指を磁場の向きに，中指を電流の向きに向け，親指を人差し指と中指の両方に垂直な方向に向けると，電流の受ける力 F の向きは親指の向きである．これを**フレミングの左手の法則**という（図 7.19）．米国の連邦捜査局 FBI を知っていれば，左手の FBI の法則と記憶すると使いやすい．

導線の向きをいろいろ変えて実験すると，導線に働く磁気力は電流が

図 7.18 磁場中の電流には磁気力が作用する．

磁場 B の単位
$$T = N/(A·m)$$

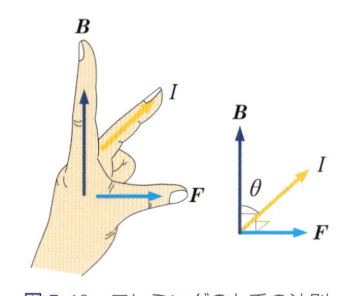

図 7.19 フレミングの左手の法則

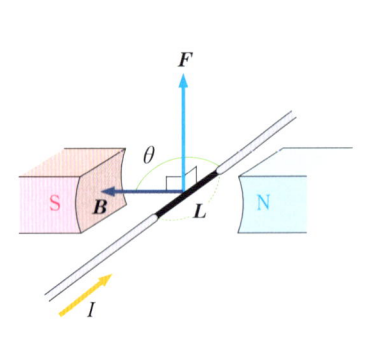

図7.20 $F = IBL \sin\theta$

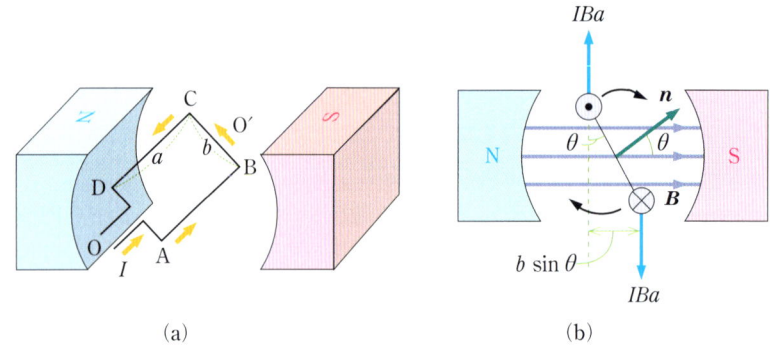

図7.21 磁場中のコイルに働く磁気力

磁場と垂直なときにもっとも強く，平行なときには 0 であることがわかる．電流 I と磁場 B のなす角が θ のとき，磁場中の導線の長さ L の部分が受ける磁気力の強さ F は

$$F = ILB \sin\theta \tag{7.6}$$

である*（図7.20）．

* 付録 A に示すベクトル積を使うと，$F = IL \times B$ と表される．L は電流の方向を向いた長さが L のベクトルである．

磁場中の電流が流れているコイルが受ける磁気力

図7.21のように，一様な磁場 B の中で磁場に垂直な軸 OO′ のまわりに回転できる長方形のコイル ABCD に電流を流す．フレミングの左手の法則から，導線 AB の部分には紙面の上→下の向きに，CD の部分には紙面の下→上の向きに磁気力が働く．2 つの磁気力は大きさが等しく逆向きであるが，作用線がずれているので，コイルの面が磁場と垂直になるような向きにコイルを回転させる（図7.22）．

図7.22

直流モーター

図7.21のコイルは半回転するたびに，磁気力がコイルをまわそうとする向きが逆になる．コイルを回転させ続けるために，コイルが半回転するたびにコイルに流れる電流の向きを変える分割リング整流子をつけ，これがブラシと接するようにしておく（図7.23）．そうすると，コイルに流れる電流の向きは，コイルの面が磁場に垂直になるたびに逆転する．したがって，コイルは同じ向きに回転しつづける．これが**直流モーター**の原理である．

コイルが 1 巻きだと，コイルを軸のまわりに回転させようとする磁気

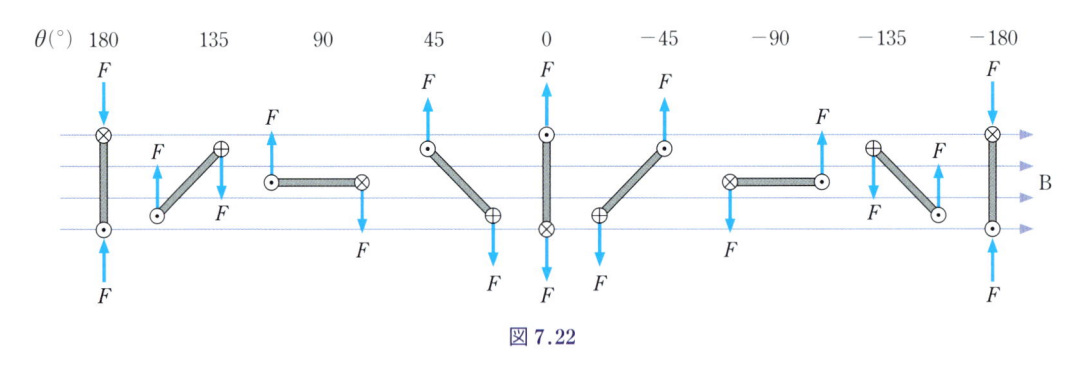

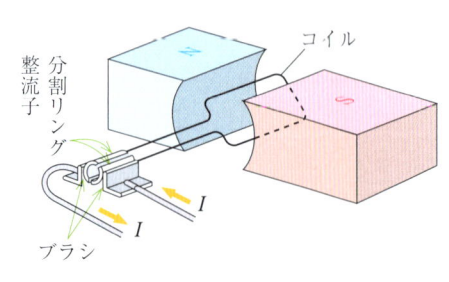

図7.23 直流モーターの概念図

力のモーメント（トルク）は，コイルの面が磁場に平行なとき（$\theta = 90°$ のとき）最大で，コイルの面が磁場に垂直なとき（$\theta = 0°$ のとき）0 になる．これでは，コイルは一様に回転しない．実際のモーターではいろいろな向きのコイルを組み合わせて，一定の角速度で回転するようにしている．

運動する荷電粒子に働く磁気力 図 7.25 に示すように，放電管の負極と正極の間に電圧をかけると，負極から飛び出した電子は正極に向かう．この電子ビームをはさむように U 字形磁石を近づけると，ビームの進路は曲がる．磁石の磁場が，動いている電子に力を及ぼすからである．ビームの曲がり方を調べると，電子が受ける磁気力 F の方向は荷電粒子の速度 v と磁場 B のそれぞれに垂直で，qv の方向を電流 I の方向と見なせば，フレミングの左手の法則で求められる（図 7.26）．この磁気力の強さは，荷電粒子の電荷 q と速さ v および磁場の強さ B のそれぞれに比例する．磁気力の強さは荷電粒子が磁場と垂直に運動するとき最大で，磁場に平行に運動するときには磁気力は作用しない．磁場 B の中を磁場と垂直な方向に運動する荷電粒子（電荷 q，速度 v）に働く磁気力の強さ F は

$$F = qvB \quad 力 = 電荷 \times 速さ \times 磁場の強さ \tag{7.7}$$

である（図 7.26）．なお，磁場は静止している電荷には力を及ぼさない．

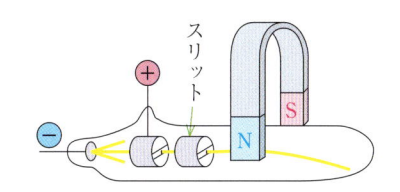

図 7.24 モーター

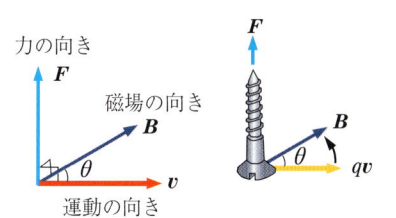

図 7.25 放電管の電子ビームに U 字型磁石を近づける．

(a) 正電荷の場合 ($q > 0$)

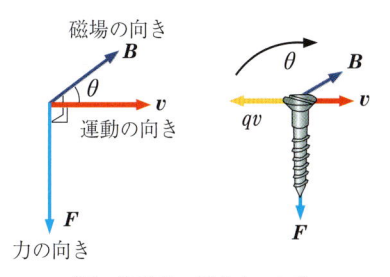

(b) 負電荷の場合 ($q < 0$)

図 7.26 磁場と角 θ をなす向きに運動する荷電粒子に作用する磁気力の強さ F は

$$F = qvB\sin\theta$$

である．付録 A に示すベクトル積を使うと，次のように表される．

$$\boldsymbol{F} = q\boldsymbol{v} \times \boldsymbol{B}$$

参考 電流の間に作用する力と電流の単位アンペアの定義

電荷と電荷の間に力が作用し，磁極と磁極の間に力が作用するように，2 本の導線を流れる電流の間にも力が作用する．導線を流れる電流はその周囲に磁場をつくり，この磁場が別の導線を流れる電流に力を作用するからである．

図 7.27 に示すように，2 本の長い導線 a, b をまっすぐ平行に張り，同じ向きに電流 I_1, I_2 を流す．2 本の導線の間隔を d とする．導線 a を流れる電流 I_1 は導線 b の位置に磁場 B_1

$$B_1 = \frac{\mu_0 I_1}{2\pi d}$$

をつくる．磁場 B_1 から電流 I_2 の長さ L の部分が受ける磁気力の大きさは，

$$F_{2\leftarrow 1} = B_1 I_2 L = \frac{\mu_0 I_1 I_2 L}{2\pi d}$$

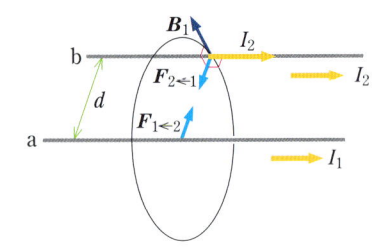

(a) I_1 と I_2 は同じ向き（引力）

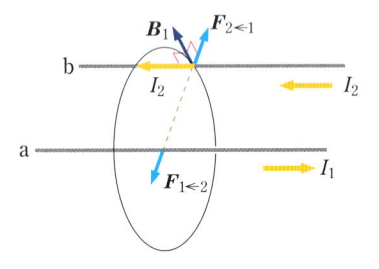

(b) I_1 と I_2 は逆向き（反発力）

図 7.27　平行電流の間に作用する力

電流の単位　A

図 7.28　ファラデーの肖像が印刷されている英国の 20 ポンド紙幣．左側には王立研究所での金曜講演のようすが描かれている．

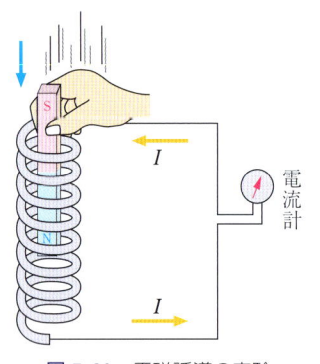

図 7.29　電磁誘導の実験

で引力である［図 7.27 (a)］．同様に，I_2 は I_1 に同じ強さの引力 $F_{1\leftarrow 2}$ が作用する［図 7.27 (a)］．したがって，平行で同じ向きの 2 つの電流の間には引力が作用する．平行で逆向きな 2 つの電流の間には反発力が作用する［図 7.27 (b)］．以上をまとめると，

「間隔が d で強さが I_1 と I_2 の平行な直線電流の間に作用する磁気力の強さ F は，導線の間隔 d に反比例し，電流の積 $I_1 I_2$ に比例する．導線の長さ L の部分に作用する磁気力の強さを F とすると，

$$F = \frac{\mu_0 I_1 I_2 L}{2\pi d} \quad (\mu_0 = 4\pi\times 10^{-7}\,\mathrm{N/A^2}) \tag{7.8}$$

である．電流の向きが同じなら引力，逆向きなら反発力である．」

（$\mathrm{T = N/(A\cdot m)}$ なので μ_0 の単位は，$\mathrm{T\cdot m/A = N/A^2}$ でもある）

アンペアの定義　平行な直線電流の間に作用する力の強さを測れば，(7.8) 式を使って電流の強さを知ることができる．2018 年まで国際単位系では，真空中で 1 m 離して平行に置いた，強さの等しい電流が流れている導線の間に作用する力の強さが 1 m あたり $2\times 10^{-7}\,\mathrm{N}$ である場合，この電流を 1 A と定義してきた．

7.4　電磁誘導

学習目標　コイルを貫く磁束（磁力線の本数）が変化すると，コイルに誘導起電力が生じるという電磁誘導の法則を理解し，磁場が変化した場合，どの向きに起電力が生じるのかを説明できるようになる．
　磁場が変化すると，電場が誘起されることを理解する．
　発電機と変圧器の作動原理を説明できるようになる．

　磁場の中のコイルに電流を流すとコイルが回転し，電気エネルギーが力学的な仕事に変わる．これから学ぶように，逆に磁場の中でコイルを回転させるとコイルに起電力が生じて電流が流れる．このような装置が発電機で，発電機ではコイルを回す力学的な仕事が電気エネルギーに変わる．発電機の作動原理は電磁誘導とよばれる現象である．電磁誘導は，発電機による交流の発生と変圧器による電圧の昇降をはじめとして広く応用されている．

電磁誘導　電磁誘導現象は 1831 年にファラデーによって発見された．エルステッドが電流の磁気作用を発見して約 10 年後の話である．ファラデーは，電流はその近傍に磁場をつくるので，逆に磁気から電流が得られると感じていた．

　ソレノイドの中に棒磁石を挿入したり引き出したりしてみよう（図 7.29）．ソレノイドだと原理がわかりにくいので，簡単のために図 7.30 のような 1 巻きのコイルの場合を説明する．図 7.30 (a) のように磁石を右に動かして，磁石をコイルに近づけていくと，その間，コイルに電流が流れていることが電流計の針の振れからわかる．磁石を静止させる

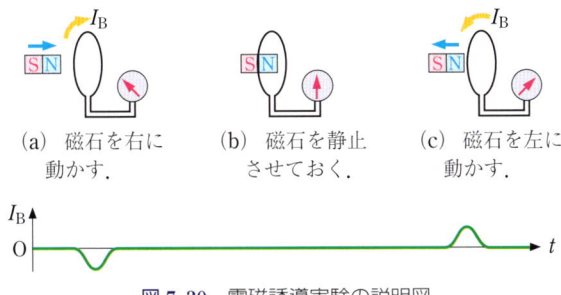

(a) 磁石を右に動かす．
(b) 磁石を静止させておく．
(c) 磁石を左に動かす．

図7.30 電磁誘導実験の説明図

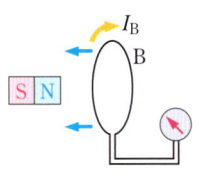

図7.31 磁石を右に動かす代わりにコイルを左に動かす．

＊「コイルを貫く磁力線の本数」という言葉が意味をもつのは，磁力線が始点も終点もなく途中で途切れない閉曲線だからである．

と，電流は流れない［図7.30（b）］．つぎに磁石を左に動かしてコイルから遠ざけていくと，その間はコイルに電流が流れるが，近づけたときの電流の向きとは逆向きであることが電流計の針の振れからわかる［図7.30（c）］．

同じコイルに磁石を速く近づけたり遠ざけたりする場合とゆっくり近づけたり遠ざけたりする場合を比べると，磁石を速く動かす場合の方が電流計の針の振れは大きい．静止しているコイルに磁石を近づける代わりに，静止している磁石にコイルを近づけてもコイルには同じように電流が流れる（図7.31）．これらの実験でコイルに電流が流れる原因は，コイルの中の磁場が変化し，コイルを貫く磁力線の本数が変化することだと考えられる＊．

これらの実験でコイルに流れる電流の向きを調べると，コイルに誘導された電流のつくる磁場の向きが，磁石の運動による磁場の変化を妨げる向きであることがわかった．

電磁誘導の法則（ファラデーの法則）

電磁誘導で生じる誘導起電力の大きさと向きについて，次に示す**電磁誘導の法則**が成り立つ．

(1) コイルを貫く磁束（磁力線の正味の本数）Φ の変化 $\Delta\Phi$ がコイルの中に誘導起電力を発生させ，コイルに誘導電流を流す．誘導起電力はコイルを貫く磁束 Φ が変化している間だけ存在する．誘導起電力の大きさ V_i はコイルを貫く磁束 Φ の時間変化率（1秒間あたりの変化）$\dfrac{\Delta\Phi}{\Delta t}$ に等しい．

$$V_i = -\frac{\Delta\Phi}{\Delta t} \qquad 誘導起電力 = -\frac{磁束の変化}{変化時間} \qquad (7.9)$$

(2) 誘導起電力は，それによって生じる誘導電流のつくる磁場が，コイルを貫く磁束の変化を妨げる向きに生じる（レンツの法則）．この起電力の向きを(7.9)式の負符号で表す（図7.32）．

問1 1巻きのコイルに向けて磁石を急速に動かした後に停止させた（図7.33参照）．コイルに流れる電流について正しいのはどれか．
① 流れない．
② 磁石が動いている間，ABC の方向に流れる．
③ 磁石が動いている間，CBA の方向に流れる．

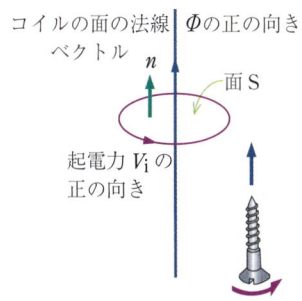

(a) 磁束 Φ の正の向き（右ねじの進む向き）と起電力 V_i の正の向き（右ねじの回る向き）．

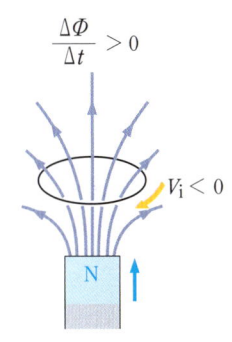

(b) 磁石を近づける．$\Delta\Phi > 0$, $V_i < 0$．

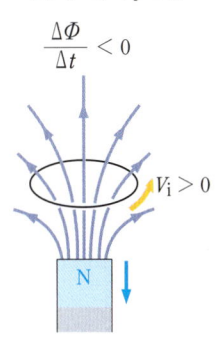

(c) 磁石を遠ざける．$\Delta\Phi < 0$, $V_i > 0$．

図7.32 電磁誘導

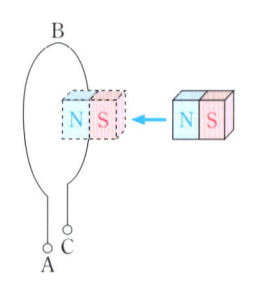

図 7.33

図 7.34　リニアモーターカー．従来の鉄道のように車輪とレールとの摩擦を利用して走行するのではなく，車両に搭載した超伝導磁石と地上に取り付けられたコイルとの間の磁力によって非接触で走行する．そのため，従来の鉄道とは異なり時速 500 km という超高速走行が安定して可能となる．

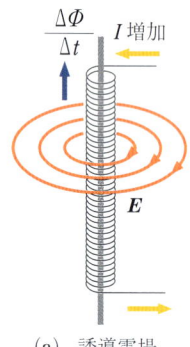

(a) 誘導電場

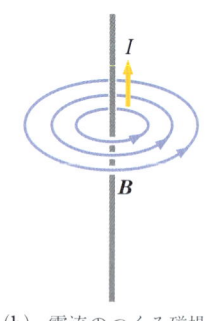

(b) 電流のつくる磁場

図 7.35

④　磁石が停止すると，ABC の方向に流れる．
⑤　磁石が停止すると，CBA の方向に流れる．

コイルを貫く磁束の変化は，
(1)　コイルは静止していて磁場が変化する場合にも
(2)　磁場は時間的に変化しないが，コイルが動く場合にも
起こるが，どちらの場合にも電磁誘導の法則 (7.9) は成り立つ．コイルに電流が流れるのは，導線の中の自由電子に電気力か磁気力が働くためである．図 7.30 の実験のような (1) の場合には磁場の時間的変化に伴って生じた誘導電場が作用する電気力のために電流が流れ，図 7.31 の実験のような (2) の場合には動くコイルといっしょに運動するコイルの中の電子に働く磁気力のために電流が流れる．

誘導電場　図 7.30 の実験の場合のように，コイルが静止している場合には，コイル中の自由電子の平均速度は **0** であり，コイルの中に電流を流そうとする磁気力は働かない．したがって，電流を流す誘導起電力は，コイルの中の自由電子に電気力を作用する電場が誘起されるために生じる．つまり，磁場が時間とともに変化する場合には，電磁誘導によって電場が生じる．この誘起される電場を **誘導電場** という．ある点の磁場が時間とともに変化する場合には，その点に導線があってもなくても誘導電場が生じる．電場には，「電荷のつくる電場」と「電磁誘導による電場」の 2 種類があることになった．電荷のつくる電場の電気力線は，正電荷を始点として負電荷を終点とする線であり，始点も終点もない閉じた線を描くことはない．これに対して，磁場が時間とともに変化するときに周囲に生じる誘導電場の電気力線は始点も終点もない閉じた線になり [図 7.35 (a)]，電流のつくる磁場の磁力線に似ている [図 7.35 (b)]．電荷をこの電気力線に沿って 1 周させると，誘導電場は電荷に対して仕事をする．したがって，閉じた電気力線に沿って置かれたコイルには，電気力線の向きに電流が流れる．

交流発電機 — 磁場の中で回転するコイルに生じる起電力　一様な磁場 **B** に垂直な軸 OO′ のまわりで，図 7.36 に示す四角いコイルを一定の角速度で図に示す向きに回転させると，コイルを貫く磁力線の本数（磁束）Φ は図 7.37 に示すように変化する．磁束の時間変化率の符号を変えた $-\dfrac{\Delta \Phi}{\Delta t}$ がコイルに生じる誘導起電力 V なので，図 7.37 のような，大きさと向きが時間とともに変化する交流起電力（交流電圧）が生じる．起電力の向きは図 7.36 の T_1 からコイルを通って T_2 の向きを向いている．起電力が最大になるのは（磁束の時間変化率が最大な）磁場 **B** がコイル面に平行なときで，（磁束の時間変化率が 0 になる）磁場がコイル面に垂直なときには起電力は 0 になる．コイルが半回転してコイルの表と裏が逆になったときに起電力の向きは逆になる．

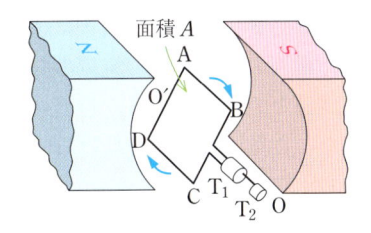

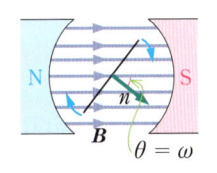

図 7.36 一様な磁場中を回転するコイル

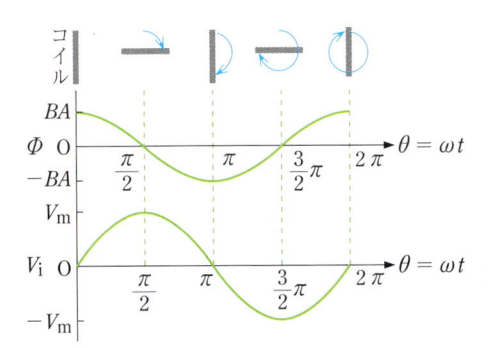

図 7.37 コイルを貫く磁束 Φ とコイルに生じる起電力 V_i. V_m は起電力の最大値.

　これが**交流発電機の原理**である．交流起電力が導線に流す電流は交流電流である．1秒間あたりのコイルの回転数を f とすると，交流起電力の変動は1秒あたり f 回繰り返すので，この交流電圧の周波数は f であるという．交流電圧と交流電流の場合，最大値の $\frac{1}{\sqrt{2}}$ 倍（0.71 倍）を**実効値**という．家庭で利用している交流電力の電圧は 100 V であるが，これは実効値である．したがって，最大値 V_m はその $\sqrt{2}$ 倍（1.41 倍）の 141 V である．

　図 7.36 の右上方で運動しているコイルの辺 AB には，A から B を向いた起電力が生じる．導線の速度，磁場，起電力の向きの関係は，右手の親指を導線の速度 v の向きに，人差し指を磁場 B の向きに向け，中指を親指と人差し指の両方に垂直な方向に向けると，導線に生じる起電力の向き（導線に流れる電流 I の向き）は中指の向きである（図 7.39）．これを**フレミングの右手の法則**という．導線の速度 v の方向に外力 F が働いていると考えると，この場合は右手の FBI の法則とよべる．

　図 7.36 の発電機の概念図と図 7.23 のモーターの概念図が似ていることから想像されるように，発電機とモーターには関係があり，たとえば図 7.23 のモーターのコイルを手で回せば発電機になる．

　手回し発電機で豆電球を灯すと発電機のコイルにフレミングの右手の法則が示す向きに電流が流れるが，この電流に磁石が磁気力を作用する．フレミングの左手の法則によってこの磁気力はコイルの運動を妨げる向きに働く．このために豆電球を接続すると手回し発電機は回しにくくなる．このとき手がする仕事が豆電球で光と熱のエネルギーになる．

図 7.38 1894（明治 27）年末に芝浦製作所が製造した日本初の発電機（60 kW 単相交流発電機）

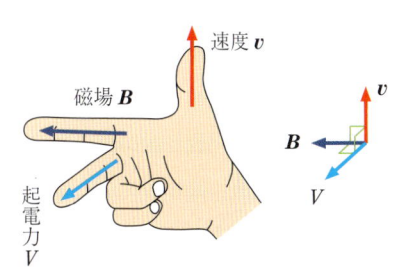

図 7.39 フレミングの右手の法則

自己誘導　　コイルを流れる電流が変化すると，コイルを貫く磁束（磁

力線の本数）が変化するので，コイルには電流の変化を妨げる向きに誘導起電力が生じる．これを**自己誘導**という．電流の変化がその電流の変化を妨げる誘導効果を引き起こすので自己誘導というのである．自己誘導による起電力は，これを生み出すもとになった電流の変化を妨げる向き（反対向き）に生じるので，**逆起電力**ということがある．

図 7.40 のように，コイルと抵抗と電池をつないでスイッチを入れると，回路に電流が流れるが，コイルに自己誘導による逆起電力が生じて，電流が瞬間的にオームの法則の値の $\dfrac{V}{R}$ になるのを妨げる．電流 $I = \dfrac{V}{R}$ の流れている回路のスイッチを切っても，瞬間的に電流が 0 にならないのも，電流の変化を妨げる自己誘導のためである．

コイルに流れる電流のつくる磁場は電流に比例するので，コイルを貫く全磁束 Φ を $\Phi = LI$ と表せる（L は比例定数）．コイルを流れる電流が時間 Δt の間に I から $I + \Delta I$ まで ΔI だけ変化すると，全磁束の変化は $\Delta \Phi = L\,\Delta I$ である．したがって，(7.9) 式によって閉回路を流れている電流 I が変化すると，閉回路にこの変化を妨げる向きに自己誘導による誘導起電力

$$V_i = -L\dfrac{\Delta I}{\Delta t}$$

自己誘導起電力 ＝ －インダクタンス × $\dfrac{\text{電流の変化}}{\text{時間}}$　　(7.10)

が生じる．この比例定数 L をコイルの**インダクタンス**という．L はコイルの形と巻き数およびその付近にある磁性体によって決まる定数で，単位は V·s/A であるが，これを自己誘導の発見者のヘンリーにちなんで，ヘンリー（記号 H）とよぶ．コイルを流れる電流が 1 秒あたり 1 A の割合で増加しているとき，コイルに生じる自己誘導による起電力が 1 V の場合のインダククタンスが 1 H である．自己誘導による起電力は電流の変化を妨げる向きに生じるので，L は常に正である．

相互誘導と変圧器　2 つ以上のコイルが近接していたり，同一の鉄心に巻かれていたりする場合には，1 つのコイルを流れる電流が変化すれば，もう 1 つのコイルを貫く磁束が変化するので，電磁誘導によって誘導起電力が発生する．このように，あるコイルを流れる電流の変化によって他のコイルに誘導起電力が発生する現象を**相互誘導**という（図7.41）．

> **問 2**　図 7.42 で L_1, L_2 は 2 つの水平なコイルで同軸である．コイル L_2 の両端はつないである．コイル L_1 のスイッチを開閉した瞬間に，相互誘導によって，コイル L_2 はどのように動くか．

相互誘導を利用して，交流の電圧を上げたり下げたりするための図 7.43 のような装置が**変圧器**である．変圧器はロの字型の鉄心に 1 次コ

インダクタンスの単位
H = V·s/A

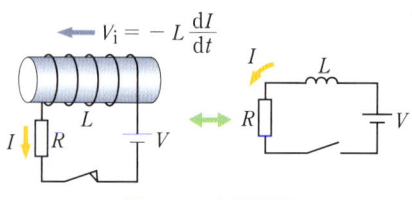

図 7.40　自己誘導

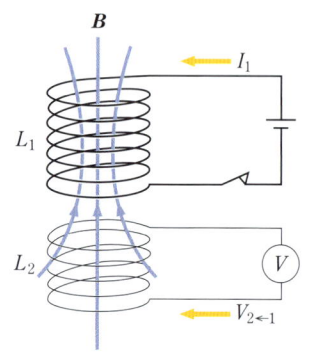

図 7.41　相互誘導　コイル 1 に流れる電流 I_1 が変化すると，コイル 2 に誘導起電力 $V_{2 \leftarrow 1}$ が生じる．

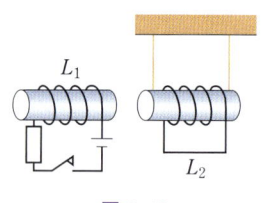

図 7.42

イルと 2 次コイルを巻いたものである．

　1 次コイルと 2 次コイルの巻き数をそれぞれ N_1, N_2 とする．1 次コイルに交流電圧 V_1 をかけると，コイルに流れる交流電流によって，鉄心の中に変化する磁束 Φ が生じる．磁束は鉄心からはほとんど漏れずに，2 次コイルの中を通る．ここでは，1 次コイルで発生した磁束がすべて 2 次コイルを貫く理想的な変圧器を考える．磁束が微小時間 Δt に $\Delta \Phi$ だけ変化すると，N_1 巻の 1 次コイルに自己誘導で生じる逆起電力 V_{i1} と N_2 巻の 2 次コイルに相互誘導によって生じる誘導起電力 V_2 は

$$V_{i1} = -N_1 \frac{\Delta \Phi}{\Delta t}, \qquad V_2 = -N_2 \frac{\Delta \Phi}{\Delta t} \tag{7.11}$$

である．1 次コイルの抵抗 R_1 が無視できる場合には，1 次コイルに加わる交流電圧 V_1 と 1 次コイルに生じる誘導起電力 V_{i1} はつり合う（$V_1 + V_{i1} = R_1 I_1 = 0$）．そこで，(7.11) 式を使うと，1 次コイルと 2 次コイルの電圧 V_1, V_2 と巻き数 N_1, N_2 の間には

$$\frac{|V_2|}{|V_1|} = \frac{N_2}{N_1} \qquad 1 \text{次側と 2 次側の電圧の比} = \text{巻数の比} \tag{7.12}$$

という関係があることがわかる．つまり，2 次コイルの巻き数を 1 次コイルの巻き数より多くすれば電圧を高くでき，2 次コイルの巻き数を 1 次コイルの巻き数より少なくすれば電圧を低くできる．

　2 次コイルに抵抗を接続すると，2 次コイルに電流が流れ，電力が消費される．鉄心やコイルでエネルギーが消費されない理想的な変圧器では，エネルギー保存則のために，2 次コイル側で消費される電力は，1 次コイル側で加えられた電力に等しい，1 次コイル，2 次コイルを流れる電流を I_1, I_2 とすれば，エネルギー保存則から

$$I_1 V_1 = I_2 V_2 \tag{7.13}$$

$$\therefore \quad \frac{I_2}{I_1} = \frac{N_1}{N_2} \tag{7.14}$$

という関係が成り立つ．この式の電圧と電流は実効値である．

　(7.11) 式からわかるように，磁束が変化しなければ，変圧器に電圧は発生しない．磁束が変化するには電流の変化が必要である．すなわち，変圧器は交流で動作する．1 次コイルに直流を流すと，2 次コイルに電流が流れないばかりか，1 次コイルが高温になり発熱する．

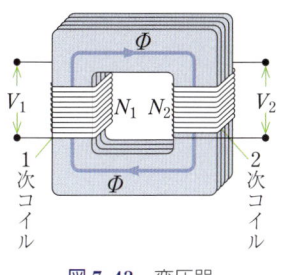

図 7.43　変圧器

図 7.44　柱上変圧器．配電用変電所から送られてくる 6600 V の電気を 100 V，200 V の電圧に変える装置．

図 7.45　岡山変電所変圧器（岡山県）

7.5　マクスウェルの法則

学習目標　マクスウェルの法則と総称される，電磁気学の 4 つの基本法則は，全体としてどのような物理的内容の法則かを説明できるようになる．

マクスウェルの法則　　力学の学習では，基本法則であるニュートンの運動の 3 法則に基づいて物体の運動を理解した．これに対して電磁気学の学習では多くの法則を学んだが，これまで電磁気学の基本的な法則を

明示しなかった．その理由は，電磁気現象の主役である電場と磁場は日常生活ではなじみがない存在であるのに，マクスウェルの法則と総称される，電磁気学の4つの基本法則は，電場と磁場に関する法則で

(1) 電荷と電流はどのような電場と磁場を生み出すか，
(2) 磁場が変化するとどのような電場が生じるか，
(3) 電場が変化するとどのような磁場が生じるか，

を示す法則だからである．

マクスウェルの法則を以下に示す．

(1) 電場のガウスの法則 電場 E を表す電気力線は，正電荷を始点とし負電荷を終点とする切れ目のない曲線であるか，始点も終点もない閉曲線であり（誘導電場の場合），

「閉曲面 S から出てくる電気力線の正味の本数」
$= \dfrac{1}{\varepsilon_0}$「閉曲面 S の内部の全電気量 $Q_\text{内}$」

$$\oint_S E_\text{n}\,dA = \frac{Q_\text{内}}{\varepsilon_0} \tag{7.15a}$$

(2) 磁場のガウスの法則 分離された磁極は存在しないので，磁場 B を表す磁力線は始点も終点もない閉曲線である．したがって，

「閉曲面 S から出てくる磁力線の正味の本数（磁束）」$= 0$

$$\oint_S B_\text{n}\,dA = 0 \tag{7.15b}$$

(3) ファラデーの電磁誘導の法則

「閉回路に生じる起電力」
$= -$「閉回路をふちとする面を貫く磁力線の正味の本数の時間変化率」
$$\tag{7.15c}$$

(4) アンペール-マクスウェルの法則 電流 I のまわりに磁場が生じる．電場が時間とともに変化すると磁場が生じる．

$$\oint_C B_\text{t}\,ds = \mu_0 I + \mu_0 \varepsilon_0 \frac{d}{dt}\left[\iint_S E_\text{n}\,dA\right] = 0 \tag{7.15d}$$

4つの数式 (7.15a–d) は，日本語で記した法則を表す記号だと考えればよい．

電場 E と磁場 B は電荷と電流に電気力と磁気力を次のように作用する．

(1) 電場 E は電荷 Q の帯電物体に電気力 $F = QE$ を作用し，
(2) 磁場 B は電荷 q，速度 v の荷電粒子に磁気力 $F = qv \times B$ を作用し，
(3) 磁場 B はその中を流れる電流 I の長さ L の部分に磁気力 $F = IL \times B$ を作用する．

7.6 電磁波

学習目標 電磁波はどういう波かを理解する．光が電磁波だと考えられる理由を理解する．

7.6 電磁波

電流のまわりには磁場が生じる．したがって，振動する電流のまわりには振動する磁場が生じる．振動する磁場のまわりには，電磁誘導によって振動する電場が生じ，振動する電場のまわりには，アンペール-マクスウェルの法則によって振動する磁場が生じる．そうすると，アンテナ中で振動する電流のまわりには振動する電場と磁場が生じ，電場と磁場の振動はアンテナを波源として外向きに波として空間を伝わっていく．この電場の振動と磁場の振動がからみ合って伝わっていく波を**電磁波**という（図 7.46）．

マクスウェルは電磁波の速さ c を計算すると，

$$c = 3 \times 10^8 \,\text{m/s} \tag{7.16}$$

となった．秒速 30 万 km という電磁波の速さは光の速さに等しいことにマクスウェルはすぐ気づいた．光の速さは 1849 年にフィゾーが測定し，秒速約 30 万 km という結果を得ている（演習問題 5 の 11 参照）．マクスウェルは「光は電場と磁場の振動の伝搬，すなわち電磁波である」という驚くべき結論を得たのであった．

マクスウェルは 1864 年の論文にこう書いている．「この速さは光の速さにきわめて近いので，放射熱（赤外線）や（もし存在すれば）その他の放射を含め，光は電磁気学の法則にしたがって電場と磁場を波の形で伝わっていく電場と磁場の振動，すなわち，電磁波であると結論できる強い理由をわれわれはもっているように思われる．…」

図 7.46 からわかるように，電場の振動方向と磁場の振動方向は垂直であり，しかも，電磁波の進行方向は，電場の振動方向と磁場の振動方向の両方に垂直である．つまり，電磁波は横波である．

マクスウェル理論の重要な結論は，「いろいろな波長の電磁波が存在し，真空中ではすべての電磁波は秒速 30 万 km で伝わる」ということである．光の波長は数百万分の 1 m という限られた範囲内にあるので，マクスウェル理論の確立には，光以外の電磁波を発生させてこれを検出する必要があった．電磁波は振動する電流によって発生させられる．

マクスウェルが予言した電磁波が実験的に証明されたのは，予言後 20 年以上が経過し，彼が死去したあとの 1887 年のことであった．ヘルツは，同じ周波数で共振する 2 つの装置（電磁波の発生装置と検出装置）をつくって（図 7.47，図 7.48），電磁波の発生と検出に成功した．

ヘルツはこの電磁波の速さを測定して，光の速さと同じであることを確かめ，さらに，この電磁波は固体の表面で反射・屈折し，干渉現象，回折現象を示すこと，発生した電磁波が横波であることも発見した．

電磁波は波長によっていろいろな名前でよばれている．表 7.1 に示すように，電磁波には光（可視光線）以外にガンマ線，エックス線（X線），赤外線，紫外線，マイクロ波，電波などがある．通信用に使われる波長が 0.1 mm 以上の電磁波は電波とよばれている．ラジオの AM 放送の波長は 190〜560 m，FM 放送の波長は 3.3〜3.9 m である．

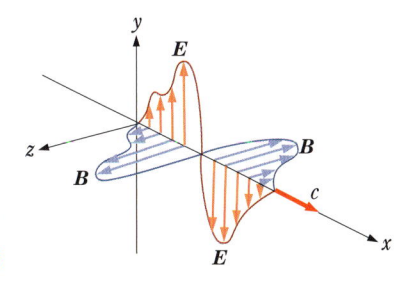

図 7.46 $+x$ 軸方向へ伝わる電磁波

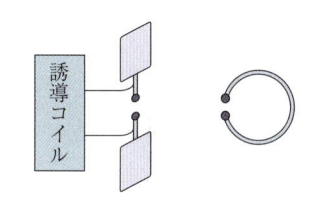

図 7.47 ヘルツの実験の概念図．左側が電磁波の発生装置，右側が検出装置（小さな火花間隙をもつ導線のループ）である．

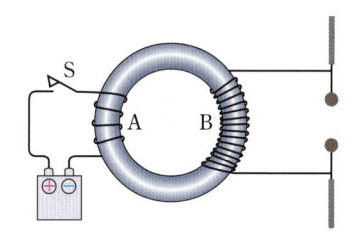

図 7.48 電磁波の発生装置の概念図

図 7.49 野辺山の 45 m 電波望遠鏡

表7.1 いろいろな電磁波

波長 [m]	振動数 [Hz]	名称と振動数		用途
10^5	3×10^3			
10^4	3×10^4	超長波（VLF）	3〜30 kHz	
10^3	3×10^5	長波（LF）	30〜300 kHz	海上無線・電波時計
10^2	3×10^6	中波（MF）	300〜3000 kHz	ラジオのAM放送
10	3×10^7	短波（HF）	3〜30 MHz	ラジオの短波放送
1	3×10^8	超短波（VHF）	30〜300 MHz	ラジオのFM放送
10^{-1}	3×10^9	極超短波（UHF）	300〜3000 MHz	TV放送（デジタル）・携帯電話・電子レンジ
10^{-2}	3×10^{10}	センチ波（SHF）	3〜30 GHz	レーダー・マイクロ波中継・衛星放送
10^{-3}	3×10^{11}	ミリ波（EHF）	30〜300 GHz	衛星通信・各種レーダー・電波望遠鏡
10^{-4}	3×10^{12}	サブミリ波	300〜3000 GHz	
10^{-5}	3×10^{13}			赤外線写真・赤外線リモコン・乾燥
		7.7×10^{-7} m		
10^{-6}	3×10^{14}			光学機器
10^{-7}	3×10^{15}			
		3.8×10^{-7} m		
10^{-8}	3×10^{16}			殺菌灯
10^{-9}	3×10^{17}			
10^{-10}	3×10^{18}			X線写真・材料検査
10^{-11}	3×10^{19}			
10^{-12}	3×10^{20}			材料検査・医療
10^{-13}	3×10^{21}			

演習問題 7

1. 次の文章は正しいか，正しくないか．
   ① 直線電流に平行に置かれた棒磁石は力を受けない．
   ② 一様な磁場中に棒磁石を磁場と直角に置くと，磁石は力を受けない．
2. 円形コイルに電流を流したとき，生じる磁力線で正しいものは図1の5つの図のどれか．
3. 次の文章は正しいか，正しくないか．
   ① 直線電流と平行に電流と同じ向きに電子が移動すると，電子は直線電流から遠ざかる向きの力を受ける．
   ② 電子が直線電流の近くを，これと同方向に走行していると，直線電流に向かう力を受ける．
   ③ 磁場中を磁場の方向に走行する電子は力を受けない．
   ④ 磁場中を磁場の方向と直角に走行する電子は力を受けない．
   ⑤ 磁石は静止した陽子を引きつける．
4. 間隔が10 cmの平行な導線のそれぞれに100 Aの電流が反対向きに流れている．この導線10 mに働く力の強さを求めよ．引力か，反発力か．
5. 次の文章は正しいか，正しくないか．

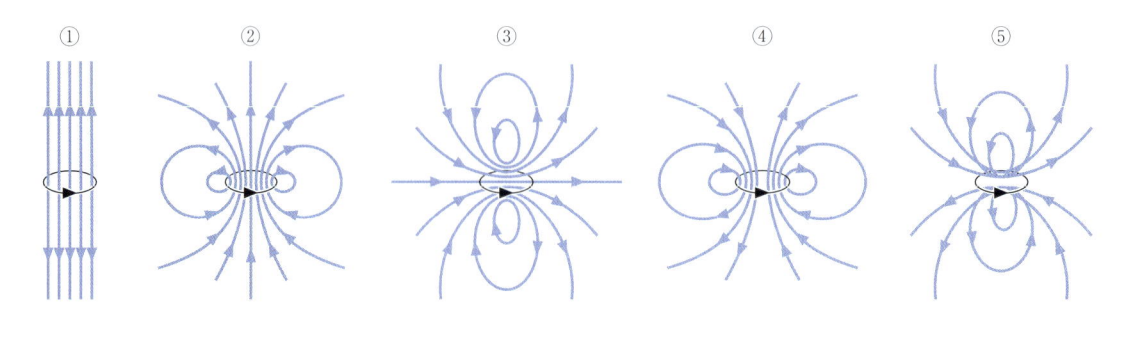

図1

① 2本の平行導線に同方向に電流が流れていると, 両者の間に力は働かない.
② 2本の平行導線に同方向に電流が流れていると, 両者の間に反発力が働く.
③ 2本の平行導線に同方向に電流が流れていると, 両者の間に引力が働く.
④ 2本の平行導線に逆方向に電流が流れていると, 両者の間に引力が働く.
⑤ 2本の平行導線に逆方向に電流が流れていると, 両者の間に反発力が働く

6. 円形コイルの中心軸に沿って図2のように磁石を動かすとき, コイルに流れる電流のようすを定性的に議論せよ.

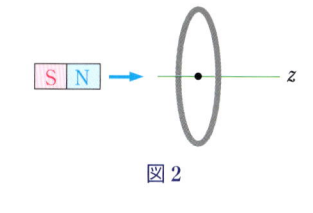

図2

7. 2つの円形コイルが図3のように置いてある. 突然大きいほうのコイルに電流が矢印の方向に流れ始めた. 小さいほうのコイルに流れ始める電流の向きを示せ.

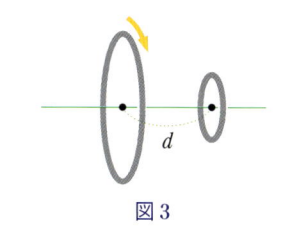

図3

8. 図4の2点A,Bのどちらの磁場が強いか. 磁力線のようすから判断せよ. 磁極の間に置いた磁針にはどのような力が働くか.

図4

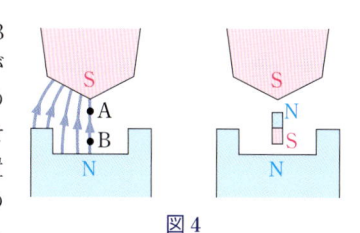

9. 図5の紙面の表から裏の向きに一様な磁場 B が存在する中で, 電子が紙面に沿って上方に速度 v で動くとき, 受ける力の方向は①〜⑤のどれか.

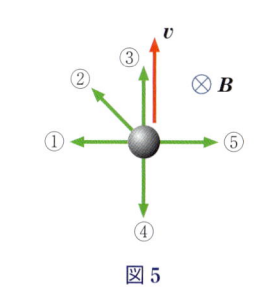

図5

10. **一様な磁場中での等速円運動** 一様な磁場中を運動する荷電粒子に働く磁気力は, 運動の方向に垂直に働くので仕事をしない. そこで, 磁気力によって荷電粒子の運動の向きは変わるが, その速さは変わらない. したがって, 一様な磁場中で, これに垂直に運動している荷電粒子は, 運動方向に垂直な一定の大きさの磁気力をつねに受けるから, 等速円運動を行う (図6). 質量 m, 電荷 q の荷電粒子が強さ B の磁場の中で行う等速円運動の半径を r, 速さを v とする.

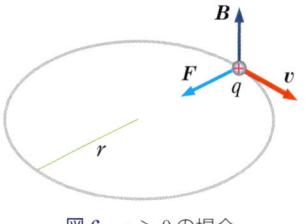

図6 $q > 0$の場合

(1) 「質量」×「向心加速度」＝「磁気力」という運動方程式を記せ.
(2) 円運動の速さ v と周期 $T = \dfrac{2\pi r}{v}$ は次のようであることを示せ.
$$v = \frac{qBr}{m}, \qquad T = \frac{2\pi m}{qB}$$

11. 一様な磁場がかかっているが, 電場はかかっていない物質中での電子の軌跡を調べたところ図7のようになった (物質中で電子は減速する).

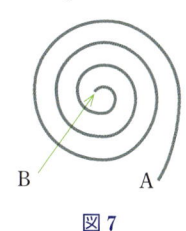

図7

(1) 電子の運動方向はA→Bか, B→Aか.
(2) 磁場の方向は紙面の表→裏か, 裏→表か.

12. 導線の両端を閉じた長いソレノイド・コイルの中に電磁石を押し込もうとすると抵抗を感じる. この抵抗はコイルの巻き数が多いほど大きい. なぜか.

13. 強力な磁石である円盤状のネオジム磁石を, 磁石の半径よりわずかに大きな半径の鉛直な銅やアルミのパイプの中で落下させると, 空中での自由落下よりゆっくりと落下する. この原因は電磁誘導である. パイプの中を流れる電流のようすを説明せよ. 簡単のために, 円盤の底面は水平な状態で落下するものとせよ.

14. 巻き数比が1次：2次 ＝ 10：1の変圧器について, 次の文章は正しいか, 正しくないか.
① 入力交流電圧が10Vのとき, 出力電圧は約1Vになる.
② 出力交流電流が10Aのとき, 入力電流は約1Aになる.
③ 出力側から1Wの電力を取り出すためには, 入力側に約10Wの電力を供給する.
④ 入力に直流電圧を加えると, トランスは破損する.

8 原子物理学

古代ギリシャのデモクリトス学派は，物質を細かく砕いていくと，これ以上は分割できない小さな粒子になると主張し，これをアトモスと命名した．アトモスとは「分割できない」という意味のギリシャ語である．この学派の人たちは，実験的根拠なしに，物質は真空中を運動するアトモスの集団と考えた．

近代的科学は目に見える現象の研究から始まったが，やがて眼に見えない原子を考えると目に見える物質の化学的性質が容易に理解できることがわかった．近代的な原子は，最初は分割できないと考えられたのでアトムと命名されたが，原子は原子核と電子から構成されていることがわかった．そして，目に見える物質とは異なり，電子や原子や原子核は粒子と波の両方の性質をもつ複雑なものであることがわかった．

相対性理論を建設したアインシュタイン（前列中央），光速一定を発見したマイケルソン（前列左）と電気素量とプランク定数の精密な測定を行ったミリカン（前列右）．

8.1 原子と原子模型

学習目標 電子と原子核がどのようにして発見されたかを理解し、半径がおよそ 10^{-10} m の原子は半径がおよそ $10^{-14} \sim 10^{-15}$ m の原子核とその周囲を囲む電子から構成されていることを理解する.

原子と分子 物質には純物質と混合物があり、純物質には**化学元素**と化学元素が結合してつくられた**化合物**がある. 1800 年ころ、化学反応のしたがう定比例の法則、倍数比例の法則、気体反応の法則が発見され、これらの法則を説明するために、「すべての元素には固有の原子があり、化合物は構成元素の原子が結合した分子から構成されている」という原子と分子の理論が誕生した.

原子と分子の存在を仮定すると、化学反応は分子の間での原子の組み換え反応として理解され、原子の質量の水素原子の質量に対する比である原子量が求められた. たとえば、炭素の原子量は 12, 酸素の原子量は 16 である.

1900 年頃になっても、単独の原子や分子を取り出すことはできなかったが、水中や空気中での拡散現象や空気の粘性などの研究によって、アボガドロ定数とよばれる、1 モルの物質中の原子数が求められ、原子の質量がわかり、原子の半径はおおよそ 10^{-10} m であることがわかった.

電子の発見 物質の基本的な構成粒子の電子を発見したのは J. J. トムソンである (1897 年). 図 8.1 のような装置 (陰極線管) を使った実験で、水素原子の質量よりはるかに小さな質量をもち負電荷を帯びた粒子が、加熱された金属の負極から正極に向かって飛び出し、電気力と磁気力の作用を受けて運動し、正極の後側の蛍光面に衝突してキラッと緑色の輝点を発生させることを発見した. 負極の金属を他の種類の金属に変えても、同じ粒子が出てくることも確かめた. いろいろな物質 (原子) に共通な構成粒子だと考えられるこの粒子は**電子**と名付けられた.

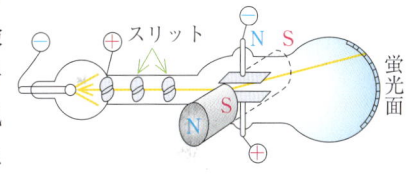

図 8.1 電子が蛍光面に衝突して輝点を発生させる点は、決まった大きさの質量と負電荷をもつ粒子が電場と磁場の中をニュートンの運動方程式にしたがって運動していった点である.

原子核の発見 このようにして、原子の中には水素原子の質量の $\frac{1}{1840}$ の質量をもち負電荷を帯びた電子が存在することがわかった. 原子の質量のほとんどをもち正電荷を帯びた物質がどのような形で原子の中に存在しているのかを明らかにしたのは、ラザフォードの指導の下で 1909 年に行われたガイガーとマースデンの実験であった. かれらはアルファ粒子とよばれているヘリウム原子核のビームを薄い金箔に衝突させたところ、多くのアルファ粒子は金箔を素通りしたが、中には逆方向にはね返されてくるものもあることを発見した (図 8.2).

アルファ粒子は、質量が約 $\frac{1}{7000}$ しかない軽い電子に衝突しても、逆方向にはね返されることはない.

(a) 装置の概念図

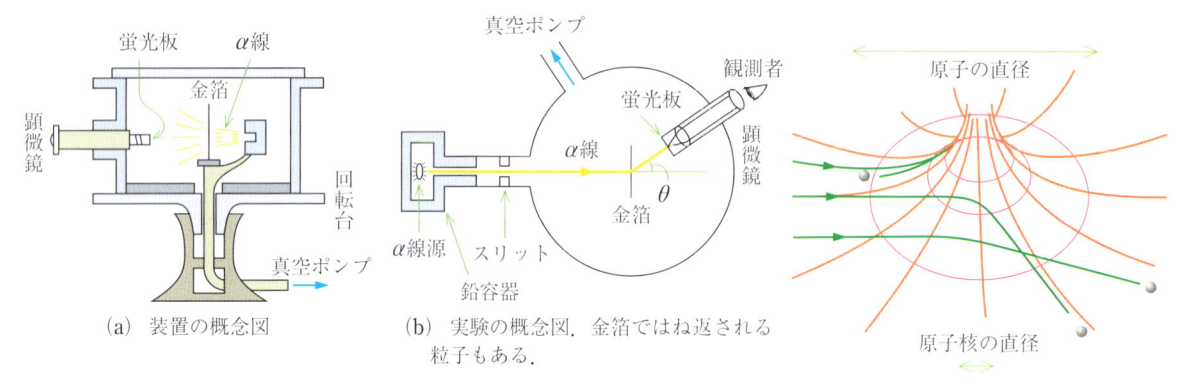

(b) 実験の概念図．金箔ではね返される粒子もある．

図 8.2　ガイガーとマースデンの実験の概念図

図 8.3　原子核の正電荷による電気力の位置エネルギーとアルファ粒子の進行方向の変化．アルファ粒子の運動エネルギーは負にはなれないことに注意．

半径が約 10^{-10} m の原子の内部全体に正電荷が広がって一様に分布している場合には，アルファ粒子と金原子の正電荷の間の電気反発力は弱いので，アルファ粒子は逆方向にはね返されることはない．

しかし，原子の中心に正電荷が小さく集まっていれば，距離の 2 乗に反比例する電気反発力の強さは，短距離ではきわめて強くなる．アルファ粒子が電気反発力によって進行方向を 90°以上も曲げられたと考えると，金原子の正電荷を帯びた部分は原子の内部の非常に小さな部分に集まっていなければならない（図 8.3）．ラザフォードはこれを **原子核**，つまり，原子の核とよんだ．核とは，桃のたねのように果実の中心にある固いたねを意味する漢字である．アルファ粒子が金の原子核に正面衝突して逆戻りするには，金の原子核の表面での電気力の位置エネルギーが，アルファ粒子の運動エネルギーよりも大きくなければならない．そこで，ラザフォードは金の原子核の大きさは約 10^{-14} m だと推定した．

図 8.4　1903 年に長岡半太郎が原子の土星模型を提案した．

* 原子核の半径は $(10^{-14} \sim 10^{-15})$ m である（9.1 節参照）．

ラザフォードの原子模型

ラザフォードは，原子番号 Z の原子は，原子の質量のほとんどと電子の電荷の大きさ e の原子番号倍の正電荷 Ze をもち，半径が約 10^{-14} m の原子核が，半径が約 10^{-10} m の原子の中心にあり，そのまわりを負電荷 $-e$ を帯びた Z 個の電子が回っているという原子の太陽系模型を考えた（図 8.5）．そして，このような原子によるアルファ粒子の散乱を理論的に計算し，実験結果とよく一致することを 1911 年に示した*．

原子核と電子を結びつけて原子をつくる力は，原子核の正電荷 Ze と電子の負電荷 $-e$ の間に働く電気力である．

ラザフォードの原子模型には 2 つの困難があった．ひとつは，なぜ原子が一定の大きさをもつのかを説明できなかったことであり，もうひとつは，荷電粒子の電子が原子の中で回転すると，電子は電磁波を放射するのでエネルギーを失い，回転半径がどんどん小さくなっていき，やがて電子は原子核の中へ落ち込むことであった．これらの困難は量子論によって解決された．

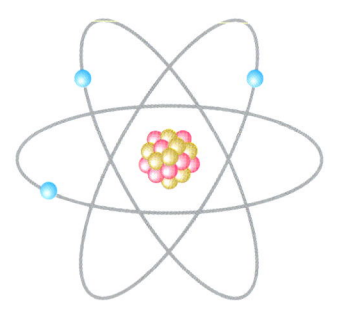

図 8.5　原子の太陽系模型

8.2 光は波か粒子か

学習目標 光は波として空間を伝わり，物質によって放出，吸収されるときには粒子（光子）として振る舞うことを理解する．光波と光子の間に

　　　光子のエネルギー ＝ プランク定数×光波の振動数

という関係があることを理解する．光の干渉縞は光子がスクリーンに衝突する確率の大小の分布を表すことを理解する．

　光は回折や干渉をするので，波として空間を伝わることが19世紀に確かめられ，干渉を利用して光の波長が求められた．しかし，光を波と考えたのでは説明のつかない現象が19世紀末に発見された．波長の短い可視光や紫外線を金属にあてると電子が飛び出す光電効果である（図8.6）．図8.7に装置の概念図を示した実験の結果の特徴は次のようである．

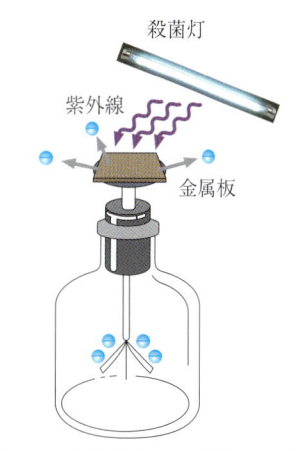

図 8.6 光電効果　負に帯電した箔検電器を紫外線で照射すると，箔は閉じていく．

光電効果の特徴

(1) 光の振動数 f が照射される金属に特有なある値（限界振動数）f_0 より小さいと，どのように強い光をあてても電子は飛び出さない．
(2) 限界振動数 f_0 より大きな振動数の光を金属にあてると，電子が飛び出す．飛び出した電子はいろいろな大きさの運動エネルギーをもつが，いちばん速い電子の運動エネルギー $K_{最大}$ は，光の強さに無関係で，光の振動数 f だけで決まり，図8.8の直線が示すように，

$$K_{最大} = hf - hf_0 \tag{8.1}$$

電子の最大運動エネルギー ＝ プランク定数×（振動数－限界振動数）

と表される．プランク定数は4.6節で学んだ熱放射の研究でプランクが発見した定数である．

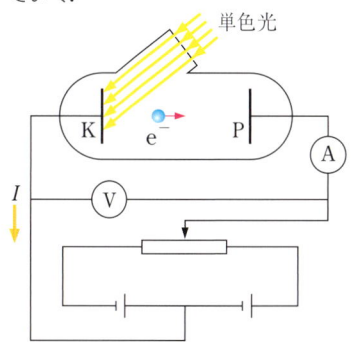

図 8.7 光電効果の実験装置の概念図

光子説による光電効果の説明
　1905年にアインシュタインは，「光の発見法的な理論」という論文を発表し，「光の波動説で回折，干渉，反射，屈折の現象が見事に記述されることは明らかであり，今後とも光の波動説が他の理論に取って代わられることはないだろう．しかし，これらの現象での波動説の成功は，時間的に平均された光の振る舞いに関係している．それに対して，光の放出や吸収という瞬間的な過程では事情が違う．物質とエネルギーを交換する際には，光は粒子のように振る舞う」と主張し，

振動数 f の光（一般に電磁波）は

$$E = hf \quad エネルギー ＝ プランク定数×振動数 \tag{8.2}$$

という大きさのエネルギーをもつ粒子の流れであると考え，光電効果では，この光の粒子が金属中の電子と衝突すると，エネルギー hf は全部が一度に電子に吸収され，電子が金属から飛び出すのに必要な最小エネルギーは hf_0 であると考えて，光電効果の実験結果を見事に説明した

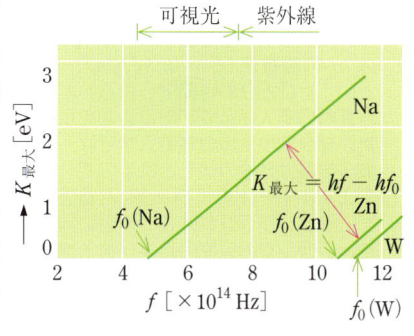

図 8.8 単色光の振動数 f と飛び出した電子の最高運動エネルギー $K_{最大}$ の関係　縦軸の単位は $1\,\mathrm{eV} = 1.6\times10^{-19}\,\mathrm{J}$

図 8.9 アインシュタイン（コンゴの切手）

(図 8.11). 光の粒子は**光子**（フォトン）とよばれる*.

電磁気学によれば，電磁波がエネルギー E を運ぶときには，運動量 $p = \dfrac{E}{c}$ も運ぶので，波長が λ の光の光子は，光の進行方向を向いた大きさが，

$$p = \frac{hf}{c} = \frac{h}{\lambda} \qquad 運動量 = \frac{プランク定数}{波長} \qquad (8.3)$$

の運動量をもつ（$c = f\lambda$）．

このように光は波と粒子の両方の性質を示す．つまり，光は空間を振動数 f，波長 λ の波として伝わり，物質によって放出，吸収されるときにはエネルギー E と運動量 p が

$$E = hf, \qquad p = \frac{h}{\lambda} \qquad (8.4)$$

の光子（光の粒子）の集まりとして振る舞う．これを**光の二重性**という．光は波動性と粒子性をもつが，その間には関係 (8.4) がある．

光の二重性の実態を理解するために，微弱な光源からの光が 2 つの隙間（スリット）を通過したときに検出面（蛍光物質）に示す干渉現象の写真を見てみよう（図 8.12，図 8.13）．

光が検出面に衝突したときに発生する輝点は光が粒子（光子）として検出面に衝突したと解釈される．つまり，光は物質に吸収されるときには粒子としての性質を示す．

実験開始から 10 秒間に到達した光子の数は少ないので，光子の到達位置には規則性がないように見える [図 8.13 (a)]．しかし，実験開始後 10 分間には多数の光子が到達し，光波の干渉で生じる明暗の縞の明るい部分には多くの光子が到達し，暗い部分に光子はほとんど到達しないことがわかる [図 8.13 (b)]．このように，個々の光子を見ても干渉効果は見られないが，多数の光子の集団としての振る舞いには，波としての性質が現れるのである．

図 8.10 光電子増倍管は光電効果を利用した高感度の光検出器

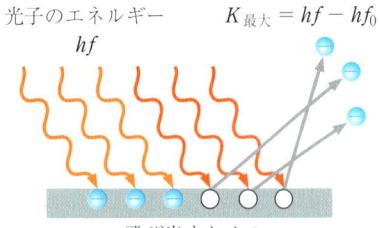

光子のエネルギー hf　　$K_{最大} = hf - hf_0$

飛び出すための最小エネルギー hf_0

図 8.11 光子説での $K_{最大} = hf - hf_0$ の説明

* 1900 年にプランクは，4.6 節で紹介した光（一般に電磁波）の放射に関するプランクの法則を理論的に導くには「振動数 f の電磁波のエネルギー E は hf の整数倍（$E = 0, hf, 2hf, \cdots$）というとびとびの値に限られる」という仮説の導入が必要であることを示した．マクスウェルの電磁気学では，光波の振幅は任意の値をとれるので，光のエネルギーはすべての値をとることができる．プランクはこの矛盾に悩んだ．プランクの仮説の提案が量子論の誕生とされている．

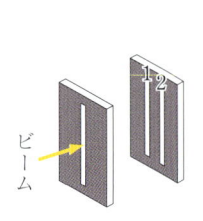

2 本のスリット　　検出面

図 8.12 ビームと 2 本のスリット（概念図）
光の波動説では，光を入射すると，2 本のスリットからの距離の差が波長の整数倍の検出面上の場所に多くの明るい縞が生じると予想される．光の粒子説では，光は直進し，スクリーン上に 2 本の明るい線が生じると予想される．

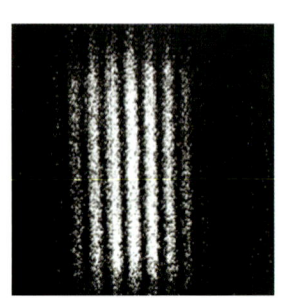

(a) 実験を開始してから 10 秒後　　(b) 実験を開始してから 10 分後

図 8.13 近接した 2 本のスリットを通過した極微弱光の干渉

参考　X線

X 線は，1895 年にレントゲンによって発見された．X 線は，光（可視光線）より波長が短く，波長がおよそ $10^{-9} \sim 10^{-12}$ m の電磁波で，金属や骨は透過しないが，紙やガラスは透過し，電離作用をもち，結晶に入射すると回折し，干渉する．光と同じように二重性をもち，(8.4) 式の2つの関係を満たす．

図 8.14 に X 線発生装置の概念図を示す．加熱されたフィラメントから飛び出した電子（電荷 $-e$）を高電圧 V で加速すると，電子は正極の金属板と衝突し，運動エネルギー eV の全部または一部が X 線になる．このようにして発生した X 線の波長と強さの関係を図 8.16 に示す．X 線のスペクトルはなめらかな曲線の部分（連続 X 線）と鋭い山の部分（固有 X 線または特性 X 線）からなる．固有 X 線は正極の金属原子に特有な波長の X 線で，次節で学ぶ原子の放射する光の線スペクトルに対応する．

連続 X 線には電子の加速電圧 V で決まる最短波長 λ_0 がある．これは，正極に衝突した電子の運動エネルギー eV が，すべて発生する X 線光子のエネルギーになった場合である（$eV = \dfrac{hc}{\lambda_0}$）．

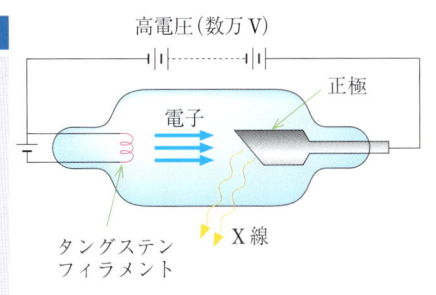

図 8.14　X 線発生装置の概念図

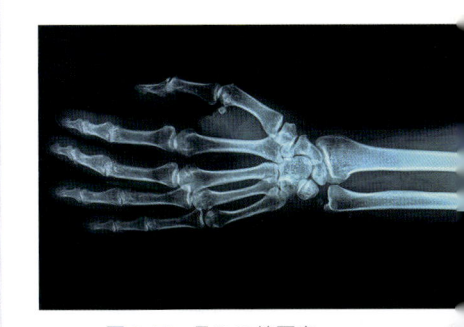

図 8.15　骨の X 線写真

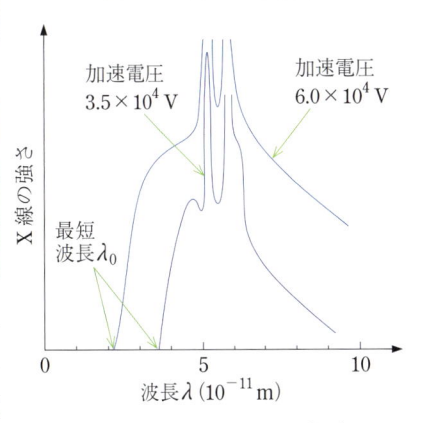

図 8.16　X 線のスペクトル（正極は Pd）

8.3　原子の放射する線スペクトルと原子の定常状態

学習目標　原子のとることのできる状態は定常状態とよばれるエネルギーの値がとびとびの状態に限られること，その結果，原子の放射する光を分光すると線スペクトルになることを理解する．

原子の放射する線スペクトル　原子の中の電子には原子核が電気力を作用する．そこで，原子が安定であるために，電子は原子核のまわりを回転していると想像される．しかし，電磁気学によれば，荷電粒子の電子が回転すると，回転数と同じ振動数の電磁波を放射する．気体原子が放射する電磁波を調べよう．

気体を高温に加熱したり，電気火花で刺激したりすると，気体の原子

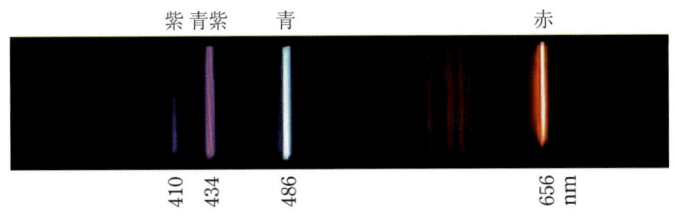

図 8.17　水素原子の線スペクトルの一部　図の下の数字は波長．
水素原子の放射する光の振動数 f は，条件
$$f = (3.29 \times 10^{15}\ \text{s}^{-1})\left(\dfrac{1}{m^2} - \dfrac{1}{n^2}\right)$$
を満たすとびとびの値だけである．m, n は正の整数で，$n > m$．
図のスペクトルは $m = 2$ の場合で，バルマー系列とよばれる．

は光を放射する．この光を回折格子で分光すると多くの線に分かれる（図 8.17）．これを**線スペクトル**という．

高温の水素原子の放射する光の線スペクトルの振動数 f を調べると，

$$f = f_2 - f_1, \ f = f_3 - f_1, \ f = f_3 - f_2, \ f = f_4 - f_1, \ \cdots \quad (8.5)$$

というような 2 つの項の差になっている．ここで

$$f_1 = -A, \ f_2 = -\frac{1}{2^2}A, \ f_3 = -\frac{1}{3^2}A, \ f_4 = -\frac{1}{4^2}A, \cdots \quad (8.6)$$

$$A = 3.29 \times 10^{15} \, \text{s}^{-1} \quad (8.7)$$

である．

原子の定常状態 ボーアは (8.5) 式に注目し，両辺にプランク定数 h を掛け，$E_1 = hf_1, E_2 = hf_2, E_3 = hf_3, \cdots$ とおいて，

$$hf = E_2 - E_1, \ hf = E_3 - E_1, \ hf = E_3 - E_2, \ hf = E_4 - E_1, \cdots \quad (8.8)$$

と表した．(8.8) 式の左辺の hf は原子から放射される光子のエネルギーなので，右辺は「光子の放出前の原子のエネルギー」−「光子の放出後の原子のエネルギー」だと考えられる．そこで，(8.8) 式は原子のエネルギーはとびとびの値 $E_1, E_2, E_3, \cdots$ に限られることを意味しているとボーアは考えた．そして，このとびとびのエネルギーの状態を原子の定常状態とよび，エネルギーが最小の状態を基底状態，そのほかの状態を励起状態とよんだ．定常状態のとびとびのエネルギーの値をエネルギー準位という．

図 8.18 ネオンサイン

ボーアの考えでは，
(1) 原子が 1 つの定常状態にあるときにはエネルギーは一定で，原子は光を放射せず，
(2) 原子がエネルギーの高い定常状態 E_n からエネルギーの低い定常状態 E_m に移るとき，振動数 $f = \dfrac{(E_n - E_m)}{h}$ の光の光子を 1 個放射し，
(3) 原子がエネルギーの低い定常状態 E_m からエネルギーの高い定常状態 E_n に移るとき，振動数 $f = \dfrac{(E_n - E_m)}{h}$ の光の光子を 1 個吸収する（図 8.19）．

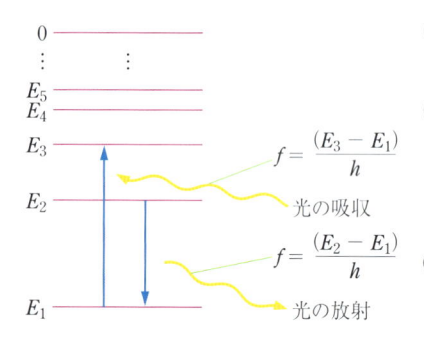

図 8.19 原子のエネルギー準位と光の放射と吸収

水素原子のとることのできるとびとびのエネルギーは，(8.6) 式の h 倍と $Ah = 13.6 \, \text{eV}$ から

$$E_1 = -13.6 \, \text{eV}, \ E_2 = -\frac{13.6}{2^2} \, \text{eV}, \ E_3 = -\frac{13.6}{3^2} \, \text{eV}, \cdots \quad (8.9)$$

である*．電子と水素原子核（陽子）が無限に遠く離れている場合を電気力の位置エネルギーの基準点に選んでいるので，水素原子のエネルギーの値は負である．$E_1 = -13.6 \, \text{eV}$ は，基底状態の水素原子から電子を追い出して，水素イオン H^+ にするには，水素原子に 13.6 eV のエネルギーを外から与えなければならないことを意味する．

水素原子以外の原子が放射，吸収する光の振動数 f も (8.8) 式と同じ

---

* エネルギーの実用単位の**電子ボルト** eV $= 1.6 \times 10^{-19}$ J は，電荷が $e = 1.6 \times 10^{-19}$ C の荷電粒子を 1 V の電位差で加速したときの運動エネルギーの増加量に等しい．

$hf = E_2-E_1$, $hf = E_3-E_1$, $hf = E_3-E_2$, $hf = E_4-E_1$, …

という形をしているので，すべての原子のとることのできるエネルギーの値もとびとびの値に限られる．ただし，エネルギーの値 E_1, E_2, E_3, … は水素原子のように簡単な式では表せない．

線スペクトルの解釈から原子の定常状態という考えが生まれた．しかし，原子のエネルギーがとびとびの値しかとれないという仮定は，これまで学んだ力学や電磁気学では許されない．原子の定常状態が可能になる理論は，電子が波と粒子の二重性をもつという量子力学である．

量子力学では，定常状態は定在波に対応する．弦の定在波の振動数 f はとびとびの値しかとれないが（図 8.20），この事実は原子のエネルギー（$E = hf$）がとびとびの値しかとれない事実に対応している．原子の定常状態のエネルギーは量子力学によって計算できる．

なお，水素原子のエネルギーが最低の基底状態では，電子は回転していない．それでも電子が原子核に引き込まれないのは，量子力学における不確定性関係のためである（**8.5 節参照**）．

図 8.20 弦の固有振動と定在波　定在波の波長 $\lambda_n = \dfrac{2L}{n}$，振動数 $f_n = \dfrac{vn}{2L}$ （$n = 1, 2, 3,$ …），L は弦の長さ，v は波の速さ．

8.4　電子は粒子か波か

学習目標　電子は粒子の性質と波の性質の両方をもつことを具体例に基づいて理解する．電子の波動関数は，電子が空間を波として伝わるようすを表し，ある点での波動関数の大きさは，その点に電子を検出しようとするとき，検出する確率を表すことを理解する．

電子の粒子性　トムソンは，図 8.1 に示す装置を使って電子を発見した．この実験では，負極から飛び出した，決まった質量と決まった負電荷を帯びた粒子が，電場と磁場の中で電気力と磁気力の作用を受けて，ニュートンの運動方程式にしたがって運動する場合と同じ軌道を通って，正極の後側の蛍光面に衝突して輝点を発生させたと理解される．したがって，電子は粒子だと考えられ，ラザフォードの原子模型では，原子番号が Z の原子は原子核と Z 個の電子から構成されていると考えられた．

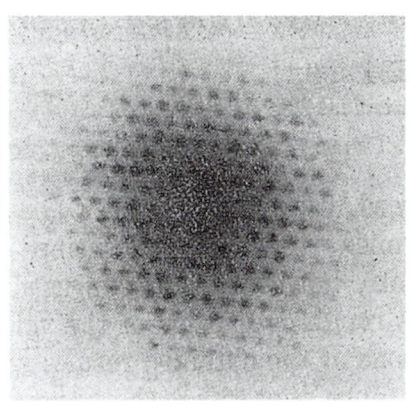

図 8.21　1928 年に菊池正士が得たマイカ（雲母）の薄膜による電子線の回折パターン

電子の波動性　1924 年にド・ブロイは，波だと思われていた光は粒子としても振る舞うので，逆に粒子のように振る舞う電子は波の性質も示し，質量 m，速さ v の電子ビームが波動性を示すときの波長 λ は

$$\lambda = \frac{h}{p} = \frac{h}{mv} \qquad 波長 = \frac{プランク定数}{運動量} = \frac{プランク定数}{質量 \times 速さ}$$

(8.10)

であると予想した*．この波長を**ド・ブロイ波長**という．

電子の波動性は，1927 年にデビソンとガーマー，G.P. トムソン，1928 年に菊池によって実験で確かめられ，(8.10) 式の正しさが確かめられた．

* 波長 λ の光線の光子の運動量 p は $p = \dfrac{h}{\lambda}$．

参考　デビソン-ガーマーの実験

1927年にデビソンとガーマーはニッケルの単結晶の表面に垂直に電子ビームをあてたところ［図 8.22 (a)］，表面で散乱された電子の強度はある特定の方向で強くなること［図 8.22 (b)］，その方向 θ は電子ビームの加速電圧 V とともに変わることを発見した．

電子（質量 m）を電位差 V の電極の間で加速すると，電場のする仕事 eV が電子の運動エネルギーになるので，運動エネルギーが

$$\frac{1}{2}mv^2 = \frac{p^2}{2m} = \frac{h^2}{2m\lambda^2} = eV$$

になった電子波のド・ブロイ波長は次のようになる

$$\lambda = \frac{h}{\sqrt{2meV}} = \sqrt{\frac{150.41}{V[\text{ボルト}]}} \times 10^{-10} \text{ m} \tag{8.11}$$

（電子の質量は $m = 9.109 \times 10^{-31}$ kg，電荷は $-e = -1.602 \times 10^{-19}$ C）．

波長 λ の電子波が原子間隔 d の結晶表面で強く散乱される角度を決める条件は，表面の隣り合う原子で反射された波が強め合う条件，

$$d \sin \theta = n\lambda \quad (n = 1, 2, 3, \cdots) \tag{8.12}$$

［図 8.22 (c)］である．デビソンとガーマーは反射電子ビーム強度が極大になる角度 θ の測定結果［図 8.22 (b)］と原子間隔 d から電子波の波長 λ を決めることができたが，この実験値と理論値 (8.11) はよく一致した（演習問題 6 参照）．

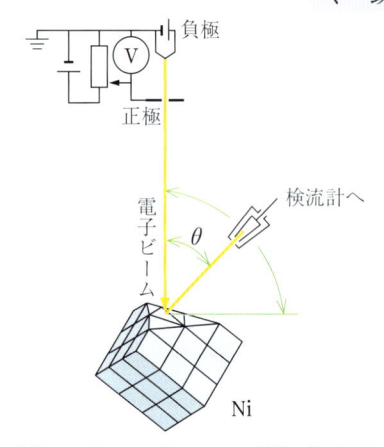

(a) デビソン-ガーマーの実験の概念図

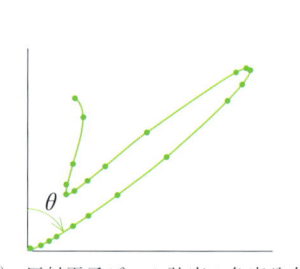

(b) 反射電子ビーム強度の角度分布（加速電圧は 54 V）

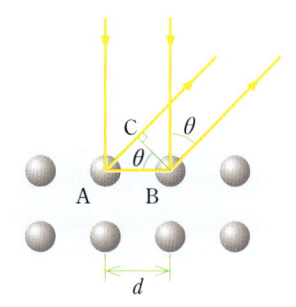

(c) 強く散乱されるための条件．$d \sin \theta = n\lambda$ は表面で隣り合う原子で反射された電子波が強め合う条件である．

図 8.22

シュレーディンガー方程式

波の運動のしたがう方程式を波動方程式という．1926年にシュレーディンガーがド・ブロイの予想した電子の波 $\psi(x, y, z)$ のしたがう波動方程式

$$-\frac{\hbar^2}{2m}\left(\frac{\partial^2 \psi}{\partial x^2} + \frac{\partial^2 \psi}{\partial y^2} + \frac{\partial^2 \psi}{\partial z^2}\right) + V\psi = E\psi \tag{8.13}$$

を発見した．この式をシュレーディンガー方程式という．$\hbar$は$h/2\pi$で，エイチバーと読む．Vは電子の位置エネルギーである．

この方程式は固有値方程式とよばれるタイプの方程式で，電子のエネルギーを表す定数Eが，エネルギー固有値とよばれる，とびとびの値のときにだけ解が存在する．シュレーディンガーは水素原子に対する方程式を解いて，エネルギー固有値が，ボーアの予想した(8.9)式であることを示した．シュレーディンガー方程式(8.13)は原子の定常状態のしたがう方程式である．

電子は，波動関数$\psi(x,y,z)$で表される，空間に広がっている波なのだろうか．すぐ後で紹介する電子の二重スリット実験の結果が示すように，電子も光と同じように，空間を波として伝わるが，検出しようとすると粒子として検出され，$|\psi(x,y,z)|^2$は点(x,y,z)に電子が粒子として検出される確率を表す．

図8.23に水素原子の中で電子が陽子からの距離rの付近に発見される確率$P_r(r)$を図示した．電子を発見する確率が最も高いのは，水素原子核からの距離がボーア半径とよばれる

$$r_1 = 5.3 \times 10^{-11}\,\mathrm{m} \qquad (8.14)$$

の付近である．

電子が波と粒子の二重性をもつことは，図8.24に示す外村彰の電子の二重スリット実験を見れば容易に理解できる．

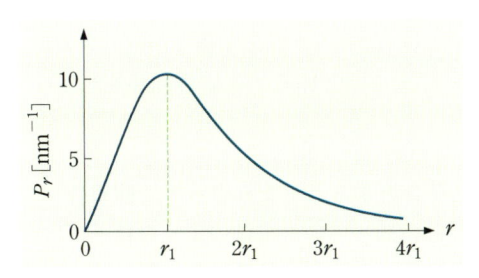

図8.23 水素原子の中で電子が陽子からの距離rの付近に発見される確率$P_r(r)$

電子の二重スリット実験　電子の流れの中に2本のスリットを置き（図8.12），2本のスリットを通過した2つの流れが合流する場所に置いてある検出面（蛍光物質）に到達した電子を記録したものが，図8.24に示した一連の写真である．図8.24(e)を見ると，波の特徴である干渉現象を示す明暗の縞が読み取れる．この写真は，2本のスリットを通過した2つの電子波ψ_1とψ_2が重なりあって$\psi_1+\psi_2$になり，検出面の上で2つの波ψ_1とψ_2が（同符号の場合）強め合ったり（異符号の場合）弱め合ったりするので，検出面の上での電子波の強度$|\psi_1+\psi_2|^2$の分布が明暗の縞をつくることを示している．この実験では，実験装置の内部に2個以上の電子が同時に存在することはまれであるような状況で実験したので，この明暗の縞は2個以上の電子の相互作用によって生じたものではない．つまり，この写真は，1個の輝点を生じさせる「1個の」電子が2本のスリットの両方を同時に通過したことを示している．

さて，明暗の縞が形成されていく過程を記録した図8.24(a)〜(e)を

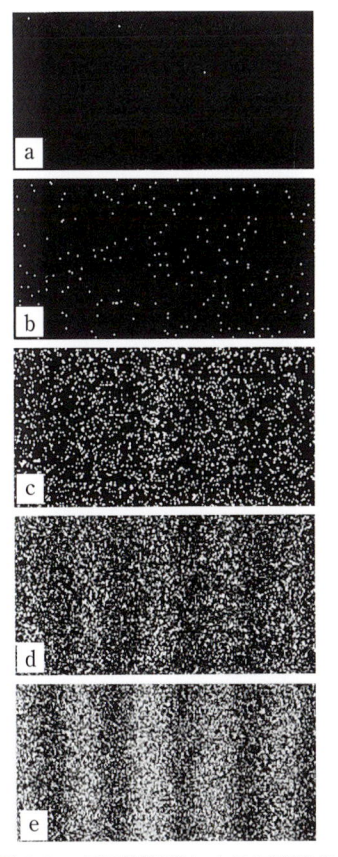

図8.24 電子顕微鏡による干渉縞の形成過程

電子が，2つのスリットを通過して，検出器に1個また1個と間隔をおいてやってくる．電子が検出器の表面の蛍光フィルムに達すると，そこで検出され，記録装置に記録されて，モニターに写しだされる．この図には，電子が検出面に1個ずつ到着し，その結果，干渉縞が形成されるようすを写真(a)〜(e)で時間の順に示す．電子顕微鏡の内部に2個以上の電子がいることはまれであるように実験したので，この干渉縞は1個の電子の量子的な干渉による．

順に見ると，明暗の縞の輝度が連続的に増加していくのではなく，「粒子」としての電子が1個ずつ検出面（蛍光フィルム）に衝突して，輝点を発生させていることがわかる．そして，場所によって衝突する確率に大小の差があるので，明暗の縞が形成されていくようすがわかる．

光子の場合の図 8.13 と電子の場合の図 8.24 はよく似ている．電子の場合にも，波動が示す干渉縞という現象は，粒子（電子）を発見する確率が大きいか小さいかいう空間的な分布として現れるのである．

これで，光と同じように，電子にも粒子と波の二重性があることがわかった．陽子や中性子も，粒子的性質と波動的性質の両方を示すことが確かめられており，シュレーディンガー方程式に従う．

観測による波動関数の収縮　電子はシュレーディンガー方程式にしたがう波動関数 $\psi(x,y,z)$ で表される波として空間を広がって伝わるが，検出面に到達すると蛍光物質の分子と衝突して，光子を放出させる．その直後の電子の位置は，輝点が発生した位置なので，そのときの波動関数は輝点の付近に集中し，輝点以外での波動関数の値はゼロである．このような，電子の検出に伴う波動関数の瞬間的な変化を波動関数の収縮という．日常経験に基づく常識では理解できない現象である

8.5　不確定性関係

学習目標　波と粒子の二重性をもつ電子の位置と運動量の両方を同時に正確に（ばらつきなく）測定できないという不確定性関係を理解する．

2つに分かれた波は，ふたたび合流すると重なり合って，強め合ったり，弱め合ったりする．われわれの知っている米粒のような粒子にはこのような性質はない．波の性質と粒子の性質は日常生活の経験では両立できない．

2本の隙間を通ると干渉縞をつくる電子は空間を波として伝わっていくように思われる．それでは電子が粒子だとして，電子が空間を粒子として運動していくようすを観察することはできるだろうか．そのために，光で電子の通り道を照射して，光を電子で散乱させることが考えられる．物体の位置を精密に測定するには，光線を細く絞る必要があるが，波長 λ の光線の幅は $\frac{\lambda}{2\pi}$ 程度までにしか絞れない．つまり，波長 λ の光を使って得られる物体の位置の測定値には $\frac{\lambda}{2\pi}$ 程度の不確かさ（ばらつき）Δx が存在する．一方，光の粒子性のために電子にあてる光の強さを光子 1 個以下にはできない．光子 1 個のもつ運動量は $\frac{h}{\lambda}$ なので，波長 λ の光を当てると物体の運動量が変化し，運動量の測定値に

$\frac{h}{\lambda}$ 程度の不確かさ（ばらつき）Δp が生じる．

短波長の光を使って電子の位置 x を正確に決めようとすると，運動量の測定値の不確かさ Δp が大きくなり，長波長の光を使って電子の運動量 p を正確に決めようとすると位置の測定値の不確かさ Δx が大きくなる．その結果，電子の「位置」と「運動量」の両方を同時に正確に（ばらつきがないように）測定することはできないことを意味する，

「位置の測定値の不確かさΔx」×「運動量の測定値の不確かさΔp」
$$\geqq \frac{h}{4\pi} \tag{8.15}$$

という関係が成り立つ．この関係をハイゼンベルクの**不確定性関係**あるいは**不確定性原理**とよぶ．

電子が図 8.12 の 2 つのスリットのどちらを通過したのかを識別しようとして，スリットの間隔より短い波長の光で電子を照射すると，電子の運動が大きく乱されて，縞の暗い部分にも電子が行くようになり，明暗の縞が消える．粒子的な振る舞いを調べようとすると波動的な振る舞いが消えるので，電子の波動性と粒子性を同時に検出することはできない．

この説明では，観測前には電子の位置と速さの両方とも正確に決まっているが，観測では正確に測定できないという印象を受けるかもしれない．しかし，不確定性関係は空間を波として伝わる電子の二重性によるものである．電子の運動量が決まっていることは，電子波の波長が決まっていることを意味するが，これは波が広がっていて位置が決まっていないことを意味する．電子の位置が決まっていることは，電子波が広がっていないので，いろいろな波長の波の重ね合せであることを意味する．したがって，測定する前の電子の位置と運動量の両方が正確に決まっていることは不可能である．

不確定性関係は，電子ばかりでなく，波と粒子の二重性をもつ陽子や中性子やそのほかの素粒子でも成り立つ．

ニュートン力学では，各時刻での物体の位置と速度が決まっているので，物体の重心は 1 本の幅のない線の上を運動すると考えられる．ところが電子などの素粒子の場合には，位置を正確に測定すれば速度（速さと運動の向き）の測定結果にばらつきが生じるという不確定性関係があるので，素粒子が 1 本の幅のない線の上を運動するということはありえない．図 8.25 のような素粒子の霧箱写真に素粒子の軌跡が写っているように見えるが，写真に写っているのは，電子の道筋に沿ってできた，電子よりずっと大きい水滴の列なので，不確定性関係とは矛盾しない．

不確定性関係を原子に適用すると，原子の中の電子は，太陽系の惑星のように細い軌跡（図 8.5）を描いて運動するのではなく，図 6.2 のように原子の中に雲のように広がっていることがわかる．細い軌跡の場合には位置の不確かさが小さいので，不確定性関係で運動量が大きくなり，したがってエネルギーが大きくなるので不安定だからである．

図 8.25 磁場のかかった霧箱の中の陽電子（電子と同じ質量をもつ正電荷をもつ粒子）の飛跡

原子核からの引力で電子が原子核に引き込まれて原子が崩壊することを妨げるのも不確定性関係である。原子が小さくなると，運動量，したがって，エネルギーが増加するので，原子は崩壊できない．

8.6 元素の周期律

学習目標 元素の周期律は量子力学でどのように説明されるのかを理解する．

量子力学を使うと原子の定常状態を理解できる．水素原子以外の原子には複数の電子が含まれているが，原子を構成する1つひとつの電子は他の電子とは独立な定在波として振る舞うとみなせる．個々の電子の定在波（定常状態）を表す波動関数を**原子軌道**という．

図 8.20 の弦に生じる定在波は節の数で分類されるが，原子軌道は**量子数**で分類される．量子数には，原子軌道の節の数を表す主量子数 n，原子核を中心とする回転（公転）の勢いを表す軌道角運動量量子数（方位量子数）l，回転軸の向きを表す磁気量子数 m_l，スピンとよばれる電子の自転のようすを表すスピン磁気量子数 m_s などがある．

原子中の電子の定常状態のエネルギーを定性的に描くと図 8.26 のようになる．数字は主量子数を表し，s, p, d, f はそれぞれ軌道角運動量量子数 $l = 0, 1, 2, 3$ を表す．エネルギーは主量子数 n と軌道角運動量量子数 l で決まるので，n と l で指定された図 8.26 のエネルギー準位には m_l と m_s の異なる $2(2l+1)$ 個の定常状態が属す．そこで図 8.27 にはそのエネルギーの値をもつ原子軌道の数だけ丸印を記した．

原子番号 Z の原子の基底状態では，Z 個の電子は図 8.27 に丸印で示されている原子軌道を，エネルギーのいちばん小さいものから順番に，下から Z 番目の状態までを占領している（図 8.28）．「電子は1つの状態には1個しか入れない」という**パウリの排他原理**があるからである．

図 8.28 での電子配置のようすを元素の周期表と比べるとそっくりである．そこで，元素の化学的性質を決めるのは，最後に詰まる状態の電子数であることがわかる．エネルギーが大きいほど，電子は原子核から遠くにいるので，この状態の電子を最外殻電子とよぶ．最外殻電子数が原子の化学的性質を決める原子価に対応するので，最外殻電子を**価電子**

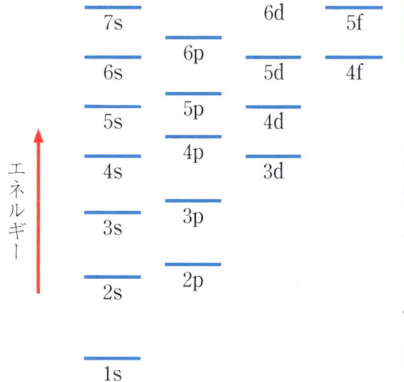

図 8.26 重い原子の中の電子のエネルギーの値の近似的なようす．数字は主量子数 n．記号 s は $l = 0$，p は $l = 1$，d は $l = 2$，f は $l = 3$．

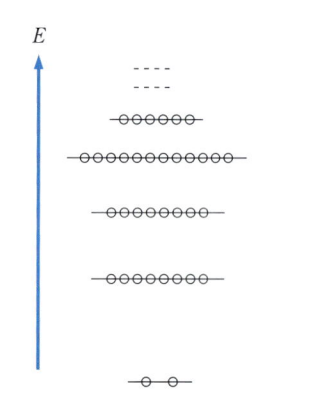

図 8.27 重い原子の中の電子のエネルギーの値の近似的なようす．
丸印の数は同じエネルギー E をもつ定常状態の数．下から 1s；2s, 2p；3s, 3p；4s, 3d；4p．

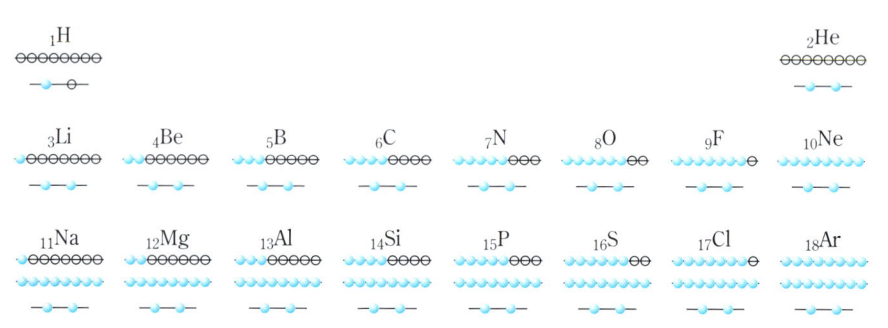

図 8.28 原子の基底状態での電子の配置

という．

最外殻が満員の原子は $Z=2$ のヘリウム He, $Z=10$ のネオン Ne, $Z=18$ のアルゴン Ar などの不活性ガスの原子である．水素 H, リチウム Li, ナトリウム Na などの原子は最外殻のただ1個の電子を放出して1価の正イオンになりやすく，フッ素 F, 塩素 Cl などの原子は最外殻のただ1個の空席に電子を入れて1価の負イオンになりやすい．

演習問題 8

1. ガイガーとマースデンは標的が銀箔とアルミ箔の場合の実験も行った．アルファ粒子が逆方向にはね返される確率は，金 ($Z=79$) では銀 ($Z=47$) の2倍，アルミ ($Z=13$) の20倍であった．この違いは標的の原子核の電荷の違いによって定性的に説明されることを示せ．
2. 可視光のスペクトルの両端 $\lambda = 3.8\times 10^{-7}$ m, 7.7×10^{-7} m での光子のエネルギーはそれぞれいくらか．
3. 同じ運動エネルギーをもつ場合，次のどの粒子のド・ブロイ波長がいちばん長いか．電子，陽子，アルファ粒子（ヘリウム原子核）．
4. 速さが 1.0×10^4 m/s の中性子線のド・ブロイ波長はいくらか．中性子の質量 $m = 1.67\times 10^{-27}$ kg とせよ．
5. 運動エネルギーが0の電子を100 V の電圧で加速して得られる電子ビームの波長 λ を求めよ．
6. 図8.22のデビソン-ガーマーの実験で，Ni による電子ビームの反射波の強度が極大になる角度 θ ($n=1$ の場合) は，加速電圧が54 V のとき何度になるか．181 V のとき何度になるか．格子間隔 $d = 2.17\times 10^{-10}$ m とせよ．
7. 図1の装置の左上方からレーザー光のパルスを1個ずつ投入する．1個のパルスは平均で1個以下の光子しか含まないきわめて弱い光である．＼の M_1 と M_2 は半透明な鏡，▬ は完全に反射する鏡である．光パルスは半透明鏡 M_1 を透過あるいは反射後，自分よりはるかに長い通路（光ファイバー）A, B の中を伝わる．
実験 (a) では，M_1 によって2つに分けられた光が通路 A と B を通って別々に検出器 D_A と D_B に導かれる．実験 (b) では，通路 A と B を通った2つの分波を第2の半透明鏡 M_2 に当てて再び重ね合わせ，検出器 D_A と D_B に導く．半透明鏡は反射光の位相を90度ずらすが，透過光の位相は変えない．完全反射鏡は反射光の位相を変えない．
実験 (a), (b) で検出器 D_A, D_B は光子をどのように観測するか．なお，A と B の光路長は等しいように調整されている．パルスが左上の鏡 M_1 を通過して，右下に到達するまでの間に鏡 M_2 を移動して，状態 (a) から (b) に変えたら実験結果はどうなるか．

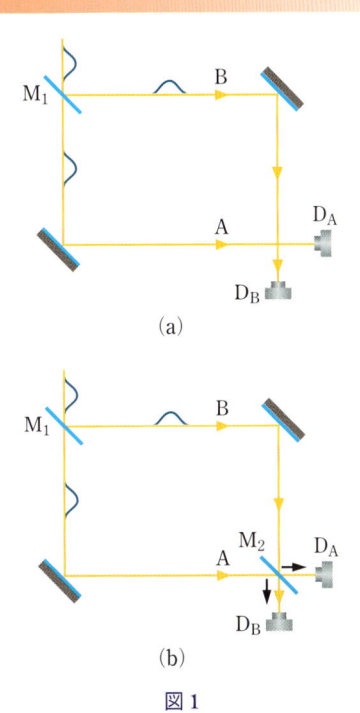

図1

9 原子核と素粒子

古代から金属の精錬が行われ，鉱石から青銅や鉄が得られた．しかし，鉛にどのような化学的な処理を行っても金は得られなかった．

元素の化学的性質を決めるのは，各元素の原子に含まれている電子数であるが，電子数を決めるのは，原子の中心にある原子核に含まれている陽子数である．したがって，鉛原子核の中の陽子数を変化させて金原子核に変えることができれば，鉛を金に変えられる．

原子核の変換は，太陽などの恒星の中心部や原子力発電所などでは，大規模に起こっており，その際に大量の核エネルギーが熱や光のエネルギーに変わっている．

本章では原子核と原子核の構成要素である素粒子，それに放射能と核エネルギーを学ぶ．

太陽プロミネンス（紅炎，こうえん）

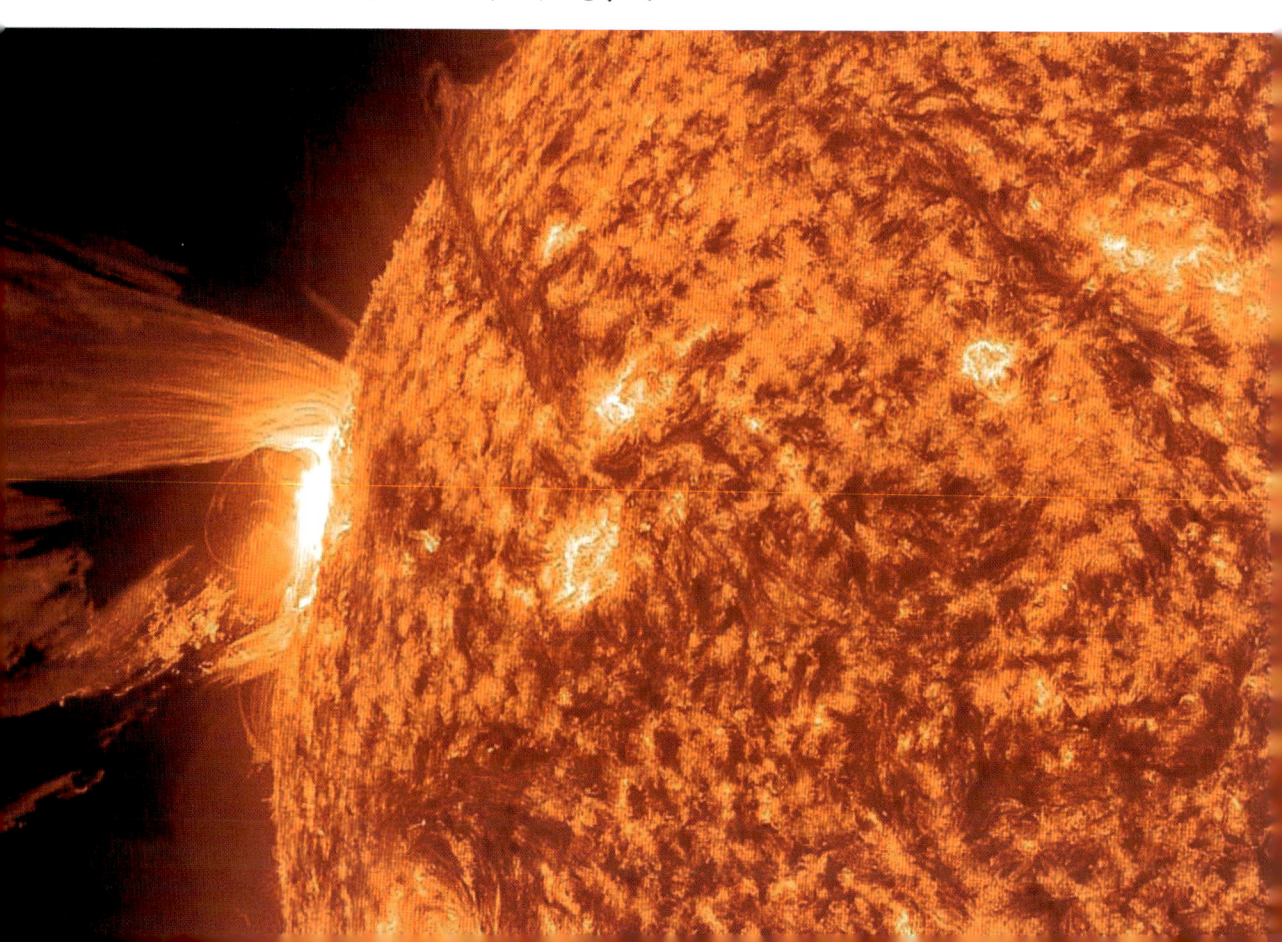

9.1 原子核の構造

学習目標 原子核が陽子と中性子から構成されていること，陽子と中性子が結合して原子核になる際の結合エネルギーは原子核の質量欠損になることを理解する．1核子あたりの結合エネルギーに違いがあるので，原子核のなかには核分裂反応や核融合反応を起こすものがあることを理解する．

原子が分割不可能な物質構造の最小単位ではなく，原子核と電子から構成されているように，原子の中心にある原子核も分割不可能な物質構造の最小単位ではない．原子核に構造があることを示唆する事実として，原子の質量に比例する原子量が，多くの元素の場合，いちばん軽い水素 H の原子量のほぼ整数倍であることが挙げられる．たとえば，炭素 C，窒素 N，酸素 O の原子量はそれぞれほぼ 12, 14, 16 である．原子量が整数値から大きくずれている場合があるが，これはあとで説明する同位体の影響である．たとえば，塩素の原子量は 35.5 であるが，これは原子量が 35 と 37 の同位体が約 3:1 の割合で混合しているためである．原子の質量のほとんどは原子核の質量なので，原子核の質量は水素原子核の質量のほぼ整数倍である．この整数値を原子核の**質量数**という．原子番号 Z の元素 X の質量数が A の原子核を $^A_Z X$ と記す．$^A_Z X$ を原子核とする原子も $^A_Z X$ と記す（図9.1）．

19 世紀の終わり頃に放射能が発見され（**9.2** 節参照），放射性元素が崩壊して別の元素に変換する事実から原子核が分割不可能な物質構造の最小単位ではないことが確かめられた．

原子核は人工的に変換できる．1919 年にラザフォードが，アルファ粒子（ヘリウム原子核）$^4_2 He$ を窒素原子核 $^{14}_7 N$ に衝突させると，水素原子核 $^1_1 H$ と酸素原子核 $^{17}_8 O$ が発生する

$$^{14}_7 N + ^4_2 He \longrightarrow ^1_1 H + ^{17}_8 O \tag{9.1}$$

という反応が起こることを示し，原子核は人工的に変換できることを証明した．水素原子核 $^1_1 H$ は，いろいろな原子核の衝突でたたき出され，また質量数が 1 でいちばん軽い原子核なので，原子核の構成粒子だと考えられ，**陽子**とよばれる（記号は p）*．

1932 年にチャドウィックは，ベリリウム原子核 $^9_4 Be$ にアルファ粒子を衝突させるときに出てくる放射線は，陽子とほぼ同じ質量をもつ中性の粒子であることを確かめ，この粒子を**中性子**と名づけた（記号は n）．この反応は

$$^4_2 He + ^9_4 Be \longrightarrow ^1_0 n + ^{12}_6 C \tag{9.2}$$

と表される．

中性子が発見されて，原子核は正電荷 e を帯びた陽子 p と電荷を帯びていない中性子 n から構成されていることになった（図9.2）．陽子と中性子をまとめて**核子**という．陽子の質量 m_p と中性子の質量 m_n はほぼ等しく，

$$^A_Z X \underset{原子番号}{\overset{質量数}{=}} 元素記号$$

（陽子数＋中性子数／陽子数）

図 9.1 $^9_4 Be$ は原子番号 4，質量数 9 のベリリウム原子核，およびそれを原子核とする原子を表す．

* 英語名の proton は，ギリシャ語の最初を表すプロトスにちなんでラザフォードによって名付けられた．

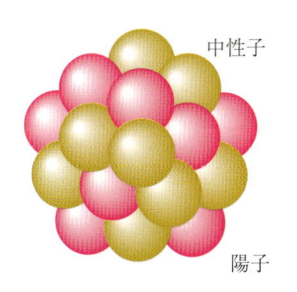

図 9.2 原子核は陽子と中性子から構成されている．

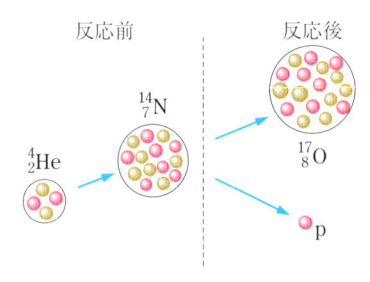

$$m_{\mathrm{p}} = 1.6726\times 10^{-27}\,\mathrm{kg},$$
$$m_{\mathrm{n}} = 1.6749\times 10^{-27}\,\mathrm{kg}$$

である．原子番号 Z は原子の原子核に含まれる陽子数であり，中性の原子の中に存在する電子数でもある．原子核に含まれる陽子数 Z と中性子数 N の和 $A = Z+N$ が原子核の質量数である．なお，原子番号が同じで質量数が異なる原子あるいは原子核を，たがいに**同位体**であるという．同位体の化学的性質は同じである．

原子核反応 (9.1) と (9.2) は原子核の間での陽子と中性子の組み換え反応なので，陽子数の和も中性子数の和も変化しない (図 9.3)．

原子核研究の初期には，標的の原子核に衝突させる大きなエネルギーをもつ原子核として，放射性元素が放射するアルファ粒子を使用した．その後，コッククロフトとウォルトン，ローレンス，バンデグラーフなどがいろいろなタイプの原子核加速器を発明し，陽子から重い原子のイオンにいたるいろいろなイオンを電場で加速して大きなエネルギーをもたせることができるようになった．

原子核はほぼ球形で，重い原子核の体積は質量数にほぼ比例し，半径は 10^{-15} ~ 10^{-14} m である．

核力

核子の間に作用して，核子を結びつけて原子核を構成する原因となる力を**核力**という．核力は電気力ではない．電荷を帯びていない中性子にはクーロン力は働かないし，陽子の間の電気力は反発力である．核力は万有引力でもない．陽子間の万有引力の強さは電気力の約 $\dfrac{1}{10^{36}}$ にすぎない．

原子核の内部での核子間のような短距離では，核力は陽子間のクーロン反発力よりもはるかに強い引力でなければならない．陽子と陽子の衝突は，陽子間距離が約 2×10^{-15} m 以上ではクーロン反発力による散乱として説明されるので，核力は到達距離が約 2×10^{-15} m というきわめて短距離の力である (図 9.5)．核子間の距離が 0.4×10^{-15} m 以下では，核力は強い反発力になる．原子核の体積が質量数にほぼ比例するのはこの反発力のためである．陽子と陽子，中性子と中性子，陽子と中性子の間に働く核力の強さはほぼ等しい．

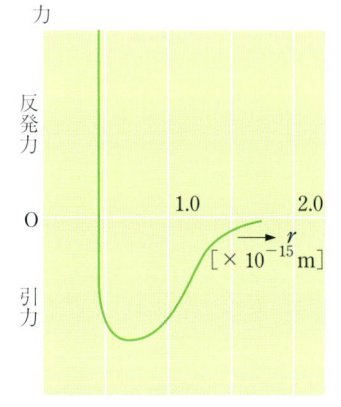

核力は短距離力なので，核子は隣接している核子とだけ核力で作用し合う．同じ状態に 2 つの陽子や 2 つの中性子は存在できないというパウリ原理のために，陽子はそばに中性子を，中性子はそばに陽子を引き寄せる傾向がある．そこで，原子核の中にはほぼ同数の陽子と中性子が存在する．2 個の陽子間には核力のほかにクーロン反発力も働く．この反発力は長距離力なので，原子核内のどの陽子の間にも作用する．したがって，原子核の陽子数が増加すると，陽子間距離は中性子間距離よりも大きくなる傾向があり，原子番号が増加すると原子核の中の中性子数

N と陽子数 Z の比 $\dfrac{N}{Z}$ は増加する傾向がある．

原子核の結合エネルギー　原子核の質量は質量数 A にほぼ比例し，構成する核子の質量の和にほぼ等しい．しかし，原子核の質量を精密に測定すると，原子核の質量は構成する核子の質量の和よりも小さい．つまり，質量数 A，原子番号 Z の原子の原子核 ${}^{A}_{Z}\mathrm{X}$ の質量 $m({}^{A}_{Z}\mathrm{X})$ は，陽子の質量 m_p の Z 倍と中性子の質量 m_n の $(A-Z)$ 倍の和より小さい．この質量差

$$\Delta m = Zm_\mathrm{p}+(A-Z)m_\mathrm{n}-m({}^{A}_{Z}\mathrm{X}) \quad \text{(質量欠損)} \quad (9.3)$$

を原子核の**質量欠損**という．

核子が集まって原子核をつくると，ばらばらなときに比べて，核力の位置エネルギー（マイナスの量）の分だけエネルギーが低い状態になる．相対性理論によると，質量 m は $E=mc^2$ のエネルギーと等価なので，このエネルギーの減少分 ΔE は $\Delta m = \dfrac{\Delta E}{c^2}$ だけの質量の減少，つまり質量欠損になったと考えられる*．原子核をばらばらにするには，原子核の外から $\Delta E = \Delta m \cdot c^2$ という大きさのエネルギーを原子核の中の核子に加えなければならないので，ΔE をこの原子核の**結合エネルギー**という．「原子核の結合エネルギー」÷「質量数」＝「核子 1 個あたりの結合エネルギー」$\dfrac{\Delta E}{A}$ を図 9.6 に示す．この値が大きな原子核は，この値の小さな原子核に比べると安定である．

図 9.6 を見ると，質量数 A が約 60 の原子核は $\dfrac{\Delta E}{A}$ が最大なので（約 $8.8\,\mathrm{MeV}$），いちばん安定である*．質量数が約 60 より増加すると

* ここでは核子の結合によって $m \to m-\Delta m$, $E \to E-\Delta E$ としている．

* $\dfrac{\Delta E}{A}$ が最大の原子核はニッケル原子核 ${}^{62}_{28}\mathrm{Ni}$ で，1 核子あたりの質量が最小なのは，鉄原子核 ${}^{56}_{26}\mathrm{Fe}$ である．$1\,\mathrm{MeV}=10^6\,\mathrm{eV}=1.6\times10^{-13}\,\mathrm{J}$

図 9.7　核融合科学研究所の核融合プラズマ実験装置（大型ヘリカル装置，LHD，岐阜県土岐市）．LHD は，ヘリオトロン磁場を用いた世界最大の超伝導プラズマ閉じ込め実験装置．定常高温高密度プラズマの閉じ込め研究を行い，将来のヘリカル型核融合炉を見通したさまざまな視点から学術研究を推進している．

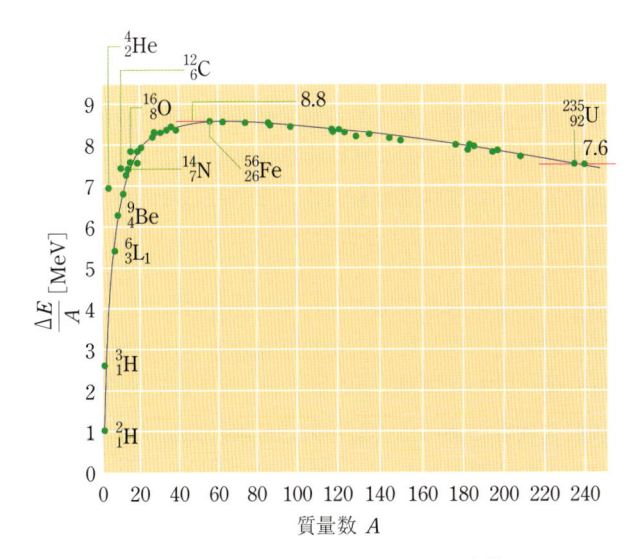

図 9.6　核子 1 個あたりの平均結合エネルギー $\dfrac{\Delta E}{A}$ と質量数 A

陽子数も増えるので，陽子間のクーロン反発力のために結合エネルギーが減少し，$\frac{\Delta E}{A}$ は減少していく．質量数が約 60 より減少すると，核力を作用する相手の核子数が減少するので，やはり $\frac{\Delta E}{A}$ は減少する．

このような事実から，軽い原子核 2 個が融合して 1 つの原子核になる可能性がある．これを**核融合**という．また，非常に重い原子核は質量数が約半分の原子核 2 個に分裂する可能性がある．これを**核分裂**という．

また，次節で学ぶアルファ崩壊，ベータ崩壊などが起こるために安定な原子核の数はそれほど多くはなく，約 250 種類である．原子番号と質量数が最大の安定な原子核は $^{208}_{82}\text{Pb}$ で，原子番号や質量数がこれより大きな原子核はすべて不安定である．

原子核の反応や崩壊では反応前と反応後で原子核の質量の和が変化する．原子核の反応や崩壊で質量の変化に伴って吸収，放出されるエネルギーを**核エネルギー**という．核エネルギーを考慮すれば，エネルギー保存則は原子核の反応や崩壊でも成り立つ*．

* 化学反応で放出，吸収されるエネルギー（化学エネルギー）に伴う質量の変化はきわめてわずかなので，天秤での測定では検出できない．

9.2 原子核の崩壊と放射線

学習目標 原子核のアルファ崩壊とベータ崩壊とガンマ崩壊を理解する．不安定な原子核の崩壊の法則と半減期を理解する．放射線の性質を理解し，放射能，吸収線量，実効線量の区別を理解する．

放射能の発見　前節に記した原子核の構造が発見された契機は放射能の発見であった．

1896 年にベクレルは，外部からエネルギーを供給しなくても，ウラン化合物から物質をよく透過し，写真乾板を感光させ，空気をイオン化して導電性にし，帯電している箔検電器を放電させる何ものかが放出されつづけていることを発見した．

ベクレルの発見に関心をもったマリー・キュリーとピエール・キュリーは，エネルギーを供給しなくても放射線を出す能力があるので**放射能**と名付けた性質をウラン U 以外の物質がもつかどうかに関心をもち，すぐにトリウム Th も放射能をもつことを発見した．さらに，ウランの原鉱のピッチブレンドを化学分析で成分に分けていき，その結果 1898 年にポロニウム Po とラジウム Ra というウランよりもはるかに強く放射線を放射する元素を発見した．ポロニウムはマリー・キュリーの母国ポーランドにちなみ，ラジウムは放射能が異常な強さであることにちなんで命名された．

天然の放射性物質によって放射される放射線にはアルファ線，ベータ線，ガンマ線の 3 種類があることが明らかにされた．正電荷をもち，紙 1 枚で遮蔽される**アルファ線**（α 線），磁場によってかなり曲げられる，負電荷をもち，薄いアルミニウムの板で遮蔽される**ベータ線**（β 線），磁場では曲げられず，遮蔽するには 10 cm 程度の鉛板が必要な**ガンマ**

図 9.8　マリー・キュリーとピエール・キュリー

線（γ線）である（図 9.9）．アルファ線の実体はヘリウム原子核 $^4_2$He，ベータ線の実体は高速の電子，ガンマ線は波長の短い電磁波（光子）である．なお，1895 年にレントゲンが発見した X 線は，原子が放射する電磁波（光子）である．

原子核の崩壊　原子核の崩壊には，原子核がアルファ粒子（ヘリウム原子核 $^4_2$He）を放出して崩壊するアルファ崩壊と電子（記号 e$^-$）とニュートリノ（記号 ν^0）を放出して崩壊するベータ崩壊がある．これらの崩壊の前後では電荷の和と質量数の和は変化しないので，ヘリウム原子核 $^4_2$He を放出するアルファ崩壊では原子番号が 2，質量数が 4 だけ小さい原子核に変化し，電子 e$^-$ とニュートリノ ν^0 を放出するベータ崩壊では質量数は変わらず，原子番号が 1 だけ大きい原子核に変化する．反応式を記すと，

アルファ崩壊：$^A_Z\text{X} \longrightarrow\ ^{A-4}_{Z-2}\text{Y} + ^4_2\text{He}$　　例　$^{238}_{92}\text{U} \longrightarrow\ ^{234}_{90}\text{Th} + ^4_2\text{He}$

ベータ崩壊：$^A_Z\text{X} \longrightarrow\ ^A_{Z+1}\text{Y} + \text{e}^- + \nu^0$　　例　$^{60}_{27}\text{Co} \longrightarrow\ ^{60}_{28}\text{Ni} + \text{e}^- + \nu^0$

ニュートリノは，電気的に中性で，質量がきわめて小さい粒子である（電子の質量の 20 万分の 1 以下）．ベータ崩壊を引き起こす原因となる力を弱い力という．

なお，質量の関係 $m(^A_Z\text{X}) > m(^A_{Z-1}\text{Y}) + m(\text{e}^-)$ が満たされる場合には

$$^A_Z\text{X} \longrightarrow\ ^A_{Z-1}\text{Y} + \text{e}^+ + \nu^0 \quad 例\quad ^{15}_8\text{O} \longrightarrow\ ^{15}_7\text{N} + \text{e}^+ + \nu^0$$

というベータ・プラス反応が起こる．e$^+$ は電子と同じ質量と正電荷 e をもつ粒子で**陽電子**という．陽電子は電子に遭遇すると 2 個の光子になる．

$$陽電子 + 電子 \longrightarrow 光子 + 光子$$

PET（陽電子放射断層撮影）検査では，$^{15}_8$O のベータ・プラス崩壊で発生する陽電子の消滅反応で発生する 2 個の光子を検出して，衝突点の位置を探る．

ガンマ崩壊は，励起状態の原子核がガンマ線（光子）を放出してエネルギーの小さな定常状態の原子核に変化する現象である．

原子核の崩壊は，原子核の質量が崩壊生成物の質量の和より大きい場合に起こる．原子核の崩壊は**放射性同位体**（ラジオアイソトープ）とよばれる不安定な原子核が放射線を放出して安定な原子核になる過程である．

崩壊の法則と半減期　ある放射性同位体がいつ崩壊するかを正確に予言することはできない．1 秒後に壊れるかもしれないし，1 万年後に壊れるかもしれない．このように崩壊現象は不規則に起こるが，確率の法則に従う．

ある放射性同位体が一定の時間内に崩壊する確率は，同位体の種類だけによって決まっている．放射性同位体を多量に含む物質の中に含まれている放射性同位体の量がちょうど半分になる時間 $T_{1/2}$ は，各放射性

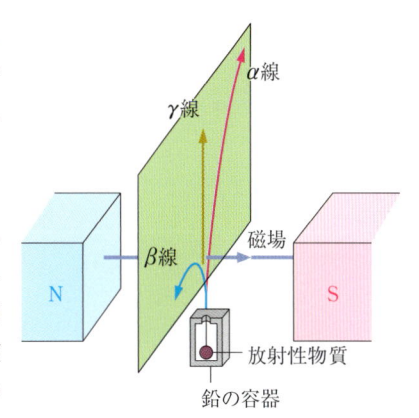

図 9.9　磁場の中でのアルファ線（α 線），ベータ線（β 線），ガンマ線（γ 線）

表 9.1　放射性同位体の半減期

原子核	崩壊の型	半減期
$^{14}_6$C	β	5.70×10^3 年
$^{32}_{15}$P	β	14.268 日
$^{45}_{20}$Ca	β	162.61 日
$^{60}_{27}$Co	β	5.2713 年
$^{90}_{38}$Sr	β	28.79 年
$^{131}_{53}$I	β	8.0252 日
$^{137}_{55}$Cs	β	30.08 年
$^{226}_{88}$Ra	α	1.600×10^3 年
$^{238}_{92}$U	α	4.468×10^9 年

同位体に固有のもので，その同位体が生成されてから現在にいたるまでの時間，温度，圧力，化学的結合状態などとは無関係である．この時間 $T_{1/2}$ をその放射性同位体の**半減期**という．放射性同位体の量 N は時間 t とともに図9.10のように減少していく．

時刻 $t=0$ に N_0 個の放射性同位体があったとする．時刻 t に残っている放射性同位体の個数 $N(t)$ は

$$N(t) = N_0 \left(\frac{1}{2}\right)^{t/T_{1/2}} \tag{9.4}$$

である*．これを**崩壊の法則**という．半減期 $T_{1/2}$ が短いほど崩壊は速く進み，半減期が長いほど崩壊は遅い．ある時間に起こる崩壊の数はそのときまで崩壊せずに残っている放射性同位体の数に比例する．

問1 (9.4)式は，$N(t+T_{1/2}) = \frac{1}{2} N(t)$ という関係を満たすことを示せ．

図9.10 時間 t と崩壊せずに残っている放射性同位体の数 $N(t)$．
時間 $T_{1/2}$ が経過するたびに残っている放射性同位体の数は1/2になる．

＊ (9.4)式は $N(t) = N_0 e^{-\lambda t}$ とも表される．崩壊の速さを表す定数 $\lambda = \frac{1}{T_{1/2}} \log_e 2$ は崩壊定数とよばれる．

放射線 現在，放射性崩壊で生じるアルファ線，ベータ線，ガンマ線のほか，X線，中性子，高速のイオン，電子や素粒子の流れなども放射線とよばれている．放射線は物質を通過するとき，物質中の原子から電子をたたき出してイオンをつくる．この作用を**電離作用**という．電離作用の強さは，放射線の種類，エネルギーで異なる．電荷をもつ放射線粒子は遅いほど周囲の1つひとつの原子に電気力を作用する時間が長いので，電離作用が強い．

原子核の崩壊で生じる放射線では，低速で電荷が $2e$ のアルファ線の電離作用がもっとも強い．高速で電荷が $-e$ のベータ線がこれに続き，電荷が0で光電効果などによって原子をイオン化するガンマ線は電離作用がもっとも弱い．電離作用によって放射線はエネルギーを失い，厚い物質ではその内部で，やがて止まる．したがって，物質を透過する能力は電離作用の小さい方が大きく，ガンマ線，ベータ線，アルファ線の順に小さくなる．

電離作用によって，放射線は写真乾板やフィルムを感光させたり，蛍光を発したり，化学反応を起こしたりする．

図9.11 イオン化式スポット型煙感知器 内部にアメリシウム241という微弱な放射性物質が入っていて，感知器内の空気を電離するので，直流電圧のかかった電極の間でイオンの流れによる電流が流れる．感知器内に火災の煙が入ると，燃焼生成物により空気の電離状態が弱められるので，これをイオン電流の減少として検出する．
現在は放射性同位元素装備機器に該当するので，廃棄するときは製造会社などに依頼して適正に行うことが義務付けられている．

放射能と放射線量の単位 放射性物質が放射線を出す能力である**放射能**は，その物質が毎秒何個の放射線を出すか，つまりその物質中で不安定な原子核が毎秒何個ずつ崩壊しているかで表す．1秒間に1個の割合で原子核が崩壊する場合の放射能を1**ベクレル**（記号 Bq）という．
放射線を照射された物質が放射線から受ける影響を，放射線の電離作用によってどれだけのエネルギーが物質に吸収されたかで表すのが**吸収線量**である．吸収線量の単位はグレイ（記号 Gy）で，物質 1 kg あたり 1 J のエネルギー吸収があったとき，1 Gy の吸収線量という．

放射能の単位　Bq
吸収線量の単位　Gy = J/kg
実効線量の単位　Sv

同じ吸収線量でも，放射線の種類や被曝した組織・臓器によって，放射線の人体への影響の度合いは異なる．放射線の種類による違いを表す

放射線荷重係数と組織・臓器による違いを表す組織荷重係数を吸収線量に掛けた，人体への影響を表す放射線量が**実効線量**で単位をシーベルト（記号 Sv）という．なお，人体がベータ線，ガンマ線，X線を一様に浴びた場合は，「実効線量」=「吸収線量」である（この等式は，数値部分が等しいという意味で，左辺の単位は Sv，右辺の単位は Gy である）．

人体がベータ線，ガンマ線，X線以外の放射線を一様に被曝した場合は，「実効線量」=「放射線荷重係数」×「吸収線量」である．陽子の放射線荷重係数は2，アルファ粒子およびそれより重いイオンは20，中性子はエネルギーによって 2.5〜20 である*．

環境の放射線の強さを表す量として**空間線量率**がある．空間のある点を通りぬけている放射線の強さを，そこに人間がいたときの，人体への影響で表す量で，単位としては μSv/h（マイクロシーベルト毎時）が使われる．空間線量率が 1 μSv/h の場所に1年間いて被曝し続けた場合の実効線量は約 9 mSv である（演習問題9参照）．

人間は，銀河系を起源とする陽子などの宇宙線，大地や大気に含まれているラドン Rn などの天然の放射性同位体および食品や身体に含まれているカリウム ^{40}K などの天然の放射性同位体が出す放射線を被曝している．これらの自然放射線とよばれる放射線の1年間の被曝量は，世界平均で 2.4 mSv と推定されている．しかし，地質の違い，高度の違い，地磁気の強さの違いなどによって，自然放射線の強さは場所によって大きく異なる．

図 9.12 放射能の測定

* ベータ線，ガンマ線，X線の放射線荷重係数は1である．

地球の熱源と放射性元素 地震の研究の基礎になっているプレートテクトニックスの発端は，19世紀に提唱された大陸移動説である．アフリカ大陸の西側と南米大陸の東側の形を見るだけでも大陸移動説を受け入れたくなるが，この説が提唱されたときには，大陸を移動させるエネルギー源がわからなかったので，行き詰まった．その後，放射能が発見されて，放射性同位体の崩壊で解放される核エネルギーが，その原動力であることがわかった．

火山活動や地震などのエネルギー源は，地球の熱エネルギーであり，地球の発熱量の大きな部分は地殻やマントルに含まれているウラン $^{238}_{92}$U やトリウム $^{232}_{90}$Th とそれらが崩壊してできた放射性同位体の核エネルギーだと考えられている．これらの放射性同位体の起源は，主として超新星の爆発の際につくられ宇宙にばらまかれたもので，地球の中には地球の誕生以来ずっと存在していたと考えられている．たとえば，$^{238}_{92}$U の半減期はきわめて長く約45億年なので，大量の放射性同位体のウランが崩壊せずに残っているのである．$^{238}_{92}$U は崩壊していくと最終的には $^{206}_{82}$Pb になる．そこで，天然のウラン鉱に含まれている鉛の同位体 $^{206}_{82}$Pb とウランの同位体 $^{238}_{92}$U の割合を測定すると，地球の年齢を推定できる．このような方法によって，地球の年齢は約46億年と推定されている．

地表で観測される地熱のおよそ半分が，地球に含まれる放射性同位体

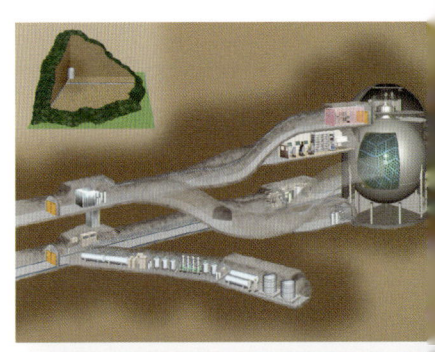

図 9.13 カムランドの全容（上）と地下 1000 m に設置されたニュートリノを捕まえると光を発する液体シンチレータ 1000 t を蓄える実験装置「カムランド」の内部の壁一面に光センサーを取り付けているようす（下）．

によるものであることが，岐阜県神岡鉱山に設置されている Kam-LAND 検出器によって地球内部で発生したニュートリノが観測されて判明した．

9.3 核エネルギー

学習目標 核エネルギーが太陽エネルギーの源であることを理解する．原子力発電の原理を理解する．

太陽エネルギー 地球の大気圏外で太陽に正対する $1\,\mathrm{m}^2$ の面積が 1 秒間に受ける太陽の放射エネルギーは $1.37\,\mathrm{kJ}$ である．これを**太陽定数**という．この事実から太陽は 1 秒間に $3.85\times 10^{26}\,\mathrm{J}$ のエネルギーを放射していることがわかる．地球の過去 46 億年の歴史の間，太陽はこれとほぼ同じ量のエネルギーを放射してきたと考えられる．この莫大な光のエネルギーはどのようなタイプのエネルギーが変換したものなのだろうか．この問題は 19 世紀の物理学者にとって大問題であった．

1905 年にアインシュタインが，相対性理論では質量がエネルギーの一形態であることを示し，

$$\text{エネルギー} = \text{質量} \times \text{光速の 2 乗}, \quad \text{つまり}, \quad E = mc^2 \qquad (9.5)$$

という関係を導いた．そこで，原子核反応で質量が減少する場合には，大きなエネルギーが放出されることがわかった．この質量の消滅に結びついたエネルギーを核エネルギーという．真空中の光速は秒速 3 億 m なので，1 kg の質量が消滅する場合には，3 億×3 億 J，つまり $9\times 10^{16}\,\mathrm{J}$ という莫大な量の別の形のエネルギーが発生する．同じ 1 kg の物体が秒速 40 m で運動する場合の運動エネルギーが 800 J であるのと比べると大きな違いである．

核エネルギーを利用するには，質量が減少する原子核反応を起こさなければならない．水がダムの中にあっても導水管を落下させなければ，重力による位置エネルギーを利用できないのと同じである．

太陽の放射するエネルギーの源は，温度 1570 万度の太陽の中心部で，4 個の水素原子核が核融合してヘリウム原子核になる

水素原子核 4 個＋電子 2 個

$\longrightarrow$ ヘリウム原子核 1 個＋ニュートリノ 2 個＋エネルギー

$$p^+ + p^+ + p^+ + p^+ + e^- + e^- \longrightarrow {}^{4}_{2}\mathrm{He}^{++} + \nu^0 + \nu^0 + 26.7\,\mathrm{MeV}$$

* $1\,\mathrm{MeV} = 10^6\,\mathrm{eV} = 1.6\times 10^{-13}\,\mathrm{J}$

という反応が起こるときに解放される核エネルギーである*．

この反応で 1 kg の水素原子核が核融合すると，約 6.9 g の質量が消滅するので，$6.2\times 10^{14}\,\mathrm{J}$ の他の形のエネルギーが生じる．したがって，太陽の放射のエネルギー源がこの核融合反応であれば，太陽では 1 秒あたり 6000 億 kg の水素が核融合する．質量が $2\times 10^{30}\,\mathrm{kg}$ の太陽ができたとき，太陽のほとんどは水素だったと考えられるので，太陽の核エネルギーは 1000 億年間もつと考えられる．

水素原子核の融合が起こるには，正電荷を帯びた 2 つの原子核が電気

反発力に逆らって近づき，接触しなければならない．太陽の中心部のような高温のところでは，水素原子核の中にはきわめて大きな熱運動のエネルギーをもつものがあるので，その衝突で核融合反応が起こる．このような反応を熱核融合反応という．

それでは太陽の中心部では，実際に水素原子核の融合反応が起こっているのだろうか．もし起こっていれば，莫大な数のニュートリノが発生しているはずであるが，太陽からのニュートリノは岐阜県神岡の地下に設置されたスーパーカミオカンデ検出器で実際に検出されている．

図 9.14 太陽の中心部での核融合反応で発生したニュートリノを検出したスーパーカミオカンデ検出器

核分裂　水素原子核のような軽い原子核がいくつか融合して1つの原子核になると，質量の和が減少するが，逆にウラン原子核のような重い原子核が分裂していくつかの原子核に分かれても，質量の和が減少する．原子力発電は，このときに解放される核エネルギーを利用している．

原子番号 92 のウラン原子核 $^{238}_{92}\text{U}$ と $^{235}_{92}\text{U}$ は不安定で，長い半減期でアルファ崩壊する．これらのウラン原子核は核分裂して質量が約半分の2つの原子核と何個かの中性子に崩壊することがエネルギー的に可能である．しかし，山頂の湖水の重力による位置エネルギーは山の麓での位置エネルギーより大きいといっても，山の斜面にトンネルを掘らないと，水は麓まで流れてこない．ウラン原子核はきわめてゆっくりと自然にアルファ崩壊するが，自然に核分裂はしない．さて，中性子は電気を帯びていないので，原子核の正電荷によって反発されずにウラン原子核に近づくことができる．そこで，ウラン原子核に中性子をぶつけて刺激を与え，ほぼ球形の原子核を卵形に変形させて分裂のきっかけをつくると，ウラン原子核は核分裂を起こす．

1938年12月にハーンとシュトラスマンは，中性子を照射したウラン原子核の崩壊生成物の中にバリウム Ba の同位体を検出した．この知らせを聞いたマイトナーとフリッシュは，翌年1月に，バリウムの同位体はウランの核分裂で発生したと理論的に説明した．遅い中性子（熱中性子*）を $^{235}_{92}\text{U}$ にあてて核分裂させると $A \sim 95$ および $A \sim 140$ の原子核と2〜3個の中性子が生成され，この際に約 200 MeV の核エネルギーが分裂生成物の運動エネルギーになる．このエネルギーの大きさは，化学反応の際に得られるエネルギーとは比べものにならないほど大きい．たとえば，炭素の燃焼 $\text{C}+\text{O}_2 \longrightarrow \text{CO}_2$ で発生するエネルギーは炭素原子1個について約 4 eV である．

* まわりの原子との衝突で熱平衡状態になった中性子を熱中性子という．

核分裂で放出された中性子が他のウラン原子核に吸収されると新たな核分裂を引き起こす．1回の核分裂で複数の中性子が出るので，核分裂が次々に起こることが可能である（図 9.15）．これを**連鎖反応**という．連鎖反応が起こるには放出された中性子が外部に逃げずに利用されなければならない．そのためには核分裂する原子核が一定量以上まとまって存在する必要がある．連鎖反応を起こすのに必要な，最小限のウランの量を**臨界量**という．ウラン $^{235}_{92}\text{U}$ の塊が臨界量以下なら，中性子は次の

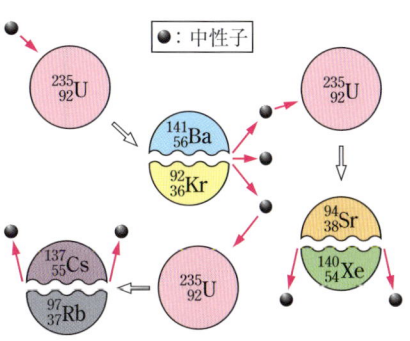

図 9.15　$^{235}_{92}\text{U}$ の核分裂の連鎖反応　核分裂生成物については代表的な3例を示す．核分裂生成物のアルファ崩壊，ベータ崩壊は示していない．

核分裂を起こす前に塊の外へ飛び出してしまい，連鎖反応は起こらない．高濃縮ウランの臨界量は約 20 kg であるが，中性子反射材の有無や形状などによって異なる．

天然のウランには主な同位体が 3 つある．$^{238}_{92}$U（存在比 99.274 %），$^{235}_{92}$U（存在比 0.720 %），$^{234}_{92}$U（存在比 0.005 %）である．すべて放射性同位体であるが，熱中性子で核分裂するのは，存在比が 0.72 % の $^{235}_{92}$U だけである．$^{235}_{92}$U は熱中性子を吸収して核分裂し，平均 2.5 個の速い（熱中性子よりエネルギーの大きい）中性子を放出する．天然ウランでは，大部分を占める $^{238}_{92}$U がこれを吸収してしまい，連鎖反応は続かない．速い中性子を，減速材とよばれる，軽水（ふつうの水，H_2O），重水（D_2O），黒鉛（C）などにあてると，速い中性子は運動エネルギーを与え，熱中性子になる*．熱中性子は $^{238}_{92}$U には吸収されないので，連鎖反応を維持できる．

連鎖反応を制御して一定の勢いで引き続いて起こすとき，これを**臨界状態**という．臨界状態を実現する装置が**原子炉**である．核エネルギーが熱運動のエネルギーになる原子炉の内部を高温熱源，海水あるいは河の水を低温熱源とする熱機関による発電が原子力発電である．図 9.16 に原子力発電の概念図を示す．燃料となるウラン化合物は金属の管につめられており，燃料棒とよばれる．反応を制御するため，中性子をよく吸収するカドミウム Cd，ホウ素 B などでできた制御棒を燃料棒の間に出し入れする．軽水を減速材に用いる原子炉では，軽水による中性子の吸収が大きいので，$^{235}_{92}$U を 0.72 % しか含まない天然ウランを燃料としたのでは連鎖反応が起こらない．そこで，$^{235}_{92}$U を数 % に濃縮した濃縮ウランを燃料に用いる．天然ウランと黒鉛を使った原子炉で連鎖反応が起

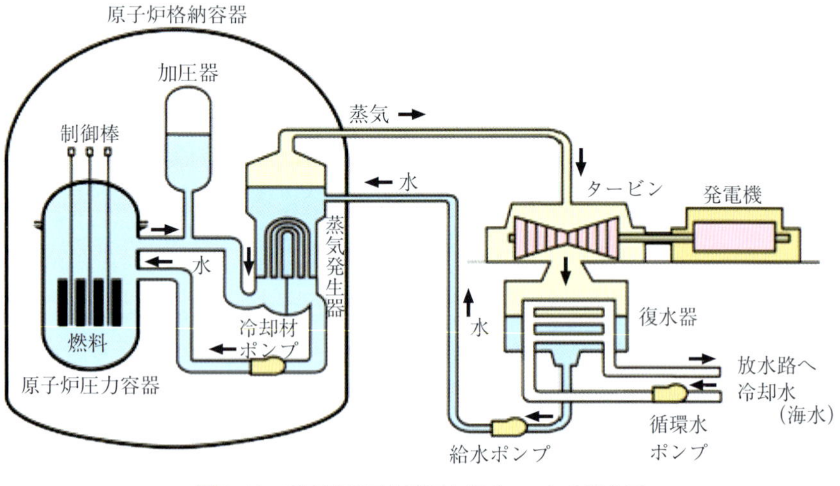

* D とは重水素 $^2_1$H である．

図 9.16 発電用加圧水型軽水炉（PWR）の概念図
日本で主に使われている原子炉はここに示す加圧水型軽水炉と圧力容器の中で核燃料で沸騰させた水蒸気を直接タービンに送る沸騰水型軽水炉（BWR）である．軽水炉とは，熱機関の作業物質としてふつうの水（軽水）を利用する原子炉である．東日本大震災で事故を起こした福島第 1 原子力発電所の原子炉は沸騰水型軽水炉である．加圧水型軽水炉では，圧力容器を満たす水は約 160 気圧の圧力が加えられているので約 320 °C の水は沸騰しない．

図 9.17 原子炉の燃料集合体
　濃縮ウラン（粉末の 2 酸化ウラン）を直径と高さが約 1 cm, 質量が約 6 g の円筒形のかたまりに成型し焼き固めてつくった燃料ペレットを, 長さが約 4 m, 厚さが約 0.8 mm の金属管に 350 個ほど詰めて燃料棒をつくる. 数十本以上の燃料棒を束ねて燃料集合体がつくられる.

こることは 1942 年にフェルミと協力者たちによって示された.

　$^{238}_{92}$U が中性子を吸収すると $^{239}_{92}$U になるが, これが 2 度ベータ崩壊してできるプルトニウムの同位体 $^{239}_{94}$Pu は熱中性子によって核分裂する. $^{239}_{94}$Pu の臨界量は $^{235}_{92}$U の臨界量よりかなり少ない.

　ウランの核分裂で生じる原子核は, 中性子が過剰なためにベータ崩壊を行う. したがって, 原子力発電には, 放射線と熱を放出し続ける, 非常に半減期の長い核種を含む, 大量の放射性廃棄物がでるという未解決の問題がある.

　臨界量以上の高濃縮のウラン $^{235}_{92}$U の塊やプルトニウム $^{239}_{94}$Pu の塊をつくると, 核分裂の連鎖反応が起こり, 莫大な量のエネルギーが発生する. これがウラン型とプルトニウム型の原子爆弾の原理である.

9.4 素粒子

学習目標　素粒子の世界の概略を学ぶ.

　1932 年に中性子が発見されて, 物質は電子と陽子と中性子から構成されていることがわかったので, 1930 年代からこれらの粒子と光の粒子の光子をまとめて物質構造の基本粒子という意味で**素粒子**とよぶようになった. その後, 数多くの素粒子が発見された. たとえば, ベータ崩壊で放出されるニュートリノである.

　素粒子にはいくつかの特徴がある. 第 1 の特徴は, 素粒子は決まった質量と電荷をもつ事実である. そのため, 同じ種類の 2 つの素粒子は完全に同一で, たがいに区別できない.

　第 2 の特徴は, 素粒子には同じ質量と逆符号の電荷をもつ**反粒子**が存在する事実である. 負電荷 $-e$ と質量 m_e をもつ電子（記号 e$^-$）の反粒子は正電荷 e と質量 m_e をもつ陽電子（記号 e$^+$）である. 陽子の反粒子を反陽子, 中性子の反粒子を反中性子という. 粒子と反粒子が遭遇すると消滅してエネルギーになる.

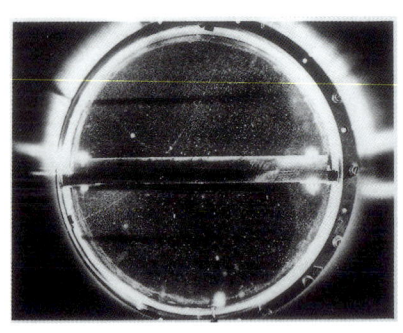

図 9.18 1938年に仁科芳雄, 一宮虎雄, 竹内柾が撮影した磁場のかかった霧箱の中のミュー粒子の飛跡. 1937年にアンダーソンとネッダーマイヤーは宇宙線の中に質量が陽子と電子の中間の粒子であるミュー粒子を発見した. 仁科たちはこの飛跡を解析してミュー粒子の質量は電子の質量の220±40倍と測定した (最近の測定結果は207倍).

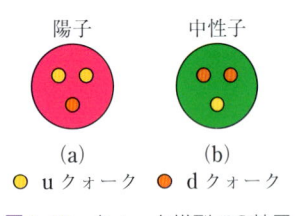

図 9.19 クォーク模型での核子
u は $Q=\frac{2}{3}e$, d は $Q=-\frac{1}{3}e$ なので, 陽子 uud の電荷は e, 中性子 udd の電荷は 0.

第3の特徴は, 素粒子は変化することである. たとえば, 中性子は単独では不安定で, 平均寿命15分で崩壊して陽子と電子とニュートリノになるが, 中性子は陽子と電子とニュートリノから構成されているわけではない. 中性子が崩壊すると, 中性子が消滅し, 同時に陽子と電子とニュートリノが発生するのである. このように素粒子は変化するという性質をもつ.

クォーク　1950年頃から, 巨大な加速器を使って陽子や電子を高エネルギーに加速できるようになった. 高エネルギーの陽子を静止している陽子に衝突させると, いろいろな新しい素粒子が発生する. 衝突する陽子の運動エネルギーが発生した素粒子の質量に変わるのである. 発生する素粒子の中には, 1935年に湯川秀樹が予言した核力を仲立ちする素粒子のパイ中間子がある. このようにして発見された新しい粒子の数は, やがて100種類以上になった. 実験によって直径が約 10^{-15} m の広がりをもつことがわかったこれらの粒子のすべてが, 物質構造の基本粒子だとは考えられなくなった. 現在では, 陽子, 中性子, パイ中間子などの短距離では電磁気力よりはるかに強い力で作用し合う粒子は, クォークとよばれるもっと基本的な粒子から構成されていると考えられている. 電荷が $\frac{2}{3}e$ や $-\frac{1}{3}e$ などの半端な電荷をもつクォークは1964年にゲルマンとツバイクによって提唱された.

加速器で加速されたド・ブロイ波長の短い高エネルギーの電子を陽子や中性子に衝突させて, 核子の内部を探ってみると, 核子は半径が約 8×10^{-16} m の広がりをもち, その中に半端な電荷をもつ3個のもっと小さな粒子を含んでいることがわかった. これがクォークである. 核子に含まれているクォークは u クォーク (アップクォーク, 電荷 $\frac{2}{3}e$) と d クォーク (ダウンクォーク, 電荷 $-\frac{1}{3}e$) で, 陽子は u クォーク2個と d クォーク1個から, 中性子は u クォーク1個と d クォーク2個から構成された複合体である (図 9.19).

核子の中からクォークをたたき出す目的で, 2つの高エネルギーの陽子を正面衝突させても, クォークは飛び出してこない. 宇宙初期のような超高温の世界でなければ, クォーク1個だけを分離することはできないと考えられている.

現在, u クォーク, d クォーク, s クォーク (ストレンジクォーク, 電荷 $-\frac{1}{3}e$), c クォーク (チャームクォーク, 電荷 $\frac{2}{3}e$), b クォーク (ボトムクォーク, 電荷 $-\frac{1}{3}e$), t クォーク (トップクォーク, 電荷 $\frac{2}{3}e$) の合計6種類のクォークが発見されている.

9.4 素粒子

素粒子の相互作用と素粒子の分類　自然界にはいろいろな力があるが，そのなかには基本的な力とそうでない力がある．重力（万有引力）と電磁気力は基本的な力であるが，摩擦力は分子間に作用する電気力が原因の複雑な力であって基本的な力ではない．核力は重力とも電磁気力とも異なる力で，**強い力**とよばれる種類の力である．原子核のベータ崩壊では，崩壊前には存在しなかったニュートリノや電子あるいは陽電子が発生するが，この崩壊の原因になる力は**弱い力**とよばれる新しい種類の力である．

そこで，重力，電磁気力，強い力，弱い力の4種類の力が自然界の基本的な力だと考えられた．しかし，電気力と磁気力には密接な関係があるので統一されて電磁気力となったように，電磁気力と弱い力には密接な関係があるので2つの力をまとめて**電弱力**とよぶ方がふさわしいことが明らかになった．さらに，強い力も統一する試みが大統一理論である．素粒子の質量はきわめて小さいので，実験室での素粒子反応に対して重力は無視できる．

強い力の作用を受ける核子などの粒子を**ハドロン**という．ハドロンは強い力，電磁気力，弱い力のすべての作用を受ける．これに対して電子とニュートリノは強い力の作用を受けない．強い力の作用を受けない素粒子を**レプトン**という．現在，レプトンとして3種類の荷電粒子（電子 e^-，ミュー粒子 μ^-，タウ粒子 τ^-）と3種類のニュートリノ（電子ニュートリノ ν_e，ミューニュートリノ ν_μ，タウニュートリノ ν_τ）の合計6種類とその反粒子（$e^+, \mu^+, \tau^+, \bar{\nu}_e, \bar{\nu}_\mu, \bar{\nu}_\tau$）が発見されている．クォークもレプトンも6種類ずつ存在することは興味深い．

電子，ミュー粒子，タウ粒子は質量が異なる以外は全く同じ性質をもつ．また，e と ν_e，μ と ν_μ，τ と ν_τ は

$$\pi^+ \longrightarrow e^+ + \nu_e, \quad \mu^+ \longrightarrow e^+ + \nu_e + \bar{\nu}_\mu, \quad \tau^- \longrightarrow e^- + \bar{\nu}_e + \nu_\tau$$

というふうに，ペアになって現れる．ベータ崩壊で電子といっしょに発生するニュートリノは電子ニュートリノの反粒子の $\bar{\nu}_e$ である（$n^0 \longrightarrow p^+ + e^- + \bar{\nu}_e$）．そこで，素粒子には，クォークとレプトンの

$$(u, d, \nu_e, e^-), \quad (c, s, \nu_\mu, \mu^-), \quad (t, b, \nu_\tau, \tau^-)$$

という3世代があるという．

光子 γ は電磁気力を仲立ちする粒子で，**ゲージ粒子**とよばれる基本的な力を仲立ちする粒子のグループに属している．弱い力を仲立ちするゲージ粒子は，1983年に発見された，Wボソン（W^+ と W^-）とZボソン（Z^0）とよばれる粒子である（図9.20）．どちらの質量も陽子の質量の約100倍もあり，それらが仲立ちする力の到達距離は 10^{-17} m 以下という短さなので弱い力なのである．衝突する粒子のエネルギーがきわめて大きくなり，ド・ブロイ波長が 10^{-17} m 程度になれば，弱い力も強くなり，電磁気力と同じくらいの強さになる．

強い力を仲立ちするゲージ粒子は**グルーオン**とよばれ，グルーオンの仲立ちする力がクォークを強く結合させ，クォークをハドロンの中に閉じ込めていると考えられている．重力を仲立ちするゲージ粒子は**重力子**

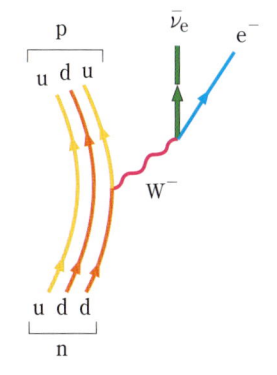

図9.20　中性子のベータ崩壊はWボソンによって仲立ちされる．

とよばれるが，未発見である[*1]．

ハドロン（クォーク），レプトン，ゲージ粒子の3グループ以外に，ヒッグス粒子が存在する．素粒子の標準理論によれば，宇宙はヒッグス場で満たされ，ヒッグス場はその中の粒子に作用して質量を与える．ヒッグス場の励起状態がヒッグス粒子である[*2]．ヒッグス粒子は，ヨーロッパ原子核研究機関 CERN が建設した，2つの陽子ビームを各 4 GeV まで加速して正面衝突させる世界最大の衝突型円形加速器 LHC (Large Hadron Collider) による実験で 2012 年に発見された[*3]．

重力子以外の自然界の基本的粒子はすべて発見されたのだろうか．次章で説明するように，観測結果に基づいて宇宙の歴史を理解しようとする観測的宇宙論の最近の結果によれば，強い力も電磁気力も作用せず，重力だけを作用するダークマター（暗黒物質）とよばれる物質が大量に存在し，その総量は既知の物質（原子）の数倍もある．そこでダークマターを構成する素粒子の検出を目指す実験が精力的に行われている．

[*1] 2016 年に重力場を伝わる波動である重力波が検出された．

[*2] 電磁場の励起状態が光子である．真空ではベクトル場の電磁場の平均値は 0 であるが，スカラー場のヒッグス場の平均値は真空中でも一定の大きさをもち，それが素粒子の質量の起源になると考えられている．

[*3] 2015 年に各陽子ビームは 6.5 TeV に増強された．

図 9.21　LHC の加速管の一部

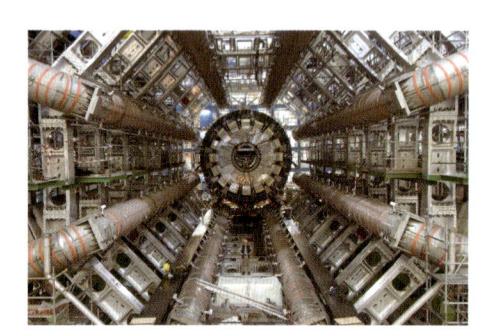

図 9.22　ATLAS 検出器

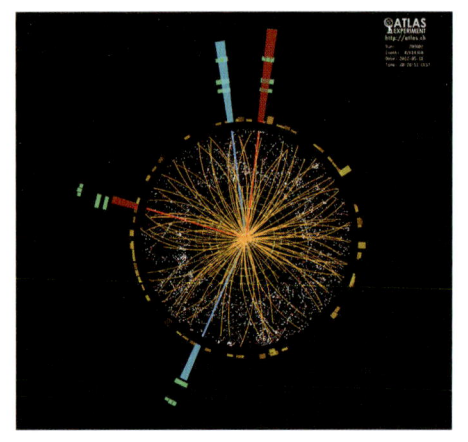

図 9.23　CERN の LHC の ATLAS 検出器の内部でヒッグス粒子が 2 個の電子と 2 個の陽電子に崩壊した事象

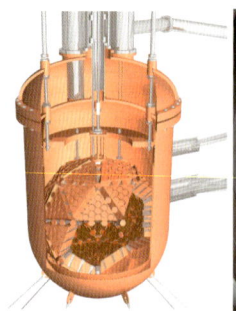

図 9.24　ダークマターを構成する粒子の検出を目指す XMASS 実験の液体キセノン検出器

演習問題 9

1. 原子を直径 100 m の球に拡大すると，原子核の大きさはどのくらいに拡大されるか．

2. 速さのわからない中性子が，(1) パラフィンに含まれている陽子に正面衝突して飛び出させた陽子の速さ v_p と (2) 正面衝突してはね飛ばした空気中の窒素原子核の速さ v_N から中性子の質量を推定せよ．3.5 節の (参考) 衝突を参考にせよ．

3. 質量数 A の原子核の半径を $r = 1.2 \times 10^{-15} A^{1/3}$ m とすると，原子核の密度は何 g/cm^3 か．核子の質量を 1.67×10^{-27} kg とせよ．太陽は質量が 2.0×10^{30} kg，半径が 7.0×10^{8} m である．太陽の密度が原子核の密度と等しくなると，太陽の半径 R は何 m になるか．

4. $^{206}_{82}$Pb，$^{235}_{92}$U の陽子数と中性子数はそれぞれいくつか．

5. ラザフォードはウランからでる放射線の金属箔の透過性を調べるため，重ねた金属箔の枚数を増やしていくと，透過する放射線の量は減少していくが，ある枚数以上に箔を増やしても，透過する放射線が減らなくなった．それからさらに箔の枚数を増やすと，放射線が再び減少し始めた．ラザフォードは放射線には 2 種類あることに気づき，その放射線をアルファ線とベータ線と名付けた．この実験結果を説明せよ．ラザフォードはトリウムからはもっと透過性の強い電気を帯びていない放射線が出ることを見出した．この放射線は何か．

6. アルファ崩壊やベータ崩壊でできた原子核が不安定ならば，安定な原子核になるまで崩壊を続ける．この一連の原子核の系列を**崩壊系列**という．ウラン $^{238}_{92}$U が崩壊して，ラジウム $^{226}_{88}$N を経て，安定な鉛の同位体 $^{206}_{82}$Pb になるウラン・ラジウム系列では，アルファ崩壊とベータ崩壊を何回ずつ行うか．

7. ラジウムは放射能が異常な強さである事実とラジウムの半減期の関係を説明せよ．

8. 半減期 15 時間でベータ崩壊する放射性ナトリウム 1 g は 45 時間後には何 g になるか．

9. 空間線量率が 1 μSv/h の場所に 1 年間いて被曝し続けた場合の実効線量は約 9 mSv であることを示せ．

10. 古代の遺物の年代を知るには，試料に含まれる ^{14}C の放射能を測定して，現在の有機物に含まれる ^{14}C の放射能と比較する方法がある．

    太陽や宇宙空間から地球にやってきた宇宙線が大気の分子と衝突して作られた中性子が大気中の窒素に衝突して，n + ^{14}N ⟶ ^{14}C + ^{1}H という反応を起こす．この反応で作られる ^{14}C は空気中の酸素と結びついて放射性の 2 酸化炭素 ^{14}CO$_2$ になり，生体に取り入れられる．その結果，すべての生物の炭素は 1 g あたり毎分約 15.3 カウントである．生体が死ぬと，生体に ^{14}C は新たに取り入れられないので，遺物の放射能は減少していく．^{14}C の半減期は 5700 年である．

    ある古代の遺物の木炭の放射能は新しい木炭の 4 分の 1 であった．この木炭はどのくらい古いか．

10 宇 宙

初代の巨大質量星の爆発の想像図.大質量星の集団のなかで最も質量の大きいものが爆発を起こし,周囲に物質を放出すると考えられる.

　宇宙の語源は前漢時代の淮南子(えなんじ)という書物の文章「往古来今謂之宙,天地四方上下謂之宇」(往古来今これを宙といい,天地四方上下これを宇という)である.

　数千年前から,人類は不変だと見なした空間の中で時間とともに周期的な運動を繰り返す,恒星や惑星などの肉眼で見える天体の運行とその合理的な理解に関心をもってきた.しかし,過去1世紀の研究で,時間も空間も約140億年前に始まり,それ以来宇宙は膨張しつづけてきたことがわかった.本章では,個々の天体の研究ではなく,宇宙の物質的存在のすべてと,時間と空間の進化と構造を研究する宇宙論(cosmology)のさわりの部分を学ぶ.

10.1 恒星と銀河

学習目標 遠方の天体までの距離の求め方を理解する．宇宙原理とはどのような原理かを理解する．

ガリレオが天体観測に望遠鏡を使用して以来，目に見える宇宙のようすの理解が進んできた．宇宙のようすを知るには，宇宙にはどのような天体が存在し，どのように分布し，運動しているかを知る必要がある．そのためには，まず天体までの距離を知る必要がある．

太陽系の近傍の恒星までの距離は，地球の年周運動による視差を利用して求められる（図 10.1）．地球が公転運動を行うと，地球から見た天球上で天体は見かけ上，楕円運動を行う．近傍の恒星ほど見かけの動きは大きいので，その事実を利用して恒星までの距離が求められる（演習問題 2 参照）．

より遠くの天体では見かけの動きは小さく測定できないが，その距離は，絶対的な明るさ（ワット数）が推定されている天体（セファイド変光星や Ia 型超新星など）の見かけの明るさを利用し決められる．光源の見かけの明るさは，光源までの距離の 2 乗に反比例するからである（図 10.2）．

そのように天体の位置や距離を調べた結果，恒星は**銀河**（galaxy）とよばれる集団を形成し，観測可能な宇宙には少なくとも 1700 億個もの銀河があることがわかった．地球にもっとも近い恒星である太陽が 2000 億～4000 億個の恒星とともに形成している銀河は銀河系（the Galaxy）とよばれている．銀河系に最も近い巨大な銀河は約 250 万光年離れているアンドロメダ銀河である．1 光年とは光が伝わるのに 1 年かかる距離で，約 10 兆 km である*．

距離が 10 億光年の星の場合，現在観測している光はその星が 10 億年前に出した光だという意味であり，星の現在の位置との距離が 10 億光年という意味ではない．現在その星は存在しないかもしれない．

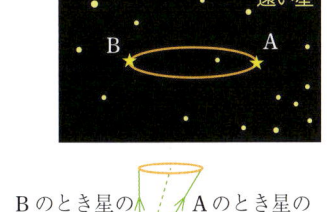

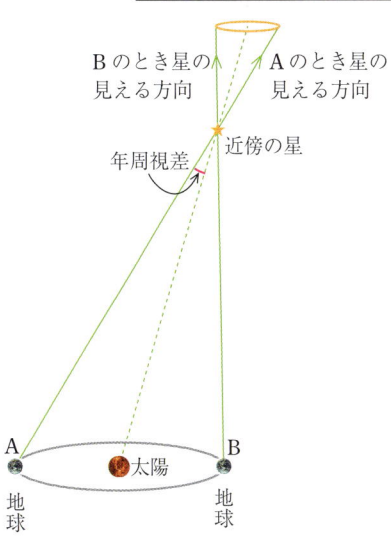

図 10.1 年周視差

* 1 光年（light year，記号 ly）とは光が 1 年間に伝わる距離．
1 光年 = 365×24×60×60×30 万 km
= 9.46×10^{12} km = 約 10 兆 km．

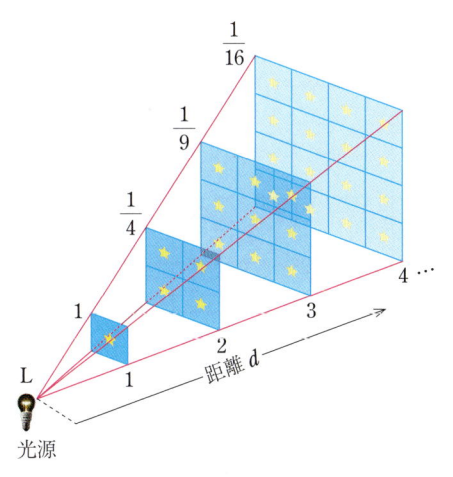

図 10.2 恒星の見かけの明るさは距離の 2 乗に反比例する

図 10.3 すばる望遠鏡に搭載され超広視野主焦点カメラ Hyper Suprime-Cam（ハイパー・シュプリーム・カム，HSC）が捉えたアンドロメダ銀河 M31

アンドロメダ星雲とよばれていた天体が，銀河系の外にある銀河であることや他にも数多くの銀河があることは，ハッブルによって，1923年に発見された．ハッブルは，セファイド変光星の見かけの明るさを利用してこれらの銀河までの距離を推定した．

銀河は銀河群，銀河団，超銀河団などの集団をつくる．超銀河団は壁のような分布を示し，ボイドとよばれる銀河が存在しない直径が1億光年を超える空間を囲み，宇宙の大規模構造を形成している．

しかし，約3億光年というさらに大きなスケールで平均すると，全宇宙は空間的にほぼ一様であり，ほぼ等方的である（どの方向に対しても等しい）．そこで「大きなスケールで見れば，宇宙は空間的に一様で等方的である」という主張が生まれた．これを**宇宙原理**という．宇宙原理によれば，宇宙に中心や特別な点はないことになる．

10.2 ビッグバン宇宙論

学習目標 宇宙がビッグバンに始まり，それから膨張し続けてきたというビッグバン宇宙論の実験的な根拠を説明できるようになる．

宇宙は膨張する　天体の速度 v は，光速 c に比べて十分に小さければ，天体が放射する光のドップラー効果による波長のずれ $\Delta\lambda$ を測定して，(5.12)式から導かれる関係 $\dfrac{v}{c} = \dfrac{\Delta\lambda}{\lambda}$ を利用すれば求められる（演習問題3参照）．ハッブルはドップラー効果を利用して銀河の速度を測定し，1929年に，「遠方の銀河は，地球からの距離に比例する速さで，地球から一様に遠ざかっている」ことを発見した（図10.4）[1]．これを**ハッブルの法則**[2] という．式で表すと

$$v = H_0 d \quad \text{後退速度 ＝ ハッブル定数×距離} \quad (10.1)$$

となる．比例定数の H_0 はハッブル定数とよばれ，最近の観測による値は

[1] 光源が遠ざかっている場合には，光の波長は長くなり，可視光線は赤色の方にずれるので，この現象を天体の光の**赤方偏移**という．

[2] 最近はハッブル-ルメートルの法則とよばれるようになった．

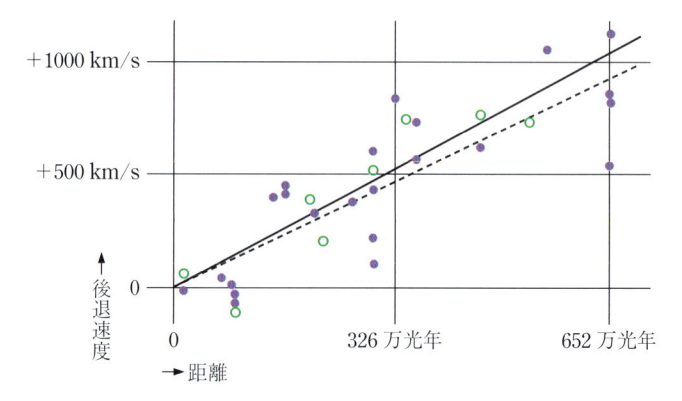

図 10.4　銀河までの距離と銀河の後退速度（ハッブルの法則の第1論文の図）
ハッブルはセファイド変光星の明るさ（ワット数）を実際の7倍くらい明るいと考えていたので，実際の距離は約7倍である．近くの銀河は銀河系に近づいている．

$$H_0 = \frac{1}{140\,\text{億年}} \tag{10.2}$$

である．この H_0 の値を $70\,\text{km/s} \div 326\,\text{万光年}$ と記すこともある．この表現は，距離が 326 万光年（＝ 1 メガパーセク，パーセクについては演習問題 2 参照）の銀河は速度 70 km/s で遠ざかっていることを意味する．

　ハッブルの法則は，無限に広がっている宇宙が，時間とともに一様で等方的に膨張することを意味する．このことはゴムひもに等間隔に黒丸を描き，両端をもって引っ張ると，2 つの黒丸が遠ざかる速さは黒丸の距離に比例する事実から理解できる．たとえば，図 10.5 の 2 点 A, C の遠ざかる速さは，距離が半分の 2 点 A, B の遠ざかる速さの 2 倍である．

　ゴム風船の表面に座標系を描き，銀河を表す星印を記し，風船を膨らませると，宇宙の膨張とともに距離に比例する速さで銀河が離れていくようすが理解できる（図 10.6）．

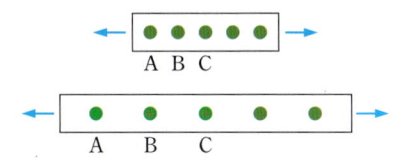

図 10.5　A と C の相対速度は A と B の相対速度の 2 倍

　図 10.6 では銀河を表す星印の大きさも同じ割合で増加していく．しかし，実際には太陽系や銀河系などの場合，構成する天体の間に万有引力が作用するので膨張しない．引力の方が強い場合，たとえばアンドロメダ銀河は秒速 300 km で銀河系に逆に近づいている．

　宇宙の膨張は，アインシュタインが 1916 年に提唱した時間と空間と重力の物理学である，一般相対性理論に従う．一般相対性理論によれば，宇宙空間を伝わる電磁波の波長は宇宙の膨張に比例して長くなる（図 10.6 の波線）．

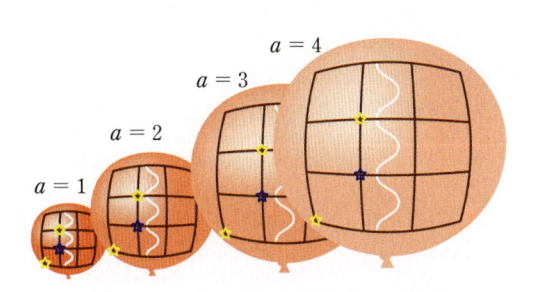

図 10.6　ゴム風船の膨張と宇宙の膨張

ビッグバン宇宙論　　宇宙はハッブルの法則にしたがって膨張している．そこで時間の向きを逆にして過去にさかのぼって考えると，過去の宇宙は高密度で高温であったと考えられる．宇宙は，超高温で超高密度のきわめて小さな状態からの爆発的な急膨張（**ビッグバン**）で始まり，それ以来膨張し続けてきたというアイディアに基づいた宇宙論を**ビッグバン宇宙論**という（図 10.7）．

　いつごろ宇宙は始まったのだろうか．ハッブルの法則 (10.1) を
　　2 つの銀河の相対速度 ＝ ハッブル定数 H_0 × 銀河間の距離
と表し，ハッブル定数が宇宙のはじめから現在までずっと一定だったとすると，2 つの銀河が現在の距離になるまでの時間は

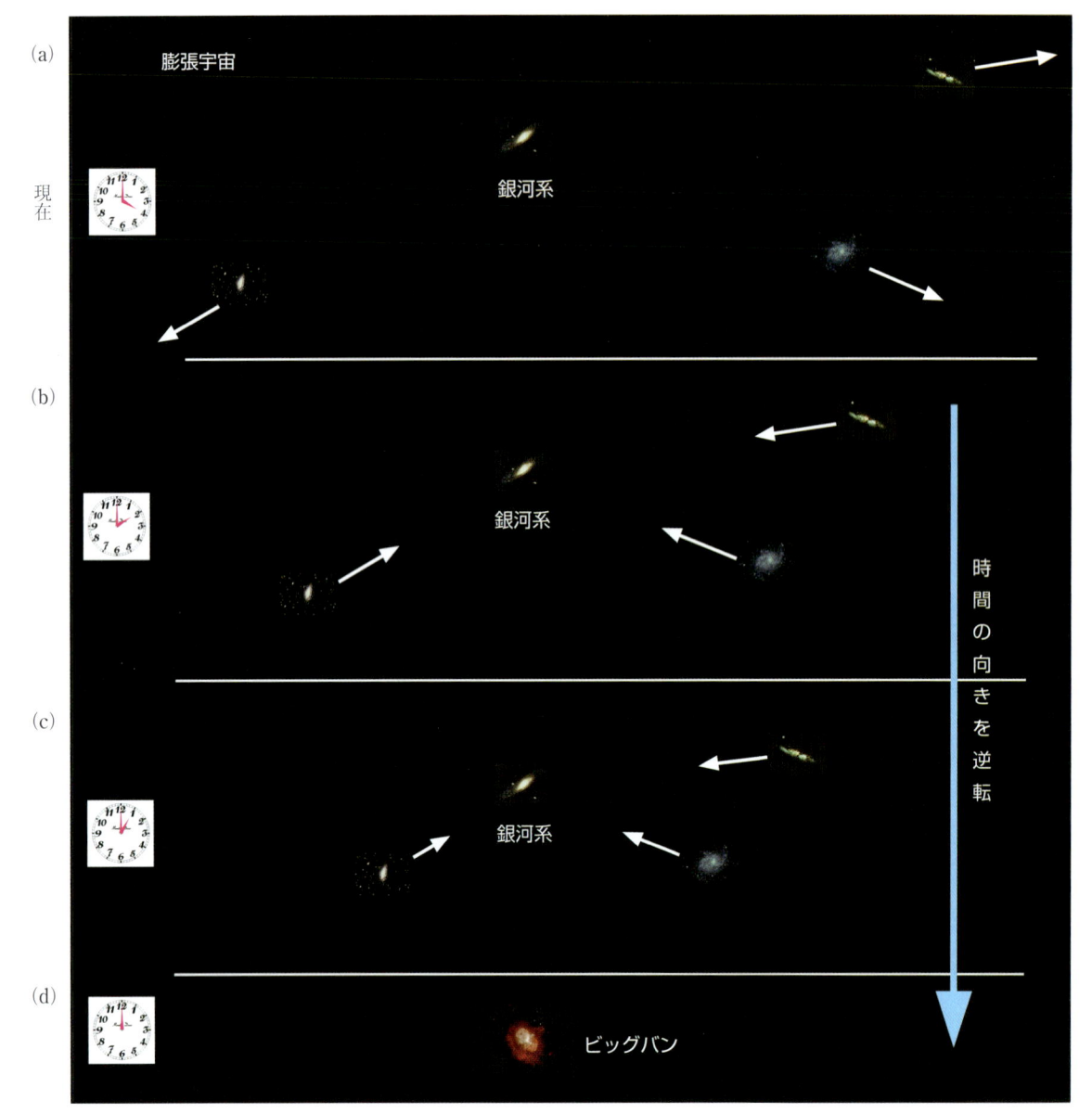

図 10.7　宇宙が膨張しているのなら，歴史をさかのぼると？

$$\text{時間} = \frac{\text{距離}}{\text{速さ}} = \frac{1}{\text{ハッブル定数}} = \frac{1}{H_0} = 140 \text{億年}$$

となるので，

$$\text{宇宙の年齢} = 140 \text{億年} \tag{10.3}$$

だとおおざっぱに推定される．これをハッブル時間という．

ビッグバン宇宙論の実験的根拠　ビッグバン宇宙論の有力な根拠として，ハッブルの法則のほかに，元素の質量比率と宇宙マイクロ波背景放射がある．あとの2つはビッグバン宇宙論による描像でうまく説明できるため，ビッグバン宇宙論の有力な根拠となる．以下に詳細を述べる．

第2の根拠の元素の質量比率とは，宇宙の元素の（質量比率で）約4分の3は水素で，残りのほとんどはヘリウムだという事実である．

超高温で超高密度であった宇宙の初期には，原子核は構成粒子のクォークに分解し，クォークと電子がスープ状になっていた．宇宙の温度が下がると，クォークは結合して陽子と中性子を形成し，続いて陽子と中性子からヘリウムなどの軽い原子核が形成された．ビッグバンから約1〜3分が経過し，宇宙の温度が約10億度であったころの話である．

中性子は陽子よりわずかに重く，不安定で，ベータ崩壊して陽子と電子とニュートリノになるので，陽子と中性子が核融合するころの陽子と中性子の存在比はおよそ7対1であったと推測される．そこから陽子2個と中性子2個が融合してできたヘリウム原子核と陽子1個の水素原子核の質量比率は1対3になった（演習問題6参照）．ヘリウム原子核ができた後に宇宙の温度はさらに下がり，炭素，窒素，酸素などの重い原子核は真空中の核融合ではつくられなかった．したがって，宇宙の元素の（質量比率で）約4分の3は水素で，残りのほとんどはヘリウムだということになる．これは観測事実によく一致する（第2の根拠）．なお鉄までの重い元素は恒星の中での核融合でつくられた．鉄よりも重い元素は恒星が燃え尽きたときに起こる超新星爆発の際に作られた．

ヘリウム原子核が合成されてから約38万年間，正電荷を帯びた水素原子核（陽子）とヘリウム原子核と負電荷を帯びた電子のプラズマ状態であった宇宙は膨張しつづけながら冷えつづけた．その間，荷電粒子は，たがいに衝突しては光（光子）を放射し，吸収していた．光はすぐに吸収されて直進できないので，宇宙は霧の中のようだった．

やがて宇宙の温度が約3000度になると，陽子と電子は結合して中性の水素原子になり，光は散乱されなくなり，宇宙は晴れ上がった．

晴れ上がった約3000度の宇宙に満ちていた光は，その後も直進を続けてきたが，その波長は宇宙の膨張と同じ割合で長くなり，現在までに光の波長も宇宙の大きさも約1000倍になった．3000度（3000 K）の光子は波長が約10^{-6} mの赤外線に対応するが（4.6節参照），現在では波長が約1 mmで約3 Kのマイクロ波になって宇宙を一様に満たしていると考えられる．

このマイクロ波は，1965年に米国のベル電話研究所で通信衛星による大陸間通信のための送受信器の雑音を減らす努力をしていたペンジャスとウィルソンによって実際に発見された．かれらはいろいろ努力して，送受信器の中で発生する雑音を減らしたが，どのように努力しても，雑音はあるレベル以下には減らなかった．アンテナをどの方向に向けても同じレベルの雑音が受信された．つまり，宇宙のすべての方向から一様で等質のマイクロ波が届いていたのである．このようにしてビッグバンの38万年後の宇宙からの光が観測された．このマイクロ波の光源の位置は，地球で受信するすべての電磁波の光源よりも遠いので，このマイクロ波を宇宙マイクロ波背景放射という*．

1989年に打上げられた人工衛星COBEは，宇宙を満たしているマイ

---

* マイクロ波が放射されたのは百数十億年前であるが，宇宙は膨張したので，光源の現在の位置は地球から約500億光年の所にある．

図 10.8 宇宙の温度は 2.73 K(宇宙背景放射)
横軸は振動数(下側)および波長(上側).曲線は 2.73 K の熱放射の理論値(プランクの法則).縦軸の I_f は $I_f df$ が振動数が f と $f+df$ の間の放射される電磁波のエネルギー量(人工衛星 COBE グループ).ペンジャスとウィルソンが検出したのは波長が 7.35 cm のマイクロ波である.

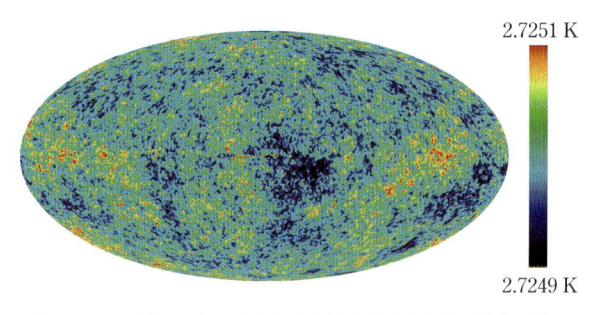

図 10.9 宇宙マイクロ波背景放射の温度分布はほぼ一様(人工衛星 WMAP グループ)

クロ波は温度が 2.73 K のプランクの法則にしたがうことを発見した(図 10.8).この事実は宇宙の初期が超高温で超高密度の熱平衡状態であったことの証拠である(第 3 の根拠).

2001 年に打ち上げられた人工衛星 WMAP の観測によれば,宇宙のあらゆる方向からくるマイクロ波の温度はほぼ同じで,温度分布のゆらぎは約 10 万分の 1 に過ぎない(図 10.9).このわずかな温度のゆらぎは密度のゆらぎでもあり密度の大きい所が,銀河の種になった.

インフレーション 宇宙のあらゆる方向からくるマイクロ波の温度はほぼ同じで,ゆらぎは約 10 万分の 1 にしかすぎない.銀河系の反対側の 2 百数十億光年以上離れたマイクロ波の光源に因果関係があると思われないのになぜ同じ温度なのだろうか.そもそも,なぜ宇宙は一様で等方的なのだろうか.

そこで,宇宙は,誕生直後に,インフレーションとよばれる指数関数

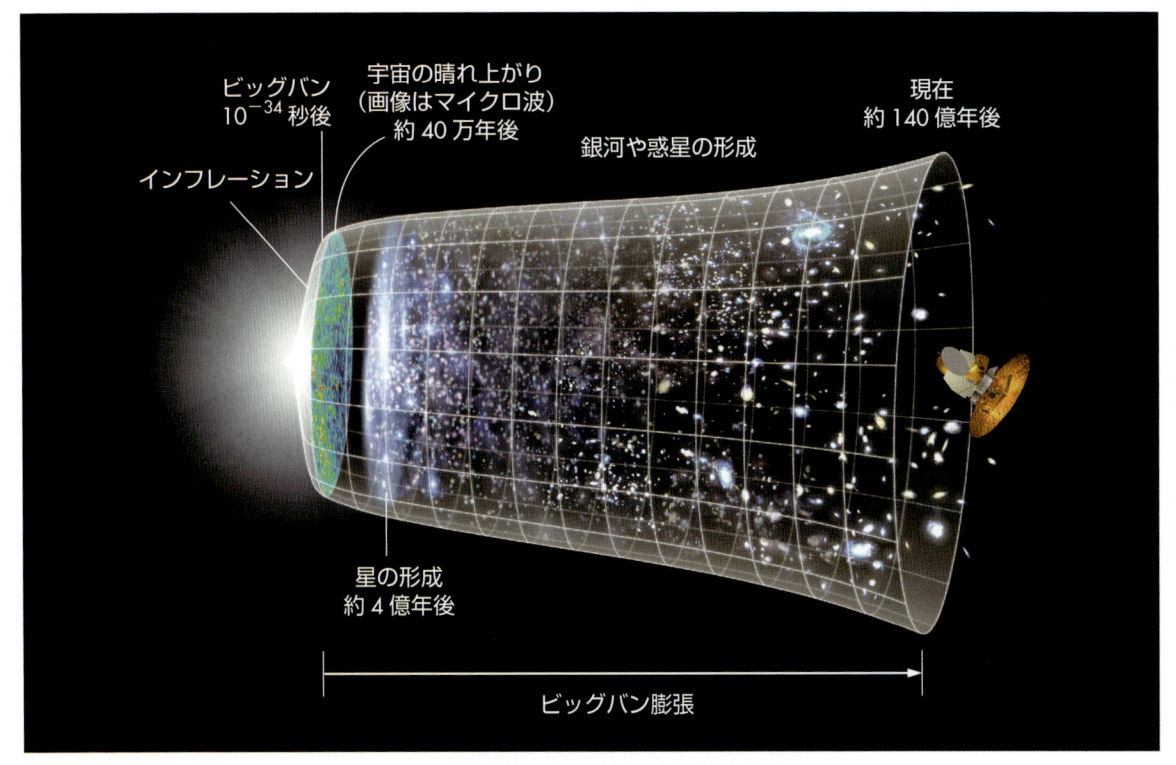

図 10.10 インフレーションとよばれるネズミ算式の急膨張の後，ビッグバンが起きた．

的（ネズミ算的）な急膨張を行い，因果関係がある領域が広がったと考えられている．物質や情報は光速を超える速さでは伝わらないが，空間が光速を超える速さで膨張することは禁止されていない．インフレーションの終了後，宇宙は超超高温の火の玉になり，ビッグバンが起きたと考えられている（図 10.10）．なお，インフレーションというアイディアは 1981 年に佐藤勝彦とグースによって提唱された．

観測的宇宙論　ビッグバン宇宙論の予想は観測で確かめられた．一般相対性理論を一様で等方な宇宙の膨張に適用し，観測結果から理論の未知定数を定めると，現在の観測される宇宙を矛盾なく記述できる．このように，観測結果から宇宙モデルを決める宇宙論を観測的宇宙論という．導かれた未知定数の値が何を意味するのかの解明は今後の重要な問題である．

　宇宙の膨脹率であるハッブル定数が時間とともに変化せず一定だと仮定すると，宇宙の年齢は 140 億年と推定される．ここで類似としてロケットを考える．地上でロケットを真上に打ち上げると，減速し，やがて落下し始めるか，減速しながら宇宙の彼方へ飛び続ける．ロケットが加速しながら無限の彼方に飛び去ることはない．

　それと同じように，宇宙の膨脹は物質の作用する重力によって減速していくと考えると，宇宙の膨脹は，減速しやがて収縮に転じるか，減速しながらいつまでも膨脹を続けるかのどちらかで，膨脹速度が加速する

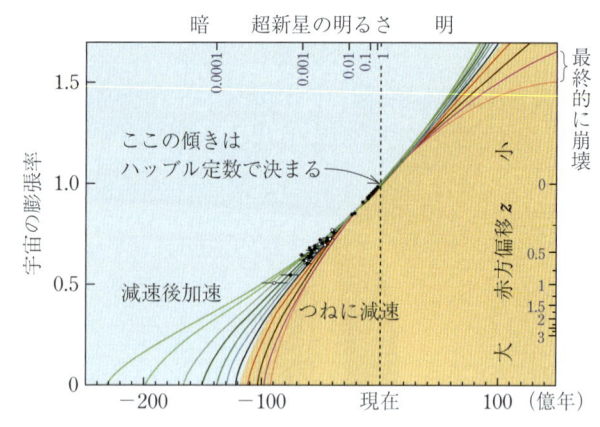

図 10.11 赤方偏移が大きいので，宇宙が小さかったときの超新星は予想より暗いので，予想より遠く，宇宙の膨張は減速後加速している（超新星宇宙論プロジェクトの観測データを利用）．

ことはない．いずれにしても過去のハッブル定数はもっと大きかったはずなので，宇宙の年齢は 140 億年より短いはずである．

ところが，距離を測定するための標準光源である Ia 型超新星の見かけの明るさと赤方偏移の大きさの測定の結果，宇宙の膨張は加速していることがわかった．赤方偏移 $z = \dfrac{\Delta\lambda}{\lambda}$ が大きいので，宇宙の大きさが現在の $\dfrac{\lambda}{\lambda+\Delta\lambda} = \dfrac{1}{1+z}$ 倍で小さかったときの Ia 型超新星の見かけの明るさが，減速膨張の予想より暗いこと，つまり超新星の位置が減速膨張の予想より遠いことがわかったからである（図 10.11）．

宇宙を加速膨張させるものは，ダーク・エネルギーとよばれる未知のエネルギーで，負の圧力をもつ．

観測的宇宙論の研究によれば，宇宙の観測データを再現するためには，宇宙の年齢は 138 億年で，宇宙のエネルギーの

　　4 ％　は　原子などのふつうの物質が担い，
　　24 ％　は　ダーク・マターが担い，
　　72 ％　は　ダーク・エネルギーが担っている．

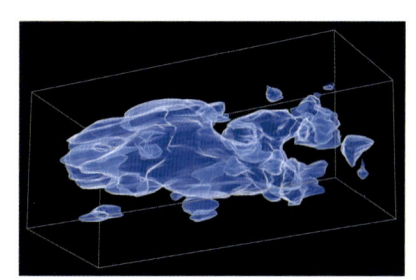

図 10.12 重力レンズ効果で調べたダークマターの地図．ダークマターは銀河や銀河団の輝いている部分の外側の，星が見えない領域に，ふつうの物質の 10 倍程度存在する．

ダークマターとは，銀河や銀河団の輝いている部分の外側の，星が見えない領域に多く存在する未知の物質で，電磁波を放射しないことから電荷を帯びていないが，質量をもち，重力を及ぼすと考えられている．

この結果，宇宙のエネルギーの 96 ％ は未知の物質と未知のエネルギーであることになった．

演習問題 10

1. 遠くの銀河は銀河系からの距離に比例する速さで一様に遠ざかっている．銀河系は宇宙の中心にあると考えてよいか．

2. 年周視差（図 10.1 参照）が 1 秒角（3600 分の 1 度）となる距離を 1 パーセク（記号 parsec）という．1 パーセクは何 m か．なお，1 parsec = 3.26 光年である．ヒント：1 度 = 60 分 = 3600 秒なので，地球の公転半径（1 億 5 千万 km）は天体までの距離を半径とする円の周囲 1/360×3600 であることを使え．

3. 光速 c に比べはるかに遅い速さ v で遠ざかる物体が放射する振動数 f の光を観測するときの振動数 $f+\Delta f$ に対して，音のドップラー効果の (5.12) 式の記号を書き換えた $f+\Delta f = \dfrac{c}{c+v}f$ が成り立つとして，$\dfrac{v}{c} = \dfrac{\Delta\lambda}{\lambda}$ を導け．

4. $\dfrac{1}{140\,\text{億年}} = \dfrac{70\,\text{km/s}}{326\,\text{万光年}}$ であることを示せ．

5. 距離が 326 万光年の銀河が速度 70 km/s で遠ざかっているのと同じ割合で距離が 1 km の 2 つの小さな天体が離れているとするときの相対速度を求めよ．

6. 宇宙の初期の陽子数 p と中性子数 n の比が 7 対 1（$p:n = 7:1$）であれば，陽子 2 個と中性子 2 個が核融合してヘリウム原子核になったときの宇宙の水素とヘリウムの質量比率は 3 対 1 であることを示せ．（ヒント pppp pppp pppp : ppnn = 3 : 1）

付録 A　ベクトルの公式

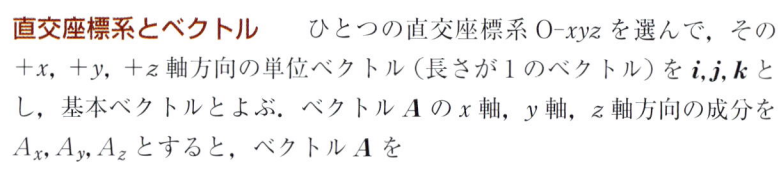

直交座標系とベクトル　ひとつの直交座標系 O-xyz を選んで，その $+x, +y, +z$ 軸方向の単位ベクトル（長さが1のベクトル）を $\boldsymbol{i}, \boldsymbol{j}, \boldsymbol{k}$ とし，基本ベクトルとよぶ．ベクトル $\boldsymbol{A}$ の x 軸, y 軸, z 軸方向の成分を A_x, A_y, A_z とすると，ベクトル $\boldsymbol{A}$ を

$$\boldsymbol{A} = A_x \boldsymbol{i} + A_y \boldsymbol{j} + A_z \boldsymbol{k}$$

と表せる（図 A.1）．また

$$\boldsymbol{A} = (A_x, A_y, A_z)$$

とも表す．$|\boldsymbol{A}| = A$, $k\boldsymbol{A}$, $\boldsymbol{A} \pm \boldsymbol{B}$ は次のように表される．

$$|\boldsymbol{A}| = A = (A_x{}^2 + A_y{}^2 + A_z{}^2)^{1/2}$$
$$k\boldsymbol{A} = (kA_x, kA_y, kA_z)$$
$$\boldsymbol{A} \pm \boldsymbol{B} = (A_x \pm B_x, A_y \pm B_y, A_z \pm B_z) \quad \text{（複号同順）}$$

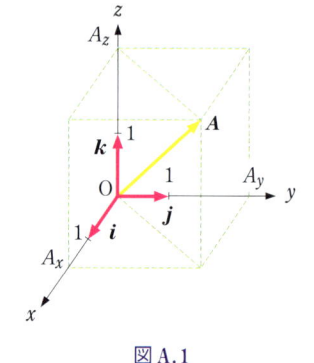

図 A.1

スカラー積　2つのベクトル $\boldsymbol{A}, \boldsymbol{B}$ のなす角を θ とすると，2つのベクトル $\boldsymbol{A}, \boldsymbol{B}$ のスカラー積（内積）$\boldsymbol{A} \cdot \boldsymbol{B}$ を

$$\boldsymbol{A} \cdot \boldsymbol{B} = AB \cos \theta$$

と定義する（図 A.2）．$\boldsymbol{A} \cdot \boldsymbol{B}$ は大きさだけをもつ量（スカラー）である．

$$\boldsymbol{A} \cdot \boldsymbol{A} = |\boldsymbol{A}|^2 = A^2 = A_x{}^2 + A_y{}^2 + A_z{}^2$$
$$\boldsymbol{A} \cdot \boldsymbol{B} = \boldsymbol{B} \cdot \boldsymbol{A} = AB \cos \theta = A_x B_x + A_y B_y + A_z B_z$$
$$\boldsymbol{A} \cdot (\boldsymbol{B} + \boldsymbol{C}) = \boldsymbol{A} \cdot \boldsymbol{B} + \boldsymbol{A} \cdot \boldsymbol{C} \quad \text{（分配則）}$$

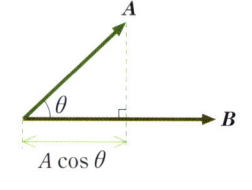

図 A.2　$\boldsymbol{A} \cdot \boldsymbol{B} = AB \cos \theta$

ベクトル積　2つのベクトル $\boldsymbol{A}, \boldsymbol{B}$ のベクトル積（外積ともいう）$\boldsymbol{A} \times \boldsymbol{B}$ は次のように定義されるベクトルである（図 A.3）．

(1)　大きさ；$\boldsymbol{A}, \boldsymbol{B}$ を相隣る2辺とする平行四辺形の面積．すなわち，ベクトル $\boldsymbol{A}, \boldsymbol{B}$ のなす角を θ とすると，

$$|\boldsymbol{A} \times \boldsymbol{B}| = AB \sin \theta$$

(2)　方向；$\boldsymbol{A}, \boldsymbol{B}$ の両方に垂直．すなわち，$\boldsymbol{A}$ と $\boldsymbol{B}$ の定める平面に垂直．

(3)　向き；$\boldsymbol{A}$ から $\boldsymbol{B}$ へ（180°より小さい角を通って）右ねじを回すときにねじの進む向き．

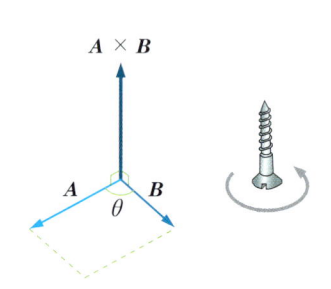

図 A.3　ベクトル積 $\boldsymbol{A} \times \boldsymbol{B}$

右手系では，ベクトル積 $\boldsymbol{A} \times \boldsymbol{B}$ の成分は

$$\left.\begin{array}{l}(\boldsymbol{A} \times \boldsymbol{B})_x = A_y B_z - A_z B_y \\ (\boldsymbol{A} \times \boldsymbol{B})_y = A_z B_x - A_x B_z \\ (\boldsymbol{A} \times \boldsymbol{B})_z = A_x B_y - A_y B_x\end{array}\right\}$$
$$\boldsymbol{A} \times \boldsymbol{B} = -\boldsymbol{B} \times \boldsymbol{A}$$
$$\boldsymbol{A} \times (\boldsymbol{B} + \boldsymbol{C}) = \boldsymbol{A} \times \boldsymbol{B} + \boldsymbol{A} \times \boldsymbol{C} \quad \text{（分配則）}$$

右手系とは，右手の親指を $+x$ 軸方向，人差し指を $+y$ 軸方向に向けるとき，$+z$ 軸方向が中指の方向を向いている直交座標系である．

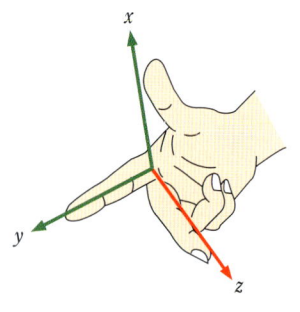

図 A.4　右手系

付録B 微分と積分

B.1 導関数の定義

変数 t の関数 $x = x(t)$ の導関数を

$$\frac{dx}{dt} = \lim_{\Delta t \to 0} \frac{x(t+\Delta t) - x(t)}{\Delta t} \tag{B.1}$$

と定義する．これを x', $x'(t)$, $\dot{x}$ などと記すこともある．導関数 $\dfrac{dx}{dt}$ を求めることを，$x(t)$ を t で **微分する** という．関数 $x(t)$ の導関数 $\dfrac{dx}{dt}$ をもう1回 t で微分して得られる導関数 $\dfrac{d}{dt}\left(\dfrac{dx}{dt}\right)$ を2次導関数といい，記号で $\dfrac{d^2x}{dt^2}$ と記すが，x'', $x''(t)$, $\ddot{x}$ などとも記す．

> **例1** 2次関数 $x = at^2 + bt + c$ (a, b, c は定数) の導関数は $2at + b$．
>
> $$\begin{aligned}\frac{d}{dt}(at^2 + bt + c) &= \lim_{\Delta t \to 0} \frac{[a(t+\Delta t)^2 + b(t+\Delta t) + c] - [at^2 + bt + c]}{\Delta t} \\ &= \lim_{\Delta t \to 0} \frac{2at \cdot \Delta t + a(\Delta t)^2 + b \cdot \Delta t}{\Delta t} \\ &= \lim_{\Delta t \to 0} (2at + b + a \cdot \Delta t) = 2at + b \end{aligned} \tag{B.2}$$
>
> なお，定数の導関数は0である．つまり，
>
> $$x = \text{定数} \quad \text{ならば} \quad \frac{dx}{dt} = 0 \tag{B.3}$$
>
> **例2** 2次関数 $x = at^2 + bt + c$ (a, b, c は定数) の2次導関数は $2a$．
>
> $$\frac{d^2}{dt^2}(at^2 + bt + c) = \frac{d}{dt}\left(\frac{d}{dt}(at^2 + bt + c)\right) = \frac{d}{dt}(2at + b) = 2a \tag{B.4}$$

B.2 1次の近似式

関数 $x = x(t)$ をグラフに描くと点 $(a, x(a))$ を通る．この点の近傍では，この曲線をその点での，勾配が $x'(a)$ の接線，$x = x(a) + x'(a)(t-a)$，で近似できる（図B.1）．つまり，

$$x(t) \approx x(a) + x'(a)(t-a) \tag{B.5}$$

この式を関数 $x(t)$ の **1次の近似式** という．なお，$A \approx B$ は「A と B はほぼ等しい」ことを表す．

B.3 直線運動での速度と変位の関係

物体が時刻 t_A から時刻 t_B まで一定の速度 v_0 で運動した場合の変位

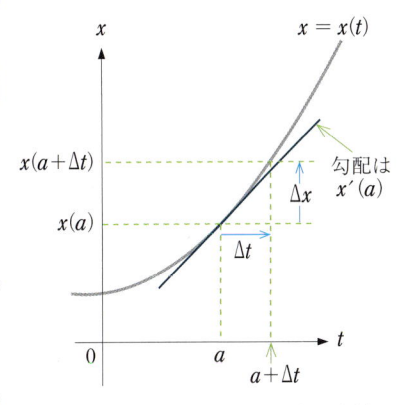

図 B.1 曲線 $x = x(t)$ の点 $(a, x(a))$ での接線は $x = x(a) + x'(a)(t-a)$ で，勾配は $x'(a)$

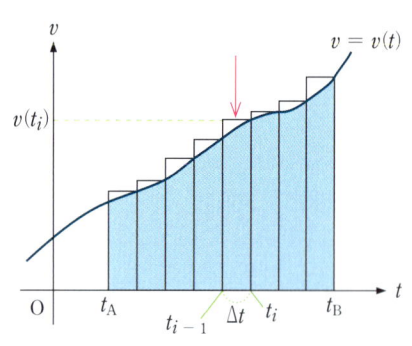

は
$$x(t_B) - x(t_A) = x_B - x_A = v_0(t_B - t_A) \quad 変位 = 速度 \times 時間$$
である．

速度 v が時刻 t とともに変化する場合の変位を求める．速度が変化する運動も，時間を細かく分けると，それぞれの短い時間では等速運動とみなせる．そこで，時間 $t_B - t_A$ を N 等分し，N 個の長さ Δt の各微小時間では物体は等速運動すると近似する．つまり，時刻 t_{i-1} と t_i の間の微小時間 Δt での微小変位 $\Delta x_i = x(t_i) - x(t_{i-1})$ は，図 B.2 の矢印で示した細長い長方形の面積 $v(t_i) \Delta t$ にほぼ等しいと近似する．
$$\Delta x_i \approx v(t_i) \Delta t$$
したがって，N 個の長方形の面積の和をとると，変位 $x_B - x_A$ の近似値
$$x_B - x_A \approx \sum_{i=1}^{N} \Delta x_i = \sum_{i=1}^{N} v(t_i) \Delta t$$
が得られる．そこで，長方形の幅 Δt を狭くしていった極限（$\Delta t \to 0$, $N \to \infty$）での長方形の面積の和（図 B.2 の ■ 部分の面積）は物体の変位 $x_B - x_A$ に等しい．この極限値を
$$\lim_{N \to \infty} \sum_{i=1}^{N} v(t_i) \Delta t = \int_{t_A}^{t_B} v(t) \, dt$$
と記し，関数 $v(t)$ の $t = t_A$ から $t = t_B$ までの**定積分**という．

したがって，時刻 t_A から時刻 t_B の間の物体の変位 $x_B - x_A$ は
$$x_B - x_A = \int_{t_A}^{t_B} v(t) \, dt \tag{B.6}$$
と表される．つまり，物体の変位 $x_B - x_A$ は，v-t 図の 4 本の線，v-t 線 [$v = v(t)$]，横軸（t 軸），$t = t_A$, $t = t_B$，で囲まれた領域の面積に等しい．ただし，v-t 線が横軸の下にある $v(t) < 0$ の部分の面積は $-x$ 軸方向への変位に等しいので，図 B.3 の場合の変位 $x_B - x_A$ は $A_1 - A_2$ である．

図 B.2 変位と速度
$x_B - x_A = \int_{t_A}^{t_B} v(t) \, dt$
■部分の面積が時刻 t_A から時刻 t_B までの変位 $x_B - x_A$ に等しい．

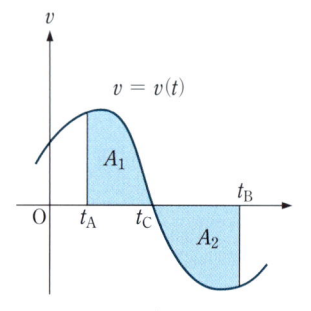

図 B.3 $x_B - x_A = \int_{t_A}^{t_B} v(t) \, dt = A_1 - A_2$

B.4 定積分と不定積分

導関数が $f(t)$ である関数を $f(t)$ の**原始関数**という．したがって，
$$\frac{dF}{dt} = f(t) \tag{B.7}$$
ならば，関数 $F(t)$ は関数 $f(t)$ の原始関数である．$F(t)$ に任意定数 C を加えた $F(t) + C$ の導関数も $f(t)$ なので，$F(t) + C$ も関数 $f(t)$ の原始関数である．そこで，関数 $f(t)$ の無数にある原始関数をひとまとめにして $f(t)$ の**不定積分**とよび，記号
$$\int f(t) \, dt \quad あるいは \quad \int dt \, f(t) \tag{B.8}$$
で表す．したがって，
$$\int f(t) \, dt = F(t) + C \quad （C は任意定数） \tag{B.9}$$
である．関数 $f(t)$ の不定積分を求めることを，関数 $f(t)$ を**積分する**と

いう．$F(t)+C$ を微分すれば $f(t)$ になり，$f(t)$ を積分すれば $F(t)+C$ になるので，積分は微分の逆演算である．

(B.7) 式が成り立つ場合，

$$\int_{t_A}^{t_B} f(t)\,\mathrm{d}t = \int_{t_A}^{t_B} \frac{\mathrm{d}F(t)}{\mathrm{d}t}\,\mathrm{d}t = F(t_B) - F(t_A) \tag{B.10}$$

$$F(t) = F(t_0) + \int_{t_0}^{t} \frac{\mathrm{d}F(t)}{\mathrm{d}t}\,\mathrm{d}t = F(t_0) + \int_{t_0}^{t} f(t)\,\mathrm{d}t \tag{B.11}$$

が成り立つことは，

$$\Delta F_i = F(t_i) - F(t_{i-1}) \approx f(t_i)\Delta t$$

を使えば，$f(t)$ と $F(t)$ が $v(t)$ と $x(t)$ の場合と同じように証明できる．(B.11) 式から，

$$\frac{\mathrm{d}F}{\mathrm{d}t} = 0 \quad \text{ならば} \quad F(t) = \text{定数} \tag{B.12}$$

が導かれる．

B.5 重力の作用だけを受けている物体の運動方程式 (2.17) 式の解

鉛直方向の運動方程式

$$a_y = \frac{\mathrm{d}v_y}{\mathrm{d}t} = \frac{\mathrm{d}^2 y}{\mathrm{d}t^2} = -g \quad (g \text{ は定数}) \tag{B.13}$$

の解 y は 2 階の導関数が定数 $-g$ になる関数である．(B.4) 式を見れば，

$$y = -\frac{1}{2}gt^2 + bt + c \quad (b \text{ と } c \text{ は定数}) \tag{B.14}$$

は解である．(B.2) 式を見れば，速度の y 成分は，

$$v_y = \frac{\mathrm{d}y}{\mathrm{d}t} = -gt + b \tag{B.15}$$

である．(B.14) 式と (B.15) 式で $t = 0$ とおくと，定数 c は時刻 $t = 0$ での物体の位置 $\boldsymbol{r}_0$ の y 成分 y_0 で ($c = y_0$)，定数 b は時刻 $t = 0$ での物体の速度 $\boldsymbol{v}_0$ の y 成分 v_{0y} であることがわかる ($b = v_{0y}$)．そこで (B.13) 式の解は

$$y = -\frac{1}{2}gt^2 + v_{0y}t + y_0 \tag{B.16}$$

と表されることがわかる．

同じようにして，水平方向の運動方程式

$$a_x = \frac{\mathrm{d}v_x}{\mathrm{d}t} = \frac{\mathrm{d}^2 x}{\mathrm{d}t^2} = 0 \tag{B.17}$$

の解

$$x = v_{0x}t + x_0 \quad (v_{0x} \text{ と } x_0 \text{ は定数}) \tag{B.18}$$

が得られる．定数 x_0 は時刻 $t = 0$ での物体の位置 $\boldsymbol{r}_0$ の x 成分で，定数 v_{0x} は時刻 $t = 0$ での物体の速度 $\boldsymbol{v}_0$ の x 成分である．

付録 C　単振動の運動方程式の解

2.6 節では，単振動の運動方程式

$$a = -(2\pi f)^2 x \tag{C.1}$$

が，単位時間あたりの回転数が f の等速円運動の x 方向成分（物体から x 軸におろした垂線の足の運動）のしたがう運動方程式と同じ式である事実を使って，単振動の振動数 [(2.42) 式] を求めた．

しかし，以下に示すように，三角関数の微分の公式を利用すれば，単振動の運動方程式，

$$\frac{d^2 x}{dt^2} = -\omega^2 x \qquad (\omega = 2\pi f) \tag{C.2}$$

を解くことができ，三角関数の性質を知っていれば，求めた解が振動を表し，その振動数が (2.42) 式であることがわかる．

(C.2) 式は t で 2 回微分すると元の関数の $-\omega^2$ 倍になる関数 x を探すことを指示している．そこで

$$x = A \cos(\omega t + \beta) \qquad (A \text{ と } \beta \text{ は定数}) \tag{C.3}$$

とおき，三角関数の微分の公式

$$\frac{d}{dt}[A \cos(\omega t + \beta)] = -\omega A \sin(\omega t + \beta) \tag{C.4}$$

を使うと，

$$v = \frac{dx}{dt} = \frac{d}{dt}[A \cos(\omega t + \beta)] = -\omega A \sin(\omega t + \beta) \tag{C.5}$$

が導かれ，三角関数のもう 1 つの微分の公式

$$\frac{d}{dt}[A \sin(\omega t + \beta)] = \omega A \cos(\omega t + \beta) \tag{C.6}$$

を使うと，

$$\frac{d^2 x}{dt^2} = \frac{dv}{dt} = \frac{d}{dt}[-\omega A \sin(\omega t + \beta)]$$
$$= -\omega^2 A \cos(\omega t + \beta) = -\omega^2 x \tag{C.7}$$

となるので，(C.3) 式は微分方程式 (C.2) 式の解で，振動するおもりの時刻 t での位置 x を表し，(C.5) 式は時刻 t でのおもりの速度 v を表すことがわかった．

解 $x = A \cos(\omega t + \beta)$ は図 C.1 の左端に示す，原点を中心とする半径が A で，位置ベクトル $\boldsymbol{r}$ が $+x$ 軸となす角が時間とともに $\omega t + \beta$ のように一様に増加する等速円運動を x 軸に射影した運動である．この運動は図 C.1 の右側に示したように，おもりが 2 点 $x = A$ と $-A$ の間を往復する振動を表している．変位の最大値 A を**振幅**という．

$\sin \theta$ も $\cos \theta$ も角度の単位に度 (°) を使うと，周期が 360° の周期関数 $[\sin(\theta + 360°) = \sin \theta,\ \cos(\theta + 360°) = \cos \theta]$ であるが，微分の公式 (C.4) と (C.6) が成り立つのは，角度の単位として

付録C　単振動の運動方程式の解　　185

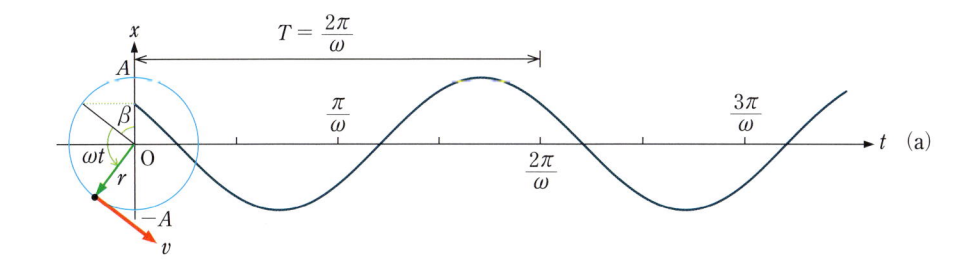

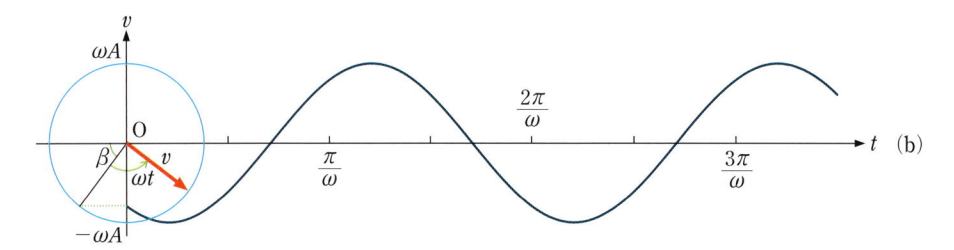

図 C.1 単振動

(a) $x = A \cos(\omega t + \beta)$

(b) $v = \omega A \cos\left(\omega t + \beta + \dfrac{\pi}{2}\right) = -\omega A \sin(\omega t + \beta)$

$$360° = 2\pi \text{ rad} \tag{C.8}$$

という関係を満たすラジアン（記号 rad）を使う場合である［したがって，$\sin(\theta + 2\pi) = \sin\theta$，$\cos(\theta + 2\pi) = \cos\theta$］．

図 C.2 に示す扇形の弧の長さ s は半径 r にも中心角 θ にも比例するが，角度の単位にラジアンを使うと，

$$s = r\theta \tag{C.9}$$

となる．このことは $\theta = 2\pi$ の場合，$s = r\theta$ は円周 $2\pi r$ になることからわかる．

図 C.2 ラジアン
$s = r\theta$　　$\sin\theta \approx \theta$

図 C.2 を眺めると，角 θ が小さい場合

$$\sin\theta \approx \theta \quad (|\theta| \ll 1 \text{ の場合}) \tag{C.10}$$

であることがわかる．三角関数の微分の公式 (C.4) と (C.6) を導くのに (C.10) 式を使うので，角度の単位にラジアンを使わなければならないのである．

(C.3) 式に現れるコサイン関数 $\cos(\omega t + \beta)$ は，条件 $\omega T = 2\pi$ を満たす時間 T が経過すると，同じ値になるので，

$$T = \frac{2\pi}{\omega} \tag{C.11}$$

は振動の周期である．「単位時間あたりの振動数 f」×「周期 T」$= 1$ なので，単振動の振動数（単位時間あたりの振動数）f は

$$f = \frac{1}{T} = \frac{\omega}{2\pi} \tag{C.12}$$

である．(C.12) 式から導かれる

$$\omega = 2\pi f \tag{C.13}$$

はおもりが 1 秒間に f 回振動すれば，$\omega t + \beta$ に現れる ωt が $2\pi f$ ラジア

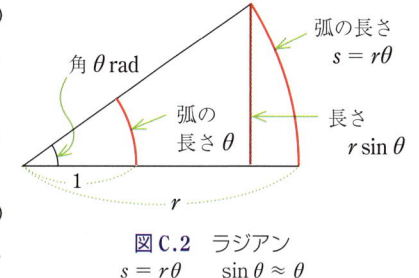

ン増加することを意味している．そこで，単振動の場合 ω を**角振動数**とよぶ．

2つの任意定数 A と β の意味を調べるために，(C.3) 式と (C.5) 式で $t=0$ とおくと，時刻 $t=0$ での物体の位置 x_0 と速度 v_0 は，

$$x_0 = A \cos \beta, \qquad v_0 = -\omega A \sin \beta \tag{C.14}$$

と表される．これを (C.3) 式に三角関数の加法定理

$$\cos(\alpha + \gamma) = \cos \alpha \cos \gamma - \sin \alpha \sin \gamma \tag{C.15}$$

を適用して得られる，

$$x = A \cos(\omega t + \beta) = A \cos \omega t \cos \beta - A \sin \omega t \sin \beta \tag{C.16}$$

に代入すると，

$$x = x_0 \cos \omega t + \frac{v_0}{\omega} \sin \omega t \tag{C.17}$$

となる．つまり，運動方程式 (C.2) の解 (C.3) の 2 つの任意定数 A と β は時刻 $t=0$ でのおもりの位置 x_0 と速度 v_0 に対応することがわかった．A と β の値を調節すると，時刻 $t=0$ でのおもりの位置 x_0 と速度 v_0 がどのような値でも，(C.3) 式が物体の運動を正しく表すようにできる．

問，演習問題の答

第1章

問1 $|\boldsymbol{F}_1+\boldsymbol{F}_2| = 2F\cos\theta$
(1) $2F\cos 30° = 1.73F$ (2) $2F\cos 45° = 1.41F$
(3) $2F\cos 60° = F$

問2 図 S.1 参照

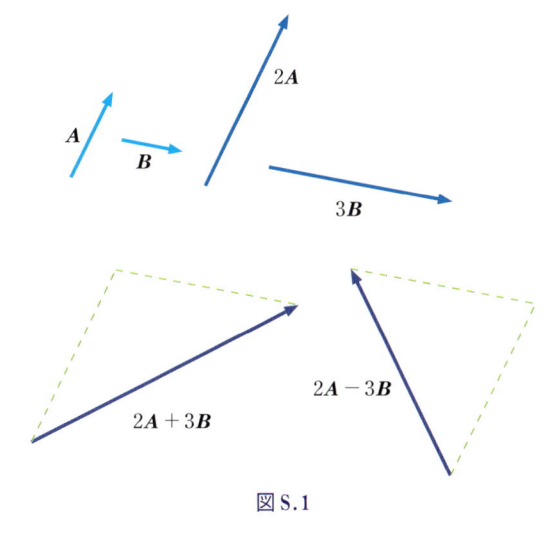

図 S.1

問3 万有引力の法則に (1.8) 式を使え．$R_E = 6370$ km なので，$\dfrac{(6370\text{ km})^2}{(6370\text{ km}+10\text{ km})^2} = 0.997 = 99.7\%$

問4 作用反作用の法則 $\boldsymbol{F}_{床←物体} = -\boldsymbol{F}_{物体←床}$ とつり合いの式 $-\boldsymbol{F}_{物体←床} = \boldsymbol{W}$ から $\boldsymbol{F}_{床←物体} = \boldsymbol{W}$.

問5 綱を引く張力の鉛直方向成分だけ，垂直抗力が減るので，「動摩擦力」＝「動摩擦係数」×「垂直抗力」が減少する．綱と地面の角度がある限度以下なら，綱を水平に引く場合より，弱い張力でそりは進む．

演習問題 1

1. 2つの力のつり合いは1つの物体に作用する2つの力 $\boldsymbol{F}_1$, $\boldsymbol{F}_2$ の関係 $\boldsymbol{F}_1+\boldsymbol{F}_2 = \boldsymbol{0}$ である．作用反作用の法則は2つの物体がたがいに作用しあう力 $\boldsymbol{F}_{1←2}$, $\boldsymbol{F}_{2←1}$ の関係 $\boldsymbol{F}_{1←2}+\boldsymbol{F}_{2←1} = \boldsymbol{0}$ である．

2. (a) 針金が一直線になると，荷物が作用する力 $\boldsymbol{F}$ につり合う上向きの力を針金が作用できないからである（図 S.2）．
(b) 電車のパンタグラフと接触する電線がなるべく小さな張力でなるべく水平になるため．

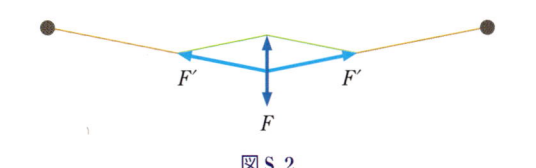

図 S.2

3. (ア) mg（問4参照）
(イ) mg（作用反作用の法則）
(ウ) $\boldsymbol{0}$

4. (1) $M_E = \dfrac{(9.8\text{ m/s}^2)\times(6.4\times10^6\text{ m})^2}{6.7\times10^{-11}\text{ N·m}^2/\text{kg}^2}$
$= 6.0\times10^{24}$ kg.

(2) $\dfrac{4\pi R_E^3}{3} = \dfrac{4\pi(6.4\times10^6\text{ m})^3}{3}$
$= 1.1\times10^{21}\text{ m}^3$.
$\rho = (6.0\times10^{24}\text{ kg})\div(1.1\times10^{21}\text{ m}^3)$
$= 5.5\times10^3\text{ kg/m}^3 = 5.5\text{ g/(cm)}^3$.

5. 月に近い点 A での月の引力は中心 O での引力よりも強く，月から遠い点 B での月の引力は中心 O での引力よりも弱いので，地球と海水には，図 S.3 に示す，変形させる力（起潮力）が働く．

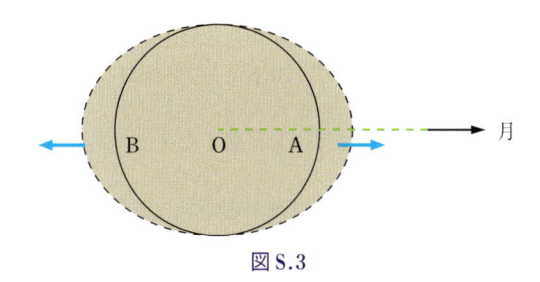

図 S.3

6. 図 S.4 の中空の球の内面におもりを付着した物体の場合と同じ原理に基づいている．

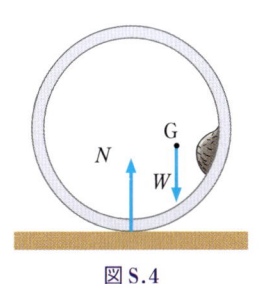

図 S.4

7. $P = \dfrac{mg}{A} = \dfrac{(40\text{ kg})\times(9.8\text{ m/s}^2)}{4\times10^{-4}\text{ m}^2} = 10^6$ Pa
$= 10^4$ hPa

8. (1) 水はコップからこぼれない．氷にはたらく力のつり合いとアルキメデスの原理から「20 g の氷の塊が受ける浮力」＝「20 g の氷の塊が受ける重力」＝「氷の水面下の部分にあった水が受けていた重力」なので，氷の水面下の部分にあった水の質量は 20 g である．したがって，氷が溶けて水になるときの水面

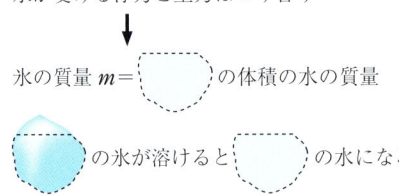

図 S.5

の位置はコップの縁だからである（図 S.5）．
(2) (1) と同じ理由で，北極海に浮いている氷が溶けても，海水面は上昇しない．
(3) 南極大陸の上の氷が南極海に崩落すると，海水面は上昇する．したがって，崩落した氷が溶けても，海水面は上昇したままである．

9. $p = \rho g h$
$= (13.5951 \text{ g/cm}^3) \times (9.80665 \text{ m/s}^2) \times (0.76 \text{ m})$
$= 1.01325 \times 10^5 \text{ Pa} = 1013.25 \text{ hPa}$．

10. $\rho g h = (1.2 \text{ kg/m}^3) \times (9.8 \text{ m/s}^2) \times (634 \text{ m})$
$= 7.5 \times 10^3 \text{ Pa} = 75 \text{ hPa}$．
地表付近では高さが 1 km 高くなると，約 120 hPa 気圧が減る．

11. 高い山の上では気圧は下がるので，袋を外から押していた空気の圧力は減少する．そこで袋の中の約 1000 hPa だった空気は膨張するので，袋はパンパンに膨れ上がる．

12. $(1.204 - 0.898)(\text{kg/m}^3) \times (1000 \text{ m}^3) \times (9.8 \text{ m/s}^2)$
$= 3.00 \times 10^3 \text{ N}$

13. 水をいっぱいに入れた浴槽に入るとき風呂から排除する水の体積は自分の体積に等しいことを使え．

第 2 章
問 1 床が作用する摩擦力によって，箱は静止する．
問 2 左の絵：投手がボールを前に押す力と静止していたボールが打者の方へ動きだすときの速度の時間変化率．
右の絵：捕手がボールを静止させるためにボールに作用する力と動いていたボールが静止するときの速度の時間変化率．
問 3 $v_x = (4.5 \text{ cm}) \div \frac{1}{30} \text{ s} = 135 \text{ cm/s} = 1.35 \text{ m/s}$
問 4 (2.26) 式から導かれる $t = \frac{x}{v_0}$ を (2.27) 式に代入せよ．
問 5 速度-時刻曲線の下の面積は，変位に等しいことを使え（付録 B.3 参照）．

問 6 (1) 半径が最小の 3→4 の部分．(2) 等速直線運動で加速度が 0 の 2→3, 4→1 の部分．
問 7 外力の合力は向心力で，大きさはその点での道路の曲率半径に反比例する．
問 8 乗客に座席が作用する横向きの力．
問 9 爪先だって回転しているスケーターに働く外力のモーメントは 0 なので，スケーターの各部分の角運動量 $m_i v_i r_i = m_i (2\pi f r_i) r_i = 2\pi f m_i r_i^2$ の和である全角運動量 $L = 2\pi f \sum_i m_i r_i^2$ は一定である．ここで r_i は質量 m_i の身体の部分 i の回転半径である．スケーターが両腕を縮めると，腕の部分の回転半径が減少するので $\sum_i m_i r_i^2$ も減少し，その結果，回転数 f は増加する．

演習問題 2
1. 速さは大きさだけをもつスカラー量．速度は大きさと向きをもつベクトル量．速度の大きさは速さに等しい．
2. 物体の質量は物体の慣性の大きさを表す量であるとともに万有引力を作用する強さを表す．物体の重さは物体に作用する重力の強さであり，その大きさは「質量」×「重力加速度」なので，質量に比例する．しかし，重力加速度は場所によって変化するので，重さは場所によって変化する．
3. 直線に沿っての 1 方向への直線運動の場合には，変位の大きさと移動距離は等しいが，それ以外の場合には，変位の大きさは移動距離より短い．
4. 図 S.6 参照．
5. 図 S.7 参照．
6. 図 S.8 参照

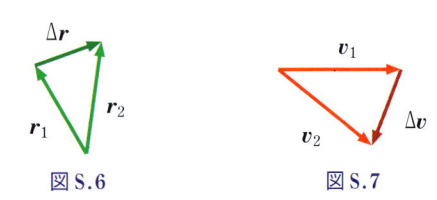

図 S.6　　　図 S.7

(a)	(b)	(c)	(d)	(e)	(f)

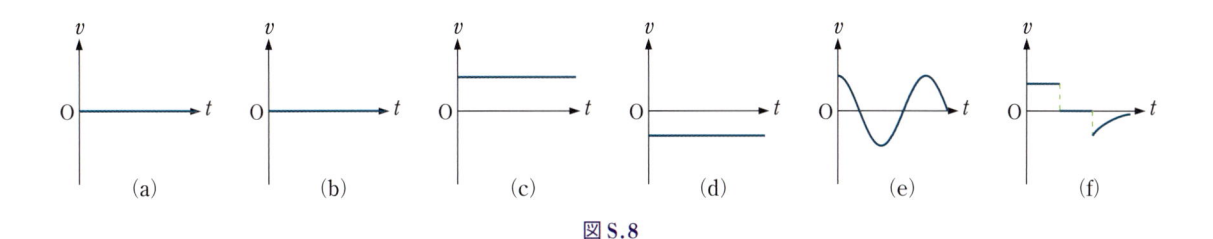

図 S.8

7. x 軸の負の向きへの運動であることを意味する.

8. $x < 0$ の領域から $+x$ 方向に進み，原点 O を通過したことを意味する.

9. ありえない．「変位」＝「平均速度」×「時間」なので，変位が正なら平均速度も正．

10. (1) $d = \frac{1}{2} \times (24 \text{ m/s}) \times (20 \text{ s})$
$\qquad + (24 \text{ m/s}) \times (100 \text{ s})$
$\qquad + \frac{1}{2} \times (24 \text{ m/s}) \times (30 \text{ s})$
$\qquad = 240 \text{ m} + 2400 \text{ m} + 360 \text{ m} = 3000 \text{ m}.$

(2) $(3000 \text{ m}) \div (150 \text{ s}) = 20 \text{ m/s}.$

11. (1) ×($v_A > v_B$) (2) ○ (3) ×(B は等速度運動) (4) ○(接線の勾配が等しい時刻がある) (5) ×(A の加速度はつねに正，B の加速度はつねに 0).

12. $+x$ 方向を向いている速度は減速し，やがて速さは 0 になり，運動の向きを変え，速さが増加していく．石を真上に投げ上げたときの石の速度の変化を考えよ．

13. 物体に作用するただ 1 つの力である重力 mg が質量に比例するから（$ma = mg$ から $a = g$）．

14. 図 S.9, 図 S.10

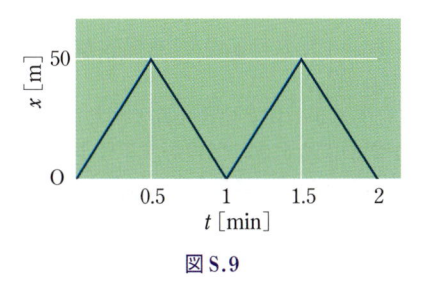

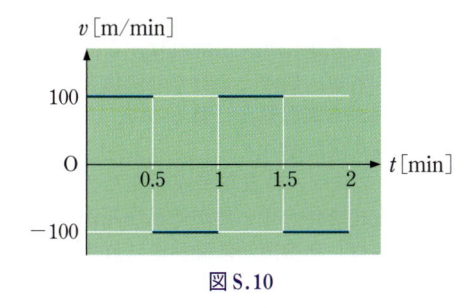

図 S.9

図 S.10

15. (1) 実験データが $v = (9.8 \text{ m/s})t$ という直線上に載っている．

(2) 空気の抵抗力は速さとともに増加するので，やがて重力とつり合い，その後は等速運動を行う．

(3) カップの質量は枚数に比例し，抵抗は枚数に無関係なので，
「重力」＝「慣性抵抗」＝「定数」×（終端速度）^{2}
という関係から，
終端速度 $\propto \sqrt{\text{枚数}}$ という関係が導かれる．

(4) 「重力（枚数）」＝「粘性抵抗」＝「定数」×「終端速度」という関係から，終端速度 $\propto$ 枚数

16. (1) $m_A \boldsymbol{a} = \boldsymbol{F} + \boldsymbol{F}_{A \leftarrow B}$

(2) $m_B \boldsymbol{a} = \boldsymbol{F}_{B \leftarrow A}$

(3) 上の 2 式の左右両辺をそれぞれ加え，作用反作用の法則を使うと，
$m_A \boldsymbol{a} + m_B \boldsymbol{a} = (m_A + m_B)\boldsymbol{a} = \boldsymbol{F}$

(4) $a = \dfrac{F}{m_A + m_B} = \dfrac{40 \text{ N}}{16 \text{ kg}} = 2.5 \text{ m/s}^2$

(5) $F_{B \leftarrow A} = m_B a = (6 \text{ kg}) \times (2.5 \text{ m/s}^2) = 15 \text{ N}.$

17. (1) 動かない．自動車と乗客を 1 つの物体と考えよ．

(2) 乗客がロープを引く力の 2 倍が，重力より大きければ上昇，小さければ下降．

18. $m_A \boldsymbol{a}_A = \boldsymbol{F}_{A \leftarrow B} = -\boldsymbol{F}_{B \leftarrow A} = -m_B \boldsymbol{a}_B$ なので，$\dfrac{a_A}{a_B} = -\dfrac{m_B}{m_A}$. したがって，反対向きに動き出し，加速度は質量に反比例する．最初は静止していたので，速度も質量に反比例する．

19. 月は半径 38.4 万 km の公転軌道を周期 27.32 日で 1 周する．

(1) $a_M = (2\pi f)^2 r = \left(\dfrac{2\pi}{T}\right)^2 r$
$\qquad = \left(\dfrac{2\pi}{27.32 \times 24 \times 60 \times 60 \text{ s}}\right)^2$
$\qquad \times (3.84 \times 10^8 \text{ m})$
$\qquad = 0.0027 \text{ m/s}^2$

(2) $g_M = \dfrac{g R_E^2}{r_M^2} = (9.8 \text{ m/s}^2) \times \left(\dfrac{6.37 \times 10^6 \text{ m}}{3.84 \times 10^8 \text{ m}}\right)^2$
$\qquad = 0.0027 \text{ m/s}^2$

20. (1) (2.29)式 $\left(d = \frac{1}{2}gt^2\right)$ の両辺を 2 倍し $(2d = gt^2)$，g で割って $\left(t^2 = \frac{2d}{g}\right)$，ルートをとれば，
$t = \sqrt{\dfrac{d}{4.9\text{ m}}}$ s.

(2) $t = \sqrt{\dfrac{0.16\text{ m}}{4.9\text{ m}}}$ s $= 0.18$ s

21. $t = \sqrt{\dfrac{2d}{g}} = \sqrt{\dfrac{2\times(122.5\text{ m})}{9.8\text{ m/s}^2}} = 5$ s.
$v = gt = (9.8\text{ m/s}^2)\times(5\text{ s}) = 49$ m/s.

22. (2.43)式の g を $0.17g$ で置き換えた
$T = 2\pi\sqrt{\dfrac{L}{0.17g}} = 2.4\times 2\pi\sqrt{\dfrac{L}{g}}$．
月面での周期は地球上での 2.4 倍に長くなる．

23. $T = 2\pi\sqrt{\dfrac{67\text{ m}}{9.8\text{ m/s}^2}} = 16$ s.

第 3 章

問 1 持ち上げるときには，重力の向きと移動の向きが逆なので $W^{重力} = -mgh$，保持しているときは移動距離が 0 なので $W^{重力} = 0$ で，床に下すときは重力の向きと移動の向きが同じなので $W^{重力} = mgh$．

問 2 脈拍数が 1 分あたり 60 回なら，1 秒あたり 1 回なので，心臓の仕事率は 1 W．

問 3 (1) ボールの運動エネルギーは 120 J なので（例 4），仕事と運動エネルギーの関係から 120 J．

(2) $F = \dfrac{W}{d} = \dfrac{120\text{ J}}{2\text{ m}} = 60$ N $= 6.1$ kgw

演習問題 3

1. $W = mgh = (80\text{ kg})\times(9.8\text{ m/s}^2)\times(2.0\text{ m})$
$= 1.57\times 10^3$ N

2. $P = mgv = (50\text{ kg})\times(9.8\text{ m/s}^2)\times(2\text{ m/s})$
$= 980$ W

3. $P \geq mgv = (1000\text{ kg})\times(9.8\text{ m/s}^2)\times\dfrac{10\text{ m}}{60\text{ s}}$
$= 1.63\times 10^3$ W

4. 10.8 km/h $= 3$ m/s.
$h = vt\sin 5° = (3\text{ m/s})\times(120\text{ s})\times 0.087$
$= 31.3$ m.
$P = \dfrac{mgh}{t} = \dfrac{(75\text{ kg})\times(9.8\text{ m/s}^2)\times(31.3\text{ m})}{120\text{ s}}$
$= 192$ W

5. 仕事と運動エネルギーの関係から 0

6. (2) $\dfrac{1}{2}mv^2 = mgh$ から
$v = \sqrt{2gh} = \sqrt{2\times(9.8\text{ m/s}^2)\times(1\text{ m})} = \sqrt{19.6}$ m/s
$= 4.4$ m/s

7. $\dfrac{4.6\times 10^7\text{ kg}\cdot\text{m}^2/\text{s}^3}{(65\text{ m}^3/\text{s})\times(1000\text{ kg/m}^3)\times(9.8\text{ m/s}^2)\times(77\text{ m})}$
$= 0.94$ ∴ 94 %

8. (1) $(40\text{ kg})\times(9.8\text{ m/s}^2)\times(3000\text{ m})$
$= 1.2\times 10^6$ J

(2) $\dfrac{1.2\times 10^6\text{ J}}{(3.8\times 10^7\text{ J/kg})\times 0.20} = 0.16$ kg

9. 例 9 の衝突の繰り返しを考えればよい．

第 4 章

問 1 正しくない（断熱膨張，断熱圧縮などの断熱変化では体積変化があり，仕事 W は 0 ではないので，内部エネルギーは変化する）

演習問題 4

1. (1) 温度を $T_2 - T_1$ だけ上昇させるのに必要な熱量が Q なので，1 K 上昇させるのに必要な熱量の熱容量は $C = \dfrac{Q}{T_2 - T_1}$．熱容量は質量 m に比例するので，1 g あたりの熱容量である比熱容量は $c = \dfrac{C}{m}$．したがって，$c = \dfrac{Q}{m(T_2 - T_1)}$．

(2) 比熱容量の小さい物質ほど温まりやすく，冷めやすい．

(3) 質量が m で比熱容量が c の物質の温度を $T_2 - T_1$ 上昇させるのに必要な熱量は $Q = cm(T_2 - T_1)$ である．

(4) アルミニウムのモル熱容量は $(27.0\text{ g/mol})\times\{0.877\text{ J/(K·g)}\} = 23.7$ J/(K·mol)．銅は 24.1 J/(K·mol)．鉄は 24.4 J/(K·mol)．1 原子あたりの内部エネルギーがほぼ同じだから．

2. (1) × (2) ○ (3) ×

3. 仕事 $W =$「力 $F = pA$」×「移動距離 L」$= p(AL) = p(V_{後} - V_{前})$

4. 気体を圧力が一定という条件で加熱する場合には，体積が膨張するときに気体がする仕事に等しい熱量を余計に加えなければならない．したがって，「定積比熱容量」＜「定圧比熱容量」．

5. (1) ○ (2) × (3) ○ (4) ×
   (5) ○ (6) ○

6. (a) トムソンの表現が成り立たず，高温熱源からの熱をすべて仕事にかえられれば，この仕事で冷凍機を運転すれば，他のところでの変化を伴わずに熱が低温熱源から高温熱源に移るので，クラウジウスの表現も成り立たない．

(b) クラウジウスの表現が成り立たず，他のところでの変化を伴わずに熱が低温熱源から高温熱源に移せれば，熱機関が低温熱源に放出した熱を高

温熱源に戻せるので，高温熱源の熱をすべて仕事に変えられることになり，トムソンの表現も成り立たない．

したがって，トムソンの表現が成り立てばクラウジウスの表現も成り立ち，クラウジウスの表現が成り立てばトムソンの表現も成り立つ（対偶も真）．

7. $e = \dfrac{673-323}{673} = 0.52$.　　52 %

8. (1) ○　(2) ○　(3) ○（プランクの法則はどのような温度の物体に対しても成り立つ）
(4) ×（波長は温度に反比例する）．

第5章
演習問題1

1. 略．
2. (1) 縦波　(2) 縦波　(3) $v = f\lambda$
(4) 張力が弱いほど遅い　(5) 弦の線密度が小さいほど速い．
3. 周期 T の運動を1秒あたり f 回繰り返す時間は1秒なので，$fT = 1$．周期の国際単位は s，振動数の国際単位は Hz $= 1/\mathrm{s}^{-1}$ である．
4. $v = \sqrt{(9.8 \,\mathrm{m/s}^2) \times (4000 \,\mathrm{m})} = 200 \,\mathrm{m/s}$
$= 720 \,\mathrm{km/h}$
$v = \sqrt{(9.8 \,\mathrm{m/s}^2) \times (200 \,\mathrm{m})} = 44 \,\mathrm{m/s} = 160 \,\mathrm{km/h}$
5. 円柱のねじれ変形が有限な速さの波として伝わる．
6. 運動エネルギーになった．
7. $\dfrac{\lambda}{2} = (3.4 \,\mathrm{cm}) \times 2$,　$\lambda = 13.6 \,\mathrm{cm} = 0.136 \,\mathrm{m}$.

$f = \dfrac{v}{\lambda} = \dfrac{340 \,\mathrm{m/s}}{0.136 \,\mathrm{m}} = 2500 \,\mathrm{s}^{-1}$

8. $|f - 440 \,\mathrm{Hz}| = 6 \,\mathrm{Hz}$．∴ $f = 446 \,\mathrm{Hz}$ か $434 \,\mathrm{Hz}$．弦の張力を減少させると弦の振動数は減少するので，うなりの振動数の減少から $f = 446 \,\mathrm{Hz}$．

9. $v = 20 \,\mathrm{m/s}$．すれ違う前：$f_L = \dfrac{V+v_L}{V-v_S} f_S = \dfrac{360 \,\mathrm{m/s}}{320 \,\mathrm{m/s}} \times (500 \,\mathrm{Hz}) = 563 \,\mathrm{Hz}$．すれ違った後：$f_L = \dfrac{V-v_L}{V+v_S} f_S = \dfrac{320 \,\mathrm{m/s}}{360 \,\mathrm{m/s}} \times (500 \,\mathrm{Hz}) = 444 \,\mathrm{Hz}$．

10. (5.17)式を使うと $v \approx \dfrac{\Delta f}{2 f_S} V = \dfrac{100 \,\mathrm{Hz}}{2 \times 5 \times 10^6 \,\mathrm{Hz}} \times (1570 \,\mathrm{m/s}) = 1.57 \times 10^{-2} \,\mathrm{m/s} = 1.57 \,\mathrm{cm/s}$.

11. 光が距離 $2d$ 伝わる時間が $\dfrac{1}{2nN}$ なので，$c = \dfrac{2d}{1/2\,nN} = 4dnN = 3.13 \times 10^8 \,\mathrm{m/s}$

12. ガラスの表面で屈折の法則を満たすように，A（眼）とBを結ぶ光線を描くと，眼に入る光線の向きにBがあるように見える．実際より上の方にあるように見える．

13. $\dfrac{\sin \theta_1}{\sin \theta_2} = n_{1 \to 2}$ なので，$\dfrac{\sin 45°}{\sin \theta_2} = \dfrac{1}{\sqrt{2} \sin \theta_2} = 1.41$．∴ $\sin \theta_2 = \dfrac{1}{2}$．$\theta_2 = 30°$．

14. $\sin \theta_c = \dfrac{1}{n} = \dfrac{1}{2.42}$．$\theta_c = 24.4°$

15. $\sin \theta_c = \dfrac{V_1}{V_2} = \dfrac{340 \,\mathrm{m/s}}{1500 \,\mathrm{m/s}} = 0.23$．∴ $\theta_c = 13°$．

16. 太陽は朝には東の臨界角の方向に現れ，夕には西の臨界角の方向に沈む．

17. $d \sin \theta = \lambda$．∴ $\theta = 9° \sim 18°$

18. $d \sin \theta = m\lambda$ なので，θ の大きい赤色光の波長が長い．

19. $d = \dfrac{1 \,\mathrm{cm}}{4000} = 2.5 \times 10^{-6} \,\mathrm{m}$.

$\sin \theta = \dfrac{\lambda}{d} = \dfrac{6.0 \times 10^{-7} \,\mathrm{m}}{2.5 \times 10^{-6} \,\mathrm{m}} = 0.24$．$\theta = 14°$．

$\sin \theta = \dfrac{2\lambda}{d} = 0.48$．$\theta = 29°$．

$\sin \theta = \dfrac{3\lambda}{d} = 0.72$．$\theta = 46°$．

$\sin \theta = \dfrac{4\lambda}{d} = 0.96$．$\theta = 74°$．

20. $d = \dfrac{\lambda}{\sin \theta} = \dfrac{0.5 \times 10^{-6} \,\mathrm{m}}{0.5} = 10^{-6} \,\mathrm{m}$.

$\dfrac{1}{10^{-6} \,\mathrm{m}} = 10^6/\mathrm{m} = 10^4/\mathrm{cm}$．1 cm あたり 10^4 本．

21. 光は鏡で反射されると，反射の法則によって鏡面に垂直な方向の光の速度の成分が逆になるので，3枚の鏡で反射されると，3方向の成分が逆転し，光は光源の方向に逆戻りする（図 S.11 参照）．

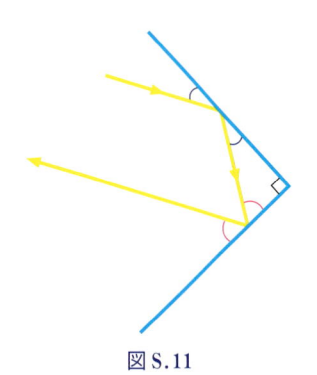

図 S.11

第6章

問1 電場が強いのは等電位線の間隔の狭い点Pの方．電場の向きは等電位線に垂直で，高電位から低電位の

向き．
問2 (1) $P = VI = (100\,\text{V}) \times (8\,\text{A}) = 800\,\text{W}$．
(2) $\dfrac{(500\,\text{g}) \times (2600\,\text{J/g})}{800\,\text{W}} = 1.6 \times 10^3\,\text{s} = 27\,\text{min}$

演習問題 6

1. 静電誘導で箔に生じる電荷は近づけた帯電体の電荷に比例するから．
2. B (電荷÷(距離)^2 が等しい点)
3. (1) $(1.5\,\text{V}) \times (10\,\text{C}) = 15\,\text{J}$ (2) 15 J
4. 等電位の部分での電場は **0**．
5. $(12\,\Omega) + (12\,\Omega) = 24\,\Omega$．
   $\dfrac{(24\,\Omega) \times (12\,\Omega)}{(24\,\Omega) + (12\,\Omega)} = 8\,\Omega$
6. AB 間：100 Ω と 300 Ω の並列接続なので，75 Ω．AC 間：200 Ω と 200 Ω の並列接続なので，100 Ω．
7. $P = \dfrac{V^2}{R}$ なので，R が大きいのは P が小さい 60 W の方．
8. $P = \dfrac{V^2}{R}$ なので，①．
9. $P = \dfrac{V^2}{R}$ なので，①．
10. 電気ポットは $P = RI^2 = (100\,\Omega) \times (1\,\text{A})^2 = 100\,\text{W}$．$(100\,\text{W}) \times (84\,\text{s}) = 8400\,\text{J} = 2000\,\text{cal}$．温度上昇 = $\dfrac{2000\,\text{cal}}{\{1\,\text{cal}/(\text{g}\cdot{}^\circ\text{C})\} \times (500\,\text{g})} = 4\,{}^\circ\text{C}$．$(20\,{}^\circ\text{C}) + (4\,{}^\circ\text{C}) = 24\,{}^\circ\text{C}$

第 7 章

問1 ① × ② × (CBA の向きに流れる) ③ ○ ④ × (磁束が変化しないので，流れない) ⑤ × (流れない)

問2 スイッチを閉じた直後は右に，スイッチを開いた直後は左に動く

演習問題 7

1. ① × (図 7.13 を見よ) ② × (一様な磁場中に棒磁石を磁場と平行に置くと，磁石は力を受けない)
2. ②
3. ① ○ ② × (遠ざかる向きの力) ③ ○ ④ × (力を受ける) ⑤ × (静止している荷電粒子に磁場は磁気力を作用しない)
4. $F = \dfrac{(2 \times 10^{-7}\,\text{N/A}^2) \times (100\,\text{A}) \times (100\,\text{A}) \times (10\,\text{m})}{0.1\,\text{m}}$
   $= 0.2\,\text{N}$ 反発力
5. ① × (引力が働く) ② × (引力が働く) ③ ○ ④ × (反発力が働く) ⑤ ○
6. 磁石がコイルに近づくのにつれて，流れ始めた電流の強さは増していき，やがて増加は止まり，減少し始め，磁石がコイルの中央を通過するとき電流はゼロになり，逆向きの電流が流れ始め，電流の強さは増していき，やがて増加は止まり，減少し始め，遠方では 0 になる．
7. 大きいコイルに流れ始める電流と逆の向き．
8. 磁力線が密な A の磁場の方が強い．N 極への力が強いので，磁針への合力は上向き．
9. ⑤
10. (1) $m\dfrac{v^2}{r} = qvB$．
    (2) (1) の答から $v = \dfrac{qBr}{m}$．$vT = 2\pi r$ なので，$T = \dfrac{2\pi m}{qB}$
    この荷電粒子の等速円運動の周期 T は，速さ v や半径 r には無関係なので，この事実を利用して，原子核イオンを加速する加速器のサイクロトロンでは，磁場の中で原子核イオンを周期 $T = \dfrac{2\pi m}{qB}$ の交流電場で加速している．
11. (1) 前問の (2) の第 1 式から，減速すると曲率半径は短くなるので，A → B．
    (2) 裏 → 表 ($q > 0$ だと図 6 のようになる)．
12. 巻き数が多いほど，電磁誘導による電流によってコイルに生じる，電磁石を押し戻そうとする磁場が強くなるため．
13. パイプの磁石のすぐ下の部分には磁石を上に押し上げる向きの磁場を発生させるように円電流が流れる．磁石のすぐ上の部分には磁石を上に引き上げる向きの磁場を発生させるように円電流が流れる (具体的に図示してみよ．磁石の底面が垂直な場合も考えてみよ)．
14. ① ○ ② ○ ③ × (入力側に約 1 W の電力を供給する) ④ ○

第 8 章
演習問題 8

1. 入射するアルファ粒子 (電荷 $2e$) を原子番号 Z の原子核が反発する電気力の強さは $k\dfrac{2Ze^2}{r^2}$ なので，原子番号の大きな原子核ほどアルファ粒子を逆方向にはね返す確率が大きい．
2. $E = hf = \dfrac{hc}{\lambda}$
   $= \dfrac{(6.63 \times 10^{-34}\,\text{J}\cdot\text{s}) \times (3 \times 10^8\,\text{m/s})}{3.8 \times 10^{-7}\,\text{m}}$

$$= 5.2\times10^{-19}\text{ J}.$$
$$\frac{(6.63\times10^{-34}\text{ J·s})\times(3\times10^8\text{ m/s})}{7.7\times10^{-7}\text{ m}} = 2.6\times10^{-19}\text{ J}.$$

3. $K = \frac{1}{2}mv^2 = \frac{p^2}{2m} = \frac{h^2}{2m\lambda^2}$ なので，運動エネルギー K が同じなら質量 m が小さいほどド・ブロイ波長 λ は長い．質量がいちばん小さい電子のド・ブロイ波長がいちばん長い．つぎが陽子で，質量がいちばん大きいアルファ粒子のド・ブロイ波長がいちばん短い．

4. $\lambda = \dfrac{h}{mv} = \dfrac{6.63\times10^{-34}\text{ J·s}}{(1.67\times10^{-27}\text{ kg})\times(1.0\times10^4\text{ m/s})} = 4.0\times10^{-11}$ m

5. $\lambda = \dfrac{h}{\sqrt{2meV}} = \sqrt{\dfrac{150.41\text{ V}}{100\text{ V}}}\times10^{-10}$ m
   $= 1.23\times10^{-10}$ m

6. $\lambda = \dfrac{h}{\sqrt{2meV}} = \sqrt{\dfrac{150.41}{V}}\times10^{-10}$ m なので，$V = 54$ V では $\lambda = 1.67\times10^{-10}$ m
   $d\sin\theta = n\lambda$ なので，
   $\sin\theta = \dfrac{\lambda}{d} = \dfrac{1.67\times10^{-10}\text{ m}}{2.17\times10^{-10}\text{ m}} = 0.77$.
   $\theta = 50°$.
   $V = 181$ V では $\lambda = 0.91\times10^{-10}$ m なので，$\theta = 25°$.

7. レーザー光は微弱なので，各パルスで検出器 D_A と D_B のどちらかが光子1個を検出するか，両方とも光子を検出しないかのどちらかである．通路 A，B の長さは等しいように調整されているとする．
   実験 (a) では，通路 A と B の分波の強さは同じなので，検出器 D_A と D_B が光子を検出する確率は各 50% である．実験 (b) では，通路 A と B を通って検出器 D_A に入った2つの分波の位相は 180 度ずれているので，打ち消しあい，検出器 D_A では光子は検出されない．通路 A と B を通って検出器 D_B に入った2つの分波の位相は同じなので，強め合い，実験 (b) では光子は検出器 D_B のみで検出される．量子力学によれば，右下の交点直前までやってくる光の波動関数は，鏡の移動によって変化せず同じなので，実験 (a)，(b) の結果は変化しない．

第 9 章

問 1 $N(t+T_{1/2}) = N_0\left(\dfrac{1}{2}\right)^{(t+T_{1/2})/T_{1/2}}$
$= N_0\left(\dfrac{1}{2}\right)^{[1+(t/T_{1/2})]} = \dfrac{1}{2}N(t)$

演習問題 9

1. 原子の大きさは原子核の大きさの 10000〜100000 倍なので，原子核は 1 mm〜1 cm に拡大される．

2. 中性子の質量を m_n，陽子と衝突前，衝突後の速さを v，v'，陽子の質量と衝突後の速さを m_p，V_p とする．運動量保存則 $m_n v = m_n v' + m_p V_p$ とエネルギー保存則 $\dfrac{m_n v^2}{2} = \dfrac{m_n v'^2}{2} + \dfrac{m_p V_p^2}{2}$ から $2m_n v = (m_p + m_n)V_p$．窒素原子核の質量と衝突後の速さを m_N，V_N とすると，同様に $2m_n v = (m_N + m_n)V_N$ が導かれるので，
   $(m_p + m_n)V_p = (m_N + m_n)V_N$
   $\therefore \ m_n = \dfrac{m_N V_N - m_p V_p}{V_p - V_N}$

3. $\rho \approx \dfrac{m_p A}{\dfrac{4\pi(1.2\times10^{-15}\,A^{1/3}\text{ m})^3}{3}}$
   $= \dfrac{3\times(1.67\times10^{-27}\text{ kg})}{4\pi(1.2\times10^{-15}\text{ m})^3} = 2.3\times10^{17}\text{ kg/m}^3$
   $= 2.3\times10^{14}\text{ g/cm}^3$,
   $R = \left(\dfrac{3M_S}{4\pi\rho}\right)^{1/3} = \left(\dfrac{M_S}{m_p}\right)^{1/3}\times(1.2\times10^{-15}\text{ m})$
   $= \left(\dfrac{2.0\times10^{30}}{1.67\times10^{-27}}\right)^{1/3}\times(1.2\times10^{-15}\text{ m})$
   $= 1.3\times10^4$ m $= 13$ km

4. 82 と 124，92 と 143

5. アルファ線は透過力が小さいので，金属箔の枚数を増やしていくと，透過する放射線の量は減少していく．ベータ線は透過力が大きいので，やがて透過する放射線が減らなくなるが，さらに箔の枚数を増やすと，ベータ線が静止するため放射線が再び減少し始める．もっと透過性の強い電気を帯びていない放射線はガンマ線．

6. 質量数はベータ崩壊では変化せず，アルファ崩壊では4ずつ減る．したがって，アルファ崩壊の回数は $(238-206)/4 = 8$ 回．原子番号はベータ崩壊では1ずつ増加し，アルファ崩壊では2ずつ減少する．したがって，ベータ崩壊の回数は $-(92-82-2\times8) = 6$ 回．

7. 放射能と半減期は反比例する．ラジウムの半減期は短い．

8. $(1\text{ g})\times\left(\dfrac{1}{2}\right)^{45\text{ h}/15\text{ h}} = (1\text{ g})\times\left(\dfrac{1}{2}\right)^3 = \dfrac{1}{8}$ g

9. 1 年 = 365.24×24 h $= 8766$ h なので，$(1\,\mu\text{Sv/h})\times(8766\text{ h}) = 8.766$ mSv．

10. $\dfrac{1}{4} = \left(\dfrac{1}{2}\right)^2 = \left(\dfrac{1}{2}\right)^{t/T_{1/2}}$ から $2 = \dfrac{t}{T_{1/2}}$
    $\therefore \ t = 2T_{1/2} = 2\times5700$ y $= 11400$ y

第 10 章
演習問題 10

1. 宇宙が一様に膨張していれば，われわれが宇宙のどこにいても，遠方の銀河はそこからの距離に比例する速さで後退していくので，ハッブルの法則は銀河系が宇宙の中心にあることを意味しない．

2. 1.5×10^{11} m $= 2\pi(1\,\text{pc})/(360 \times 3600)$
   $1\,\text{pc} = 9.72 \times 10^5 \times 10^{11}$ m$/\pi = 3.09 \times 10^{16}$ m

3. $f + \Delta f = \dfrac{c}{c+v} f$ から得られる $\Delta f = -\dfrac{v}{c+v} f \approx -\dfrac{v}{c} f$ に $(f+\Delta f)(\lambda+\Delta\lambda) = c = f\lambda$ から得られる $f \cdot \Delta\lambda \approx -\lambda \cdot \Delta f$ を代入すると，遠ざかる物体の速さ v に対するドップラー効果の近似式 $v \approx \dfrac{\Delta\lambda}{\lambda} c$ が得られる．

4. 326 万光年 $\div 140$ 億年 $= (0.0326/140) \times 300000$ km/s $= 70$ km/s.

5. 326 万光年 $= 3.26 \times 10^6 \times 9.46 \times 10^{12}$ km $= 3.1 \times 10^{19}$ km なので，
   $v = (70\,\text{km/s}) \times \dfrac{1\,\text{km}}{3.1 \times 10^{19}\,\text{km}} = 2.3 \times 10^{-15}$ m/s

6. 陽子の 1/7 と中性子がヘリウム原子核になり，陽子の 6/7 が水素原子核になるので，陽子とヘリウムの質量比率は 6 対 2 になる．

Photo Credits

表紙，カバー表：Alamy/PPS 通信社
表紙，カバー裏：SPL/PPS 通信社

各章中扉左上の地球の写真：NASA

本扉：Dr. Richard Roscoe/Visuals Unlimited, Inc./PPS 通信社

第 0 章
p. 2 中扉：SPL/PPS 通信社■図 0.1：木村英樹■図 0.2：NASA■図 0.3：glowonconcept/123RF■図 0.10：（独）産業技術総合研究所■図 0.11：Schulz-Design-Fotolia.com■図 0.12：（独）産業技術総合研究所

第 1 章
p. 10 中扉：Alamy/PPS 通信社■図 1.2：Narintorn Pornsuknimitkul/123RF■図 1.16：Sergey Gorodenskiy/123RF■図 1.20：Honda■図 1.21：Rihards Plivch/123RF■図 1.27：SPL/PPS 通信社■図 1.37：mistermmx -Fotolia.com■図 1.41：右近修治■図 1.42：右近修治■図 1.44：杉浦幹男■p. 23 図 5：Photolibrary

第 2 章
p. 24 中扉：Loren Winters/Visuals Unlimited, Inc./PPS 通信社■図 2.8：chris-Fotolia.com■図 2.19：juergenphilipps-Fotolia.com■図 2.22：germanskydive110-Fotolia.com■図 2.26：NASA■図 2.28：Stephen Mcsweeny/123RF■図 2.33：Schulz-Design-Fotolia.com■図 2.41：BelliniFrancescoM81-Fotolia.com■図 2.44：Alta Oosthuizen-Fotolia.com■図 2.46：笹川民雄 http://www.mars.dti.ne.jp/~stamio/■図 2.47：Golkin Oleg/123RF■図 2.48：Wally Stemberger - Fotolia.com■図 2.54：ziggy-Fotolia.com■p. 46 図 7：右近修治

第 3 章
p. 50 中扉：Science Source/PPS 通信社■図 3.10：Hoda Bogdan-Fotolia.com■図 3.11：Marijus-Fotolia.com■図 3.14：Robi8-Fotolia.com■図 3.15：Pete Saloutos-Fotolia.com■図 3.17：Kushnirov Avraham-Fotolia.com■図 3.20：Andriy Bezuglov-Fotolia.com■図 3.21：Denys Kuvaiev/123RF■図 3.26：T.H.

第 4 章
p. 64 中扉：石原正雄/PPS 通信社■図 4.2：Jeffrey Daly-Fotolia.com■図 4.3：東京大学大学院 総合文化研究科 広域科学専攻相関基礎科学系 深津研究室■図 4.5：右近修治■図 4.13：我妻 曉■図 4.15：Photolibrary■図 4.16：櫻井隆行■図 4.17：Alexandra Giese-Fotolia.com■図 4.19：素材辞典■図 4.20：Photolibrary■図 4.25：beibaoke-Fotolia.com■図 4.27：三菱日立パワーシステムズ（株）■図 4.29：Photolibrary■図 4.30：sorapolujjin-Fotolia.com■図 4.31：Andriy Solovyov-Fotolia.com

第 5 章
p. 84 中扉：SPL/PPS 通信社■図 5.1：paiche59-Fotolia.com■図 5.6：paylessimages-Fotolia.com■図 5.8：Universal Images Group/PPS 通信社■図 5.16：Giovanni Gagliardi/123RF■図 5.22：Doug Baines-Fotolia.com■図 5.27：James H. Pickerell-Fotolia.com■図 5.30：Sasa Komlen-Fotolia.com■図 5.31：SAKCHAI CHOKPANIT/123RF■図 5.36：杉浦幹男

第 6 章
p. 102 中扉：Science Source/PPS 通信社■図 6.10：古河産機システムズ（株）http://www.furukawa-sanki.co.jp/■図 6.11：Photolibrary■図 6.32：stocksnapper/123RF■図 6.35：PhotoSG-Fotolia.com■図 6.37：photoroad/123RF■図 6.41：wesel-Fotolia.com■図 6.44：T.H.■図 6.46：jabiru/123RF■図 6.48：Alliance-Fotolia.com

第7章

p. 122 中扉：Bridgeman/PPS通信社■図7.1：sergunt-Fotolia.com■図7.4：ピップ株式会社■図7.6：Tim W/123RF■図7.15：CERNアトラス実験グループ■図7.24：knotsmaster/123RF■図7.34：Alamy/PPS通信社■図7.38：東芝未来科学館■図7.44：Photolibrary■図7.45：中国電力株式会社■図7.49：国立天文台

第8章

p. 140 中扉：PPS通信社■図8.4：素材辞典■図8.9：Olga Popova/123RF■図8.10：東京大学宇宙線研究所 神岡宇宙素粒子研究施設■図8.13：浜松ホトニクス株式会社■図8.15：Suwatchai Pluemruetai/123RF■図8.17：伊東敏雄（元電気通信大学）■図8.18：Stuart Monk/123RF■図8.21：外村彰著『量子力学への招待』岩波書店（2001）■図8.24：株式会社日立製作所中央研究所■図8.25：SPL/PPS通信社

第9章

p. 154 中扉：Rex/PPS通信社■図9.4：JAEA/KEK J-PARCセンター■図9.7：核融合科学研究所■図9.11：Aroon Phukeed/123RF■図9.12：macor/123RF■図9.13：東北大学ニュートリノ科学研究センター■図9.14：東京大学宇宙線研究所 神岡宇宙素粒子研究施設■図9.17：三菱原子燃料株式会社■図9.18：公益財団法人仁科記念財団■図9.21：CERNアトラス実験グループ■図9.22：CERNアトラス実験グループ■図9.23：CERNアトラス実験グループ■図9.24：東京大学宇宙線研究所 神岡宇宙素粒子研究施設

第10章

p. 170 中扉：国立天文台■図10.3：国立天文台■図10.9：NASA■図10.10：NASA■図10.11：NASA■図10.12：NASA

問，演習問題の答

■図S.5：右近修治

索　引

あ行

アインシュタイン（Einstein, A.）　　143, 162
圧力（pressure）　19
圧力の単位［Pa］　19
アルキメデスの原理
　（Archimedes' principle）　21
アルファ線（α線）（α-rays）　158
アンペア［A］　8, 111, 130
アンペール-マクスウェルの法則
　（Ampère-Maxwell law）　136
位置（position）　26
位置エネルギー（potential energy）
　　57
位置-時刻図（position-time graph）
　　29
位置ベクトル（position vector）　26
インダクタンス（inductance）　134
インダクタンスの単位［H］　134
インフレーション（inflation）　176
ウィーンの変位則
　（Wien's displacement law）　82
ウェーバ［Wb］　124
宇宙原理（cosmological principle）　172
宇宙マイクロ波背景放射
　（cosmic microwave background
　　radiation）　175
うなり（beat）　92
運動エネルギー（kinetic energy）　55
運動の第1法則
　（first law of motion）　31
運動の第2法則
　（second law of motion）　32
運動の第3法則
　（third law of motion）　13
運動の法則（law of motion）　32
運動量（momentum）　42
運動量の変化と力積の関係
　（impulse-momentum change
　　equation）　43
運動量保存則
　（momentum conservation law）　60
永久機関（perpetuum mobile）　72
X線（X-rays）　145
エネルギー（energy）　50
エネルギー準位（energy level）　146
エネルギーの実用単位［eV］　146
エネルギーの単位［J］　51, 67
エネルギー保存則
　（enegy conservation law）　73, 74
エルステッド（Øersted, H. C.）　125

遠心力（centrifugal force）　49
エントロピー（entropy）　75
エントロピー増大の原理
　（principle of increase of entropy）
　　75
音（sound）　91
オーム（Ohm, G. S.）　116
オーム［Ω］　117
オームの法則（Ohm's law）　116
温度（temperature）　66
温度の単位［K］　67
音波（sound wave）　91

か行

ガイガー（Geiger, H. W.）　141
回折（diffraction）　89, 98
回路（circuit）　116
カオス（chaos）　49
化学エネルギー（chemical energy）
　　73
化学元素（chemical element）　141
可逆変化（reversible change）　74
角運動量（angular momentum）　43
角運動量保存則（angular momentum
　　conservation law）　44
核エネルギー（nuclear energy）　158
核子（nucleon）　155
角振動数（angular frequency）　186
角の単位［rad］　185
核分裂（nuclear fission）　158, 163
核融合（nuclear fusion）　158
核力（nuclear force）　156
化合物（compound）　141
加速度（acceleration）　28
加速度の単位［m/s^2］　28
価電子（valence electron）　152
ガーマー（Germer, L. H.）　147
カマリング・オネス
　（Kamerlingh-Onnes, H.）　117
カルノー（Carnot, N. L. S.）　80
カロリー［cal］　67
干渉（interference）　87, 98
慣性（inertia）　31
慣性抵抗（inertial resistance）　17
慣性の法則（law of inertia）　31
観測的宇宙論
　（observational cosmology）　177
ガンマ線（γ線）（γ-rays）　158
菊池正士（Kikuchi, S.）　147
起電力（electromotive force）　116
起電力の単位［V］　116

ギブズの自由エネルギー
　（Gibbs free energy）　76
基本振動（fundamental vibration）　90
基本振動数
　（frequency of fundamental
　　vibration）　90
逆起電力
　（counter electromotive force）　134
キャパシター（capacitor）　114
キャベンディッシュ（Cavendish, H.）
　　14
吸収線量（absorbed dose）　160
吸収線量の単位［Gy］　160
強磁性体（ferromagnet）　127
キログラム重［kgw］　15
キロワット時［kWh］　119
銀河（galaxy）　171
空間線量率（air dose rate）　161
偶力（couple of forces）　19
偶力のモーメント
　（moment of a couple）　19
クォーク（quark）　166
グース（Guth, A. H.）　177
屈折（refraction）　88
屈折角（refracted angle）　88
屈折の法則（law of refraction）　88
屈折波（refracted wave）　88
屈折率（index of refraction）　89, 96
クラウジウス（Clausius, R. J. E.）　75
クラウジウスの表現
　（Clausius statement）　74
グルーオン（gluon）　167
グレイ［Gy］　160
クーロン（Coulomb, C. A.）　105
クーロン［C］　103
クーロンの法則（Coulomb's law）　105
ゲージ粒子（gauge particles）　167
結合エネルギー（binding energy）　157
ケプラーの法則（Kepler's laws）　25
ケルビン［K］　67
ゲルマン（Gell-Mann, M.）　166
原子（atom）　141
原子核（atomic nucleus）　142
原始関数（primitive function）　182
原子軌道（atomic orbital）　152
原子炉（nuclear reactor）　164
光子（フォトン）（photon）　144
向心加速度
　（centripetal acceleration）　38
向心力（centripetal force）　39
剛体（rigid body）　16
光電効果（photoelectric effect）　142

光年〔ly〕		171
光波（optical wave）		95
交流発電機（alternator, dynamo）		132
合力（resultant force）		11
国際単位系（SI）		
（International System of Units）		8
固有振動（characteristic vibration）		90
コンデンサー（capacitor）		114

さ　行

佐藤勝彦（Sato, K.）		177
作用点（point of action）		11
作用反作用の法則		
（law of action and reaction）		13
時間の単位〔s〕		6
磁気定数（magnetic constant）		125
磁極（magnetic pole）		123
仕事（work）		51, 52
仕事と運動エネルギーの関係		
（work-kinetic energy relation）		55
仕事の単位〔J〕		51
仕事率（power）		53, 119
仕事率の単位〔W〕		54, 119
自己誘導（self-induction）		134
磁石（magnet）		123
指数（exponent）		9
磁束（magnetic flux）		124
磁束の単位〔Wb〕		124
磁束密度（magnetic flux density）		123
磁束密度の単位〔T〕		123
実効線量（effective dose）		161
実効線量の単位〔Sv〕		161
実効値（effective value）		133
質量欠損（mass defect）		157
質量数（mass number）		155
磁場（磁界，magnetic field）		123
磁場（磁束密度）の単位〔T〕		123, 127
磁場のガウスの法則		
（Gauss' law of magnetic field）		136
シーベルト〔Sv〕		161
周期（period）		86
重心（center of gravity）		16
周波数（frequency）		86
周波数の単位〔Hz〕		86
自由落下（free fall）		37
重力（gravity）		14
重力加速度		
（gravitational acceleration）		15
重力キログラム〔kgf〕		15
重力子（graviton）		167
重力による位置エネルギー		
（potential energy of gravity）		56
重力の法則（law of gravity）		14
シュテファン（Stefan, J.）		82

シュテファン-ボルツマンの法則		
（Stefan-Boltzmann's law）		82
ジュール（Joule, J.P.）		51, 70, 73
ジュール〔J〕		51, 67
ジュール熱（Joule's heat）		120
ジュールの実験（Joule's experiment）		
		70
シュレーディンガー		
（Schrödinger, E.）		148
シュレーディンガー方程式		
（Schrödinger equation）		148
衝突（collision）		60
磁力線（lines of magnetic force）		123
振動数（frequency）		86
振動数の単位〔Hz〕		86
振幅（amplitude）		86, 184
垂直抗力		
（normal component of reaction）		16
スカラー（scalar）		12
スカラー積（scalar product）		180
スペクトル（spectrum）		97
滑りなしの条件（no-slip condition）		62
静止摩擦係数		
（coefficient of static friction）		16
静止摩擦力（static friction）		16
静水圧（hydrostatic pressure）		20
静電遮蔽（electric shielding）		114
静電シールド（electric shielding）		114
静電誘導（electrostatic induction）		106
積分（integration）		181
絶縁体（insulator）		105
絶対温度（absolute temperature）		67
接頭語（prefix）		9
セルシウス温度目盛（セ氏温度）		
（degree Celsius）		66
零ベクトル（zero vector）		12
線スペクトル（line spectrum）		146
全反射（total reflection）		97
相（phase）		65
相互誘導（mutual induction）		134
相転移（phase transition）		65
速度（velocity）		26, 27
速度-時刻図		
（velocity-time graph）		29
束縛力（constraining force）		57
ソリトン（soliton）		88
素粒子（elementary particles）		165
ソレノイド（solenoid）		126

た　行

太陽定数（solar constant）		82, 162
ダーク・エネルギー（dark energy）		
		178
ダークマター（dark matter）		178
縦波（longitudinal wave）		86

単振動		
（simple harmonic oscillation）		
		39, 184
断熱圧縮（adiabatic compression）		72
断熱過程（adiabatic process）		71
断熱膨張（adiabatic expansion）		72
単振り子（simple pendulum）		39
力の作用線（line of action）		11
力の実用単位〔kgw〕		15
力の単位〔N〕		11, 33
力のつり合い（equilibrium of forces）		
		18
力のモーメント（moment of force）		17
チャドウイック（Chadwick, J.）		155
中心力（central force）		44
中性子（neutron）		155
強い力（strong interaction）		167
超音波（ultrasonic wave）		91
超伝導（superconductivity）		117
直流回路（direct current circuit）		116
直流モーター（direct-current motor）		
		128
直列接続（series connection）		118
ツバイク（Zweig, G.）		166
抵抗（resistance）		116, 117
抵抗器（resistor）		116
抵抗の単位〔Ω〕		117
定在波（standing wave）		89, 90
定常状態（stationary state）		146
定積分（definite integral）		182
テスラ〔T〕		123, 127
デビソン（Davisson, C. J.）		147
デビソン-ガーマーの実験		
（Davisson-Germer experiment）		
		148
電圧（voltage）		112, 116
電圧降下（voltage drop）		117
電圧の単位〔V〕		112, 116
電位（electric potential）		112
電位差（potential difference）		112
転移熱（heat of transition）		68
電位の単位〔V〕		112
電荷（electric charge）		103
電荷（電気量）の単位〔C〕		103
電荷保存則		
（charge conservation law）		104
電気素量		
（elementary electric charge）		104
電気抵抗（electric resistance）		
		116, 117
電気定数（electrical constant）		106
電気容量（electric capacity）		114
電気容量の単位〔F〕		114
電気力線（lines of electric force）		109
電気力（electric force）		108

電源 (power supply)		116
電子 (electron)		104, 141
電磁波 (electromagnetic wave)		137
電子ボルト [eV]		146
電弱力 (electroweak interaction)		167
電磁誘導 (electromagnetic induction)		130
電磁誘導の法則 (law of electromagnetic induction)		131
電場 (電界, electric field)		107, 108
電場のガウスの法則 (Gauss' law of electric field)		110, 136
電場の単位 [N/C]		108
電離作用 (ionization)		160
電流 (electric current)		110
電流の単位 [A]		8, 111
電力 (electric power)		119
電力量 (electric energy)		119
電力量の実用単位 [kWh]		119
同位体 (isotope)		156
等加速度直線運動 (uniformly accelerated linear motion)		30
等時性 (isochronism)		41
等速円運動 (uniform circular motion)		37
等速直線運動 (linear motion with constant speed)		29
導体 (conductor)		105
動摩擦係数 (coefficient of kinetic friction)		16
動摩擦力 (kinetic friction)		16
ドップラー (Doppler, C. J.)		92
ドップラー効果 (Doppler effect)		92
外村 彰 (Tonomura, A.)		149
ド・ブロイ (de Broglie, L.)		147
ド・ブロイ波長 (de Broglie wavelength)		147
トムソン (Thomson, G. P.)		147
トムソン (Thomson, J. J.)		141, 147
トムソンの表現 (Thomson's statement)		74
トルク (torque)		17

な 行

内部エネルギー (internal energy)		67
長岡半太郎 (Nagaoka, H.)		142
長さの単位 [m]		5
波 (wave)		85
波の重ね合わせの原理 (principle of superposition of waves)		87
波の速さ (velocity of wave)		86
仁科芳雄 (Nishina, Y.)		166
入射波 (incident wave)		88
ニュートリノ (neutrino)		159
ニュートン (Newton, I.)		4, 25
ニュートン [N]		11, 32
ニュートンの運動の第1法則 (Newton's first law of motion)		31
ニュートンの運動の第2法則 (Newton's second law of motion)		32
ニュートンの運動の第3法則 (Newton's third law of motion)		13
ニュートンの運動方程式 (Newtonian equation of motion)		32, 34
熱機関 (heat engine)		77
熱伝導 (conduction of heat)		67
熱平衡 (thermal equilibrium)		66
熱放射 (thermal radiation)		81
熱容量 (heat capacity)		82
熱力学的温度 (thermodynamic temperature)		80
熱力学の第1法則 (first law of thermodynamics)		71
熱力学の第2法則 (second law of thermodynamics)		74, 75
熱量の単位 [J]		67
粘性抵抗 (viscous drag)		17

は 行

場 (field)		108
媒質 (medium)		85
倍振動 (harmonics)		90
ハイゼンベルク (Heisenberg, W. K.)		151
パウリの排他原理 (Pauli's exclusion principle)		152
波形 (wave form)		86
パスカル [Pa]		19
波長 (wavelength)		86
ハッブル (Hubble, E. P.)		172
ハッブル定数 (Hubble constant)		172
ハッブルの法則 (Hubble's law)		172
ハドロン (hadron)		167
速さ (speed)		26
速さの単位 [m/s]		26
腹 (loop)		90
パワー (power)		53, 119
半減期 (half-life)		160
反射の法則 (law of reflection)		88
反射波 (reflected wave)		88
半導体 (semiconductor)		117
万有引力 (universal gravitation)		14
万有引力の法則 (law of universal gravitation)		14
反粒子 (antiparticle)		165
ピエール・キュリー (Pierre Curie)		158
光の二重性 (duality of light)		144
光の速さ (light velocity)		95
非線形波動 (nonlinear wave)		88
ヒッグス粒子 (Higgs boson)		168
ビッグバン (big bang)		173
ビッグバン宇宙論 (big bang cosmology)		173
比透磁率 (relative permeability)		127
比熱容量 (specific heat)		82
微分 (differentiation)		181
非保存力 (nonconservative force)		58
秒 [s]		6
標準不確かさ (standard measurement uncertainty)		9
ファラデー (Faraday, M.)		130
ファラデーの電磁誘導の法則 (Faraday's law of induction)		136
ファラデーの法則 (Faraday's law)		131
ファラド [F]		114
フィゾー (Fizeau, A. H. L.)		137
フィゾーの実験 (Fizeau's experiment)		101
フォトン (光子) (photon)		144
不可逆変化 (irreversible change)		74
不確定性原理 (uncertainty principle)		151
節 (node)		90
物理量 (physical quantity)		6
物質量の単位 [mol]		67
不定積分 (indefinite integral)		182
不導体 (insulator)		105
ブラウン運動 (Brownian motion)		66
プランク (Planck, M. K. E. L.)		81, 143, 144
プランク定数 (Planck constant)		143
プランクの法則 (Planck's law)		81
フランクリン (Franklin, B.)		103
浮力 (buoyancy)		21
フレミングの左手の法則 (Fleming's left hand rule)		127
フレミングの右手の法則 (Fleming's right hand rule)		133
分極 (polarization)		106
分散 (dispersion)		97
分子 (molecule)		141
平均加速度 (mean acceleration)		27
平均速度 (mean velocity)		27
平行四辺形の規則 (law of parallelogram)		11
平行板キャパシター (parallel-plate capacitor)		115
並列接続 (parallel connection)		118

ベクトル（vector）	12	ボルツマン（Boltzmann, L.）	69, 82	誘導電場（induced electric field）	132
ベクトル積（vector product）	180	ボルツマン定数		湯川秀樹（Yukawa, H.）	166
ベクレル［Bq］	160	（Boltzmann constant）	69	陽子（proton）	155
ベータ線（β線）（β-rays）	158	ボルツマン分布		陽電子（positron）	159
ヘルツ（Hertz, H. R.）	137	（Boltzmann distribution）	69	横波（transverse wave）	85
ヘルツ［Hz］	86	ボルト［V］	112	弱い力（weak interaction）	167
ヘルツの実験（Hertz experiment）		**ま　行**		**ら　行**	
	137	マイヤー（Mayer, J. R.）	73	ラザフォード（Rutherford, E.）	
ベルヌーイ（Bernoulli, D.）	61	マクスウェル（Maxwell, J. C.）	137		141, 155
ベルヌーイの法則		マクスウェルの法則		ラジアン［rad］	185
（Bernoulli's principle）	61	（Maxwell's laws）	136	力学的エネルギー	
ヘルムホルツ（Helmholtz, H. L. F.）		マグヌス効果（Magunus effect）	62	（mechanical energy）	58
	173	摩擦電気（triboelectricity）	103	力学的エネルギー保存則	
変圧器（transformer）	134	摩擦力（frictional force）	16	（conservation law of mechanical	
変位（displacement）	27	マースデン（Marsden, E.）	141	energy）	58
偏光（polarization）	99	マリー・キュリー（Marie Curie）	158	量子数（quantum number）	152
ヘンリー［H］	134	右ねじの法則		臨界角（critical angle）	97
ボイル–シャルルの法則		（right-handed screw rule）	125	臨界状態（critical state）	164
（Boyle–Charles law）	67	メートル［m］	5	臨界量（critical volume）	163
崩壊系列（decay series）	169	面積速度（areal velocity）	44	レプトン（lepton）	167
崩壊の法則（law of decay）	160	モーメント（moment）	17	連鎖反応（chain reaction）	163
放射性同位体（radioactive isotope）		モル［mol］	67	レンツの法則（Lenz law）	131
	159	モル熱容量（molar heat）	82	レントゲン（Röntgen, W. C.）	145
放射線（radiation）	160	**や　行**		**わ　行**	
放射能（radioactivity）	160	有効数字（significant figures）	9	ワット［W］	54, 119
放射能の単位［Bq］	160	誘電分極（dielectric polarization）	107		
放物運動（parabolic motion）	34				
保存力（conservative force）	57				

【著者略歴】

原　康夫

1934 年	神奈川県鎌倉にて出生
1957 年	東京大学理学部物理学科卒業
1962 年	東京大学大学院修了（理学博士）
1962 年	東京教育大学理学部助手
1966 年	東京教育大学理学部助教授
1975 年	筑波大学物理学系教授
1997 年	帝京平成大学教授
2004 年	工学院大学エクステンションセンター客員教授

この間，カリフォルニア工科大学研究員，
シカゴ大学研究員，プリンストン高級研究所員．

1977 年	仁科記念賞受賞
現　在	筑波大学名誉教授

自然科学の基礎としての 物理学

2014 年 10 月 31 日　第 1 版　第 1 刷　発行
2021 年 2 月 10 日　第 1 版　第 4 刷　発行

著　者　原　康夫（はら　やすお）
発行者　発田和子
発行所　株式会社 学術図書出版社
〒113-0033　東京都文京区本郷 5-4-6
TEL 03-3811-0889　振替 00110-4-28454
印刷　三美印刷（株）

定価はカバーに表示してあります．

本書の一部または全部を無断で複写（コピー）・複製・転載することは，著作権法で認められた場合を除き，著作者および出版社の権利の侵害となります．あらかじめ，小社に許諾を求めてください．

© 2014　Y. HARA Printed in Japan
ISBN978-4-7806-0200-5

単位の 10^n 倍の接頭記号

倍数	記号	名称		倍数	記号	名称	
10	da	deca	デカ	10^{-1}	d	deci	デシ
10^2	h	hecto	ヘクト	10^{-2}	c	centi	センチ
10^3	k	kilo	キロ	10^{-3}	m	milli	ミリ
10^6	M	mega	メガ	10^{-6}	μ	micro	マイクロ
10^9	G	giga	ギガ	10^{-9}	n	nano	ナノ
10^{12}	T	tera	テラ	10^{-12}	p	pico	ピコ
10^{15}	P	peta	ペタ	10^{-15}	f	femto	フェムト
10^{18}	E	exa	エクサ	10^{-18}	a	atto	アト
10^{21}	Z	zetta	ゼタ	10^{-21}	z	zepto	ゼプト
10^{24}	Y	yotta	ヨタ	10^{-24}	y	yocto	ヨクト

ギリシャ文字

大文字	小文字	相当するローマ字		読み方
A	α	a, ā	alpha	アルファ
B	β	b	beta	ビータ(ベータ)
Γ	γ	g	gamma	ギャンマ(ガンマ)
Δ	δ	d	delta	デルタ
E	ε, ϵ	e	epsilon	イプシロン
Z	ζ	z	zeta	ゼイタ(ツェータ)
H	η	ē	eta	エイタ
Θ	θ, ϑ	th	theta	シータ(テータ)
I	ι	i, ī	iota	イオタ
K	$\varkappa$	k	kappa	カッパ
Λ	λ	l	lambda	ラムダ
M	μ	m	mu	ミュー
N	ν	n	nu	ニュー
Ξ	ξ	x	xi	ザイ(グザイ)
O	o	o	omicron	オミクロン
Π	π	p	pi	パイ(ピー)
P	ρ	r	rho	ロー
Σ	σ, ς	s	sigma	シグマ
T	τ	t	tau	タウ
Υ	υ	u, y	upsilon	ユープシロン
Φ	ϕ, φ	ph (f)	phi	ファイ
X	χ	ch	chi, khi	カイ(クヒー)
Ψ	ψ	ps	psi	プサイ(プシー)
Ω	ω	ō	omega	オミーガ(オメガ)